Mathematik 1 Beweisaufgaben

Lutz Nasdala

Mathematik 1 Beweisaufgaben

Beweise, Lern- und
Klausur-Formelsammlung

2., erweiterte Auflage

 Springer Vieweg

Lutz Nasdala
Gengenbach, Deutschland

ISBN 978-3-658-30159-0   ISBN 978-3-658-30160-6   (eBook)
https://doi.org/10.1007/978-3-658-30160-6

Die Deutsche Nationalbibliothek verzeichnet diese Publikation in der Deutschen Nationalbibliografie; detaillierte bibliografische Daten sind im Internet über http://dnb.d-nb.de abrufbar.

Lektorat: Dipl.-Ing. Ralf Harms
Springer Vieweg ist ein Imprint der eingetragenen Gesellschaft Springer Fachmedien Wiesbaden GmbH und ist ein Teil von Springer Nature.
Die Anschrift der Gesellschaft ist: Abraham-Lincoln-Str. 46, 65189 Wiesbaden, Germany

Vorwort

Was hat die Funktion $f(x) = \frac{1}{x}$ mit den Hyperbelfunktionen $\sinh(x)$ und $\cosh(x)$ gemein, warum ergibt die Summe der reziproken Quadratzahlen $\frac{1}{1} + \frac{1}{4} + \frac{1}{9} + \frac{1}{16} + \ldots = \frac{\pi^2}{6}$, woher kommt das Additionstheorem $\sin(x \pm y) = \sin x \cos y \pm \cos x \sin y$, wie kann man die Logarithmenregel $\log_a xy = \log_a x + \log_a y$ beweisen, und stimmt es, dass der Areatangens Hyperbolicus $\operatorname{artanh}(x)$ die Ableitung $\frac{1}{1-x^2}$ besitzt?

Für einen Mathematiker gibt es kaum etwas Schöneres als die Herleitung derartiger Zusammenhänge. Er erfreut sich an der Eleganz und Raffinesse eines jeden einzelnen Beweises. Angehende Ingenieure indes teilen diese Begeisterung nur selten. Gewohnt, Formeln kochrezeptartig anzuwenden, fühlen sie sich durch die Verschiedenartigkeit der Herleitungen eher über- als herausgefordert. Selbst wenn ein Beweis nachvollziehbar ist, bleibt die unbefriedigende Tatsache, dass man sich selbst nun nicht mehr an der Herleitung versuchen kann — schließlich wurde der „Trick" ja schon verraten.

Die vorliegende Beweisaufgabensammlung richtet sich an alle, die die im Rahmen einer Mathematik 1-Vorlesung eingeführten Formeln nicht nur nachvollziehen und anwenden, sondern selbst herleiten wollen. Um das Spicken bei der Musterlösung auf ein Mindestmaß zu begrenzen, wurde ein Extrakapitel mit Lösungshinweisen aufgenommen: halbfertige Skizzen, Teilergebnisse, Nennung der Beweismethode oder eine Auflistung der relevanten Gleichungen. Wer beispielsweise den Kosinussatz nicht auf Anhieb beweisen kann, wird dort ein in zwei rechtwinklige Teildreiecke zerlegtes allgemeines Dreieck als Denkanstoß vorfinden. Bei umfangreicheren Herleitungen, zu denen unter anderem der Beweis der Potenzgesetze zählt, ist eine Aufteilung in mehrere Aufgaben vorgenommen worden.

Die Beweise werden komplettiert durch zwei Formelsammlungen. Die Gleichungen und Regeln der Lern-Formelsammlung sind von elementarer Bedeutung und müssen von meinen Studierenden ohne Nachschauen angewandt werden können. Als Beispiel seien das Skalar- und das Kreuzprodukt genannt, mit denen sich der Abstand zweier Geraden berechnen lässt. Die Abstandsformel selbst soll nicht auswendig gelernt werden. Die Klausur-Formelsammlung beinhaltet etwas anspruchsvollere Formeln und Lösungsstrategien und ist das einzige zu meinen Prüfungen zugelassene Hilfsmittel. Die Gliederung in sieben Kapitel orientiert sich an dem Lehrbuch „Mathematik für Ingenieure und Naturwissenschaftler, Band 1" von Lothar Papula.

Ziel der Beweisaufgabensammlung ist die Herleitung der in den Formelsammlungen angegebenen, grundlegenden Gleichungen. Übungsaufgaben zur Anwendung von Abstandsformeln werden Sie hier nicht finden, wohl aber den Beweis des Skalar- und des Kreuzproduktes. Zur Auflockerung umfassen die Aufgaben auch einige Rechnerübungen sowie sehr berühmte mathematische Beweise.

Viel Spaß und trauen Sie keiner Formel, die Sie nicht selbst hergeleitet haben!

Gengenbach, im April 2020 $\qquad\qquad$ Prof. Dr.-Ing. habil. Lutz Nasdala

Inhaltsverzeichnis

Teil I

Beweisaufgaben

Einleitung

Die als Basler Problem bekannte Reihe

$$\sum_{n=1}^{\infty} \frac{1}{n^2} = \frac{1}{1^2} + \frac{1}{2^2} + \frac{1}{3^2} + \frac{1}{4^2} + \ldots = \frac{\pi^2}{6}$$

gehört zum Inhalt vieler Mathematik-Vorlesungen. Sie dient als konvergente Majorante beim Thema Vergleichskriterien für unendliche Reihen. Wie man auf den Summenwert kommt, ist in diesem Zusammenhang irrelevant. Auf die Herleitung wird daher meist verzichtet, zumal sie den Rahmen der Vorlesung sprengen und nicht bei allen Studierenden auf Begeisterung stoßen würde. Schließlich gilt es, die Klausur zu bestehen, und man weiß, dass Beweise nur schwer abprüfbar sind. Wer herausfinden will, woher Formeln kommen und warum sie gelten, aber nicht gleich ein komplettes Mathematik-Studium absolvieren möchte, der wird hoffentlich viel Freude an diesem Buch haben.

Die Teile II und III enthalten eine in Lern- und Klausur-Formelsammlung aufgeteilte Zusammenstellung von mathematischen Sätzen und Gleichungen, die den Inhalt einer Mathematik 1-Vorlesung widerspiegeln. Teil I beinhaltet die zu den Formelsammlungen gehörigen Beweise und Herleitungen in Form von Beweisaufgaben. Mit den in Anhang C angegebenen Hinweisen sollten auch Studienanfänger in der Lage sein, einen Teil der Aufgaben zu lösen. Die mit einem „⋆" markierten Sternchenaufgaben erfordern bereits eine gewisse Beweiserfahrung. Und bei den mit einem „★" gekennzeichneten Sternaufgaben, zu denen unter anderem das Basler Problem gehört, muss man schon ein richtiger Beweis-profi sein. Von daher sind auch Studierende höherer Semester angesprochen, und sogar für Absolventen dürfte die ein oder andere Herausforderung dabei sein. Letztendlich hängt es vor allem von den individuellen mathematischen Fähigkeiten und Neigungen ab, ob man sich den Beweisaufgaben stellen kann und möchte.

Das Aufstellen eines Beweises kann mit einer Schatzsuche verglichen werden. Man weiß vorher nicht, wohin die Reise geht und wie lang sie ist. Ein bisschen ist es auch wie Ahnen-forschung. Es ist spannend zu sehen, wie weit die Wurzeln zurückverfolgt werden können bzw. müssen. Beispielsweise ist der in Aufgabe 50 verlangte Beweis der Symmetrie des Binomialkoeffizienten recht kurz: einsetzen, kürzen, fertig. Andere Beweise sind deutlich umfangreicher: Bevor man die in Aufgabe 170 behandelte Darstellung des Hauptsatzes der Differential- und Integralrechnung herleiten kann, sollte man sich von der Gültigkeit seiner beiden Teile überzeugt haben. Hierfür wird unter anderem die in Aufgabe 167 bewiesene Intervallregel und der Mittelwertsatz der Integralrechnung benötigt. Letzterer basiert auf dem Zwischenwertsatz — will man den ebenfalls beweisen? Wie war das noch-mal mit der Stetigkeit, und wurde schon gezeigt, dass die ganzen Ableitungsregeln gelten? Mathematiker sind erst zufrieden, wenn klar ist, dass $1 + 1$ tatsächlich 2 ergibt. Dieses Buch richtet sich an Ingenieure. Um die Beweiskette nicht noch weiter zu verlängern und weil man sich leicht auf grafischem Wege von der Gültigkeit überzeugen kann, wird im Falle des Zwischenwertsatzes von einem strengen mathematischen Beweis abgesehen.

Auch an anderen Stellen ist der Unterschied zu einem klassischen Mathematik-Lehrbuch offenkundig. So wird zu Gunsten einer besseren Lesbarkeit auf die sonst übliche Kurzschreibweise mit Allquantor $\forall$ (für alle) und Existenzquantor $\exists$ (es gibt) verzichtet. Lediglich das Quadrat $\blacksquare$ für Beweisende wird beibehalten, damit nicht versehentlich die Lösungshinweise aus Anhang C mit den in Anhang D präsentierten Lösungen verwechselt werden. Sie werden keine Proposition, kein Lemma, kein Korollar und auch keine Gruppen und Ringe finden. Körperaxiome, Klammergesetze und das Vollständigkeitsaxiom werden nicht bewiesen, sondern es wird auf ihre Gültigkeit vertraut. Und nicht an jeder Stelle steht, dass $k \in \mathbb{N}$ und $x \in \mathbb{R}$, wenn der Definitionsbereich aus dem Zusammenhang hervorgeht.

Anhang A enthält eine Kurzbeschreibung der unterschiedlichen Beweismethoden. In manchen Fällen ist ein wenig Rechnerunterstützung hilfreich, insbesondere bei Aussagen zum Konvergenzverhalten oder bei Gegenbeispielen. Im Rahmen dieses Buches wird die in Anhang B kurz vorgestellte Programmiersprache Python benutzt.

Dass die Beweisaufgaben aufeinander aufbauen, liegt in ihrer Natur. Wer die Quotientenregel herleiten möchte, sollte vorher die Produktregel bewiesen haben, welche ihrerseits auf dem Differentialquotienten basiert, dem Grenzwert des Differenzenquotienten. Auch wenn Quereinstiege nur bedingt möglich sind, müssen Sie deshalb nicht zwingend mit Aufgabe 1, dem Satz des Pythagoras, beginnen und sich dann mühsam vorarbeiten. Oftmals reicht eine Beschäftigung mit den vorangegangen Aufgaben des Abschnittes aus, bevor man sich einer speziellen Beweisaufgabe zuwendet.

1 Allgemeine Grundlagen

1.1 Satz des Pythagoras

Aufgabe 1. Es existieren über 400 verschiedene Beweise für den Satz des Pythagoras (griechischer Mathematiker, 6. Jahrhundert v. Chr.):

$$a^2 + b^2 = c^2 \qquad (1)$$

Zu den bekanntesten Autoren gehören Leonardo da Vinci, Albert Einstein, Arthur Schopenhauer und mit James A. Garfield sogar ein ehemaliger Präsident der USA. Gesucht ist der klassische Beweis des griechischen Mathematikers Euklid (3. Jahrhundert v. Chr.). Er beginnt mit der dargestellten Skizze.

Aufgabe 2. Leiten Sie den trigonometrischen Pythagoras her:

$$\cos^2 x + \sin^2 x = 1 \qquad (2)$$

Aufgabe 3. Zeigen Sie die Gültigkeit des hyperbolischen Pythagoras:

$$\cosh^2 x - \sinh^2 x = 1 \qquad (3)$$

Hyperbelfunktionen werden in Abschnitt 3.2 behandelt.

1.2 Potenzgesetze

Aufgabe 4. Im Mittelpunkt dieses Abschnitts steht die Frage, für welche Zahlen die beiden Produktregeln

$$x^k x^n = x^{k+n} \qquad (4)$$

$$x^k y^k = (xy)^k \qquad (5)$$

und die Potenzregel

$$(x^k)^n = x^{kn} \qquad (6)$$

anwendbar sind. Beginnen Sie mit einer Herleitung der drei Potenzgesetze für den Fall reeller Basen $x, y \in \mathbb{R}$ und natürlicher Exponenten $k, n \in \mathbb{N}^* = \mathbb{N} \setminus \{0\} = \{1, 2, 3, \ldots\}$.

Aufgabe 5. Leiten Sie die beiden Quotientenregeln für $x, y \in \mathbb{R} \setminus \{0\}$ und $k, n \in \mathbb{N}^*$ her:

$$\frac{x^k}{x^n} = x^{k-n} \qquad (7)$$

$$\frac{x^k}{y^k} = \left(\frac{x}{y}\right)^k \qquad (8)$$

Achtung: Die Anwendung des Kehrwerts (14) auf das Potenzgesetz (4) ist naheliegend, aber noch verboten, weil dessen Gültigkeit erst für $k, n \in \mathbb{N}^*$ gezeigt wurde.

© Springer Fachmedien Wiesbaden GmbH, ein Teil von Springer Nature 2020
L. Nasdala, *Mathematik 1 Beweisaufgaben*,
https://doi.org/10.1007/978-3-658-30160-6_1

Aufgabe 6. Beweisen Sie die Identität:

$$x^0 = 1 \quad \text{für} \quad x \in \mathbb{R} \setminus \{0\} \tag{9}$$

Aufgabe 7. Bei der Potenz 0^0 handelt es sich um einen unbestimmten Ausdruck. Trotzdem ist es möglich, einen Wert vorzugeben. Meist wird die Definition

$$0^0 := 1 \tag{10}$$

verwendet, damit

$$x^0 = 1 \quad \text{für} \quad x \in \mathbb{R} \tag{11}$$

gilt — dies erspart lästige Fallunterscheidungen. Man beachte den Unterschied zum Grenzwert, welcher von der gewählten Funktion abhängt. Beispielsweise stimmt wegen

$$0^u = 0 \quad \text{für} \quad u > 0 \tag{12}$$

der Grenzwert

$$\lim_{u \to 0} 0^{|u|} = 0 \tag{13}$$

nicht mit dem Funktionswert $|0|^0 = 1$ überein. Der daraus resultierenden Empfehlung einiger Autoren, die Potenz 0^0 undefiniert zu lassen, kann erwidert werden, dass nichts Schlimmes dabei ist, wenn die Funktion $0^{|u|}$ an der Stelle $u = 0$ unstetig ist.

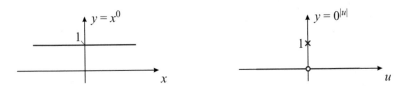

Geben Sie unbestimmte Ausdrücke an, die nicht definierbar sind.

Aufgabe 8. Sind die Potenzgesetze (4) bis (8) bei reellen Basen $x, y \in \mathbb{R}$ und nicht-negativen ganzzahligen Exponenten $k, n \in \mathbb{N} = \{0, 1, 2, 3, \ldots\}$ gültig?

Aufgabe 9. Erweitern Sie mithilfe des Kehrwertes

$$x^{-u} = \frac{1}{x^u} \quad \text{für} \quad x \in \mathbb{R} \setminus \{0\} \tag{14}$$

die Gültigkeit der Produktregel für gleiche Basen (4) auf ganzzahlige Exponenten $k, n \in \mathbb{Z}$.

Aufgabe 10. Man zeige, dass auch die anderen Potenzgesetze für ganzzahlige Exponenten gültig sind:

  a) Produktregel für gleiche Exponenten (5),

  b) Potenzregel für Potenzen (6),

  c) Quotientenregel für gleiche Basen (7),

  d) Quotientenregel für gleiche Exponenten (8).

Aufgabe 11: Streng monoton steigende Funktionen

$$f(x + \varepsilon) > f(x) \quad \text{mit} \quad \varepsilon > 0 \tag{15}$$

besitzen eine Umkehrfunktion. Im Falle der kubischen Parabel x^3 ist dies die Kubikwurzel:

$$\sqrt[3]{x} = x^{\frac{1}{3}} = \begin{cases} -\sqrt[3]{-x} & \text{für } x < 0 \\ \sqrt[3]{x} & \text{für } x \geq 0 \end{cases} \tag{16}$$

Beweisen Sie, dass die kubische Parabel trotz Sattelpunkt streng monoton steigt.

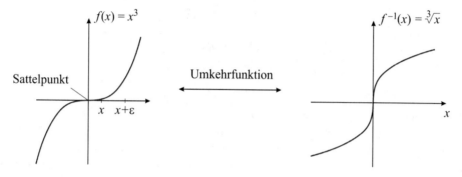

Aufgabe 12. Durch Umkehrung der Potenz x^k mit $k \in \mathbb{N}^*$ erhält man die k-te Wurzel:

$$\sqrt[k]{x} = x^{\frac{1}{k}} \quad \text{mit} \quad \begin{cases} x \in [0, \infty) & \text{für } k \text{ gerade} \\ x \in (-\infty, \infty) & \text{für } k \text{ ungerade} \end{cases} \tag{17}$$

Geben Sie eine Begründung, warum beim Definitionsbereich eine Fallunterscheidung vorgenommen worden ist.

Aufgabe 13. Zu jedem der fünf Potenzgesetze (4) bis (8) existiert ein äquivalentes Wurzelgesetz. Beginnen Sie mit der Herleitung des Wurzelgesetzes für Wurzeln:

$$\sqrt[k]{\sqrt[n]{x}} = \sqrt[kn]{x} \tag{18}$$

Aufgabe 14. Die Verknüpfung von Potenzieren und Radizieren führt zu einer Potenz mit rationalem Exponenten (gekürzter Bruch mit Zähler $n \in \mathbb{Z}$ und Nenner $k \in \mathbb{N}^*$):

$$x^{\frac{n}{k}} = \sqrt[k]{x^n} = \left(\sqrt[k]{x}\right)^n \quad \text{mit} \quad \begin{cases} x \in [0, \infty) & \text{für } k \text{ gerade} \\ x \in (-\infty, \infty) & \text{für } k \text{ ungerade} \end{cases} \tag{19}$$

Die Formel wirft Fragen auf:

a) Weshalb sollte der Exponent $\frac{n}{k}$ in gekürzter Form vorliegen? Erläutern Sie, wann das Kürzen relevant ist, und geben Sie ein Beispiel.

b) Ist es egal, ob zuerst potenziert oder radiziert wird? Beweisen Sie, dass die Reihenfolge keine Rolle spielt.

Aufgabe 15. Leiten Sie die restlichen Wurzelgesetze für $k, n \in \mathbb{N}^*$ her:

a) Produktregel bei gleichem Radikanden:

$$\sqrt[k]{x} \cdot \sqrt[n]{x} = \sqrt[kn]{x^{k+n}} \tag{20}$$

b) Produktregel bei gleichem Wurzelexponenten:

$$\sqrt[k]{x} \cdot \sqrt[k]{y} = \sqrt[k]{xy} \tag{21}$$

c) Quotientenregel bei gleichem Radikanden:

$$\frac{\sqrt[k]{x}}{\sqrt[n]{x}} = \sqrt[kn]{x^{n-k}} \tag{22}$$

d) Quotientenregel bei gleichem Wurzelexponenten:

$$\frac{\sqrt[k]{x}}{\sqrt[k]{y}} = \sqrt[k]{\frac{x}{y}} \tag{23}$$

Ausgangspunkt sind die Potenzgesetze mit natürlichen Exponenten (ohne null).

Aufgabe 16. Im Rahmen der Aufgaben 9 und 10 wurde die Gültigkeit der Potenzgesetze (4) bis (8) auf ganzzahlige Exponenten $k, n \in \mathbb{Z}$ ausgeweitet. Die Wurzelgesetze (18) und (20) bis (23) gelten für natürliche Wurzelexponenten $k, n \in \mathbb{N}^*$. Beweisen Sie, dass die Potenzgesetze dann auch für rationale Exponenten $u, v \in \mathbb{Q}$ gültig sind:

a) Produktregel bei gleicher Basis:

$$x^u x^v = x^{u+v} \tag{24}$$

b) Produktregel bei gleichem Exponenten:

$$x^u y^u = (xy)^u \tag{25}$$

c) Potenzregel für Potenzen:

$$(x^u)^v = x^{uv} \tag{26}$$

d) Quotientenregel bei gleicher Basis:

$$\frac{x^u}{x^v} = x^{u-v} \tag{27}$$

e) Quotientenregel bei gleichem Exponenten:

$$\frac{x^u}{y^u} = \left(\frac{x}{y}\right)^u \tag{28}$$

Unter welcher Voraussetzung dürfen negative Basen $x, y < 0$ benutzt werden?

Aufgabe 17. Bei einer Potenz x^u mit irrationalem Exponenten $u \in \mathbb{R} \setminus \mathbb{Q}$ muss die Basis positiv oder null sein: $x \geq 0$. Warum sind negative Zahlen verboten?

Aufgabe 18. Man begründe, dass die für rationale Exponenten hergeleiteten Potenzgesetze (24) bis (28) auch für reelle Exponenten $u, v \in \mathbb{R}$ (mit $x, y \geq 0$) benutzt werden dürfen.

1.3 Logarithmengesetze

Aufgabe 19. Durch Umkehrung der Exponentialfunktion erhält man die Logarithmusfunktion:

$$y = a^x \quad \Leftrightarrow \quad x = \log_a y \quad \text{mit} \quad a > 0,\, a \neq 1 \tag{29}$$

Diskutieren Sie den Einfluss der Basis a auf das Monotonieverhalten.

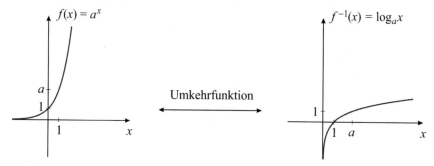

Aufgabe 20. Zeigen Sie, dass das Logarithmengesetz

$$\log_a(xy) = \log_a x + \log_a y \tag{30}$$

äquivalent zum Potenzgesetz (24) ist.

Aufgabe 21. Leiten Sie die Logarithmenregel

$$\log_a x^c = c \log_a x \tag{31}$$

her, indem Sie die Äquivalenz zur Potenzregel (26) ausnutzen.

Aufgabe 22. Zeigen Sie, dass die als Basiswechselsatz bekannte Logarithmenregel

$$\log_a x = \frac{\log_b x}{\log_b a} \tag{32}$$

ebenfalls äquivalent zum Potenzgesetz (26) ist.

Aufgabe 23. Wegen (31) $\Leftrightarrow$ (26) und (32) $\Leftrightarrow$ (26) muss gelten: (31) $\Leftrightarrow$ (32). Verifizieren Sie die Äquivalenz der beiden Logarithmengesetze, ohne die Potenzregel anzuwenden.

1.4 Irrationalität der Wurzel aus 2

Aufgabe 24. Von Euklid stammt der sehr berühmte Beweis, dass die Wurzel aus 2 keine rationale Zahl sein kann. Als Vorbereitung auf die recht anspruchsvolle Beweisführung beweise man zunächst, dass das Quadrat einer geraden Zahl ebenfalls gerade ist.

Aufgabe 25. Es ist zu zeigen, dass man durch Quadrieren einer ungeraden Zahl immer eine ungerade Zahl erhält.

Aufgabe 26. Folgende Aussage ist zu beweisen: Wenn eine Quadratzahl m^2 gerade ist, dann muss auch die Zahl m gerade sein.

Aufgabe 27. Beweisen Sie, dass die Wurzel aus 2 irrational ist: $\sqrt{2} \notin \mathbb{Q}$.

1.5 Primzahlen

Aufgabe 28.* Können Sie beweisen, dass es unendlich viele Primzahlen gibt?

Ein sehr berühmter Widerspruchsbeweis findet sich in den „Elementen" des Euklid.

Aufgabe 29. Das Produkt zweier natürlicher Zahlen ist gleich dem Produkt aus größtem gemeinsamem Teiler (ggT) und kleinstem gemeinsamem Vielfachen (kgV):

$$\mathrm{ggT}(k,n) \cdot \mathrm{kgV}(k,n) = k \cdot n \quad \mathrm{mit} \quad k, n \in \mathbb{N}^* \tag{33}$$

Beweisen Sie diesen Zusammenhang mittels Primfaktorzerlegung.

Aufgabe 30. Addiert man zwei periodische Funktionen f_1 und f_2, dann ist die Periode von $f(t) = f_1(t) + f_2(t) = f(t+T)$ gleich dem kleinsten gemeinsamen Vielfachen der Ausgangsperioden: $T = \mathrm{kgV}(T_1, T_2)$. Zum Beispiel: $\pi = \mathrm{kgV}(\frac{\pi}{2}, \frac{\pi}{3})$.

Zeigen Sie, dass sich mithilfe der folgenden Gleichung das kleinste gemeinsame Vielfache von Brüchen ausrechnen lässt:

$$\mathrm{kgV}\left(\frac{a}{b}, \frac{c}{d}\right) = \frac{ac}{\mathrm{ggT}(ad, bc)} \quad \mathrm{mit} \quad a, b, c, d \in \mathbb{N}^* \tag{34}$$

Aufgabe 31. Mit dem euklidischen Algorithmus lässt sich der größte gemeinsame Teiler zweier natürlicher Zahlen berechnen:

1. Sortierung: Die größere Zahl sei m, die kleinere n.

2. Abbruch, falls $m = n$ $(= \mathrm{ggT})$.

3. Austausch von m durch die Differenz $d = m - n$. Gehe zu Schritt 1.

Beispiel: $\mathrm{ggT}(168, 63) = \mathrm{ggT}(105, 63) = \mathrm{ggT}(63, 42) = \mathrm{ggT}(42, 21) = 21$

Schreiben Sie ein Programm, um den ggT der folgende Zahlenpaare zu ermitteln:

a) 546 und 1764

b) 10 000 001 und 100 001

Aufgabe 32. Gesucht ist der größte gemeinsame Teiler dieser Zahlenpaare:

a) 9 283 479 und 2 089 349 234 720 389 479

b) 10 000 000 008 200 000 001 197 und 10 000 000 002 200 000 000 057

Der klassische Algorithmus von Euklid stößt bei großen Zahlen an seine Grenzen, weil zu viele Rechenoperationen erforderlich sind. Zum Glück gibt es eine „moderne" Variante: eine kleine Änderung mit großer Wirkung. Wie könnte diese Optimierung aussehen?

Aufgabe 33. Der französische Mathematiker Pierre de Fermat hat im Jahr 1637 die Vermutung aufgestellt, dass alle Zahlen

$$F_n = 2^{(2^n)} + 1 \quad \mathrm{mit} \quad n \in \mathbb{N} = \{0, 1, 2, \ldots\} \tag{35}$$

Primzahlen sind. Erst im Jahre 1732 konnte der Schweizer Mathematiker Leonhard Euler ein Gegenbeispiel präsentieren, welches es von Ihnen zu finden gilt.

1.6 Gleichungen

Aufgabe 34. Leiten Sie die pq-Formel her, mit der sich die quadratische Gleichung

$$x^2 + px + q = 0 \tag{36}$$

lösen lässt:

$$x_{1,2} = -\frac{p}{2} \pm \sqrt{\left(\frac{p}{2}\right)^2 - q} \tag{37}$$

Wie viele Lösungen können auftreten?

Aufgabe 35. Gegeben sei eine quadratische Parabel in der Standardform:

$$y = ax^2 + bx + c \quad \text{mit} \quad a \neq 0 \tag{38}$$

Um die Nullstellen mittels pq-Formel berechnen zu können, muss durch den Streckfaktor a geteilt werden. Alternativ kann die abc-Formel

$$x_{1,2} = \frac{-b \pm \sqrt{b^2 - 4ac}}{2a} \tag{39}$$

benutzt werden. Der Begriff Mitternachtsformel ist ebenfalls gebräuchlich — wenn Sie um Mitternacht geweckt werden, müssen Sie diese Formel parat haben.

Leiten Sie die abc-Formel her.

Aufgabe 36. Gegeben sei eine Parabel in der Produktform:

$$y = a(x - x_1)(x - x_2) \tag{40}$$

Man überprüfe, dass das Einsetzen der Nullstellen (39) auf die Standardform (38) führt.

Aufgabe 37. Geben Sie die Parameter x_0 und y_0 der Scheitelpunktsform

$$y = a(x - x_0)^2 + y_0 \tag{41}$$

als Funktion der Nullstellen x_1 und x_2 an.

Aufgabe 38. Wann besitzt ein homogenes LGS (lineares Gleichungssystem)

$$\underline{A}\,\underline{x} = \underline{0} \tag{42}$$

unendlich viele Lösungen, und wie sieht die Alternative aus? Führen Sie den Beweis exemplarisch anhand eines 2×2-Gleichungssystems.

Aufgabe 39. Zeigen Sie für das Beispiel eines 2×2-Gleichungssystems, dass bei einem inhomogenen LGS

$$\underline{A}\,\underline{x} = \underline{r} \tag{43}$$

drei Fälle auftreten können:

 a) genau eine Lösung,

 b) keine Lösung,

 c) unendlich viele Lösungen.

Aufgabe 40. Warum muss bei Wurzelgleichungen immer eine Probe gemacht werden?

1.7 Ungleichungen

Aufgabe 41. Beweisen Sie die Gültigkeit der Bernoulli-Ungleichung

$$(1+x)^n \geq 1 + nx \quad \text{für} \quad n \in \mathbb{N} \quad \text{und} \quad x \in \mathbb{R}, x \geq -1 \tag{44}$$

mittels vollständiger Induktion. Die nach dem Schweizer Mathematiker Jacob Bernoulli benannte Ungleichung findet sich in einer seiner Arbeiten aus dem Jahre 1689.

Aufgabe 42. Die folgende Ungleichung soll bewiesen werden:

$$2^n \geq n^2 \quad \text{für} \quad n \in \mathbb{N}, n \geq 4 \tag{45}$$

Aufgabe 43. Beweisen Sie die Dreiecksungleichung:

$$|x + y| \leq |x| + |y| \quad \text{für} \quad x, y \in \mathbb{R} \tag{46}$$

Aufgabe 44. Bringen Sie die Dreiecksungleichung (46) in die folgende Form:

$$|x - y| \geq |x| - |y| \quad \text{für} \quad x, y \in \mathbb{R} \tag{47}$$

Aufgabe 45. Zwei positive reelle Zahlen $x_1, x_2 > 0$ mit $x_2 > x_1$ können auf unterschiedliche Weise gemittelt werden. Eine Möglichkeit ist das harmonische Mittel:

$$\overline{x}_\mathrm{h} = \frac{2}{\frac{1}{x_1} + \frac{1}{x_2}} = \frac{2x_1 x_2}{x_1 + x_2} \tag{48}$$

Wer über mehrere Größenordnungen hinweg mittelt, benutzt zumeist das geometrische Mittel:

$$\overline{x}_\mathrm{g} = \sqrt{x_1 x_2} \tag{49}$$

Beweisen Sie, dass der harmonische Mittelwert unterhalb des geometrischen Mittelwerts liegt:

$$\overline{x}_\mathrm{h} < \overline{x}_\mathrm{g} \tag{50}$$

Aufgabe 46. Bei relativ kleinen Abweichungen bietet sich das arithmetische Mittel an:

$$\overline{x}_\mathrm{a} = \frac{x_1 + x_2}{2} \tag{51}$$

Man zeige, dass für $x_2 > x_1 \geq 0$ der geometrische Mittelwert (49) stets kleiner als der arithmetische Mittelwert ist:

$$\overline{x}_\mathrm{g} < \overline{x}_\mathrm{a} \tag{52}$$

Aufgabe 47. Man beweise, dass das arithmetische Mittel (51) kleiner als das quadratische Mittel

$$\overline{x}_\mathrm{q} = \sqrt{\frac{x_1^2 + x_2^2}{2}} \tag{53}$$

ist, wenn $x_2 > x_1 \geq 0$:

$$\overline{x}_\mathrm{a} < \overline{x}_\mathrm{q} \tag{54}$$

Aufgabe 48. Beweisen Sie, dass sich die Fakultät wie folgt abschätzen lässt:

$$n^n \geq n! \geq \sqrt{n^n} \quad \text{für} \quad n \in \mathbb{N}^* \tag{55}$$

1.8 Binomialkoeffizient

Aufgabe 49. Der für natürliche Zahlen $n, k \in \mathbb{N}$ definierte Binomialkoeffizient

$$\binom{n}{k} = \frac{n!}{(n-k)! \cdot k!} \quad \text{mit} \quad 0 \le k \le n \tag{56}$$

besitzt zwei wichtige Anwendungsgebiete:

- Als Koeffizient (Vorfaktor) beim binomischen Lehrsatz (59), wie sein Name verrät. Bei einem Binom $(a+b)$ handelt es sich um ein Polynom mit zwei Gliedern.

- Als Maß für Wahrscheinlichkeiten in der Kombinatorik.

Ermitteln Sie die Wahrscheinlichkeit, dass bei dem aus n Reihen bestehenden Galtonbrett die schwarze Kugel in Topf k landet, und stellen Sie die Beziehung zum Binomialkoeffizienten her.

Aufgabe 50. Beweisen Sie die Symmetrie des Binomialkoeffizienten:

$$\binom{n}{k} = \binom{n}{n-k} \tag{57}$$

Galtonbrett:

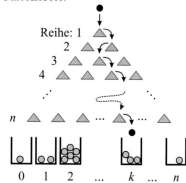

Aufgabe 51. Zeigen Sie, dass sich der Binomialkoeffizient rekursiv berechnen lässt:

$$\binom{n+1}{k} = \binom{n}{k-1} + \binom{n}{k} \tag{58}$$

Mit anderen Worten: Leiten Sie das Pascalsche Dreieck her.

Pascalsches Dreieck:

$$
\begin{array}{llcccccccc}
n = 0: & & & & & 1 & & & & \\
n = 1: & & & & 1 & & 1 & & & \\
n = 2: & & & 1 & & 2 & & 1 & & \\
n = 3: & & 1 & & 3 & & 3 & & 1 & \\
n = 4: & 1 & & 4 & & 6 & & 4 & & 1
\end{array}
$$

Aufgabe 52. Beweisen Sie die Gültigkeit des binomischen Lehrsatzes:

$$(a+b)^n = \sum_{k=0}^{n} \binom{n}{k} a^{n-k} b^k \quad \text{mit} \quad n \in \mathbb{N} \text{ und } a, b \in \mathbb{R} \tag{59}$$

Aufgabe 53. Der allgemeine Binomialkoeffizient ist für $n \in \mathbb{R}$ und $k \in \mathbb{N}$ definiert:

$$\binom{n}{k} = \prod_{j=1}^{k} \frac{n-(j-1)}{j} = \frac{n \cdot [n-1] \cdot [n-2] \cdot \ldots \cdot [n-(k-1)]}{k!}, \quad \binom{n}{0} = 1 \tag{60}$$

Man zeige, dass der (normale) Binomialkoeffizient (56) als Sonderfall enthalten ist.

Aufgabe 54. Leiten Sie den binomischen Lehrsatz aus der binomischen Reihe (243) her.

1.9 Mathebüten

Aufgabe 55. Mit Mathematik kann man abnehmen (oder zunehmen, je nach Bedarf). Ausgangspunkt des Beweises ist die Gleichung:

$$G = g + ü \tag{61}$$

mit

$G:$ Tatsächliches Gewicht
$g:$ Idealgewicht
$ü:$ Übergewicht

Nehmen Sie die folgenden elementaren Umformungen vor:

1. Erweiterung mit $(G - g)$

2. Ausmultiplizieren

3. Term $Gü$ abziehen

Führen Sie die Rechnung zu Ende, und interpretieren Sie das Ergebnis.

Aufgabe 56. Mithilfe der in Abschnitt 1.2 hergeleiteten Potenzregel für Potenzen

$$(x^u)^v = x^{uv}$$

lassen sich Vorzeichen umkehren. Überzeugen Sie sich zunächst von der Richtigkeit der folgenden Gleichungen:

$$(-1)^2 = 1$$

$$1^{\frac{1}{6}} = 1$$

$$(-1)^{\frac{1}{3}} = -1$$

Der Beweis ist sehr kurz:

$$1 = (-1)^2 = \left[(-1)^2\right]^{\frac{1}{6}} = \dots$$

Aufgabe 57. Eine bemerkenswerte Eigenschaft der Logarithmusfunktion ist, dass man mit ihr die Reihenfolge zweier Zahlen ändern kann. Der Beweis beginnt mit der Ungleichung:

$$1 > 0$$

Führen Sie die folgenden Schritte durch:

1. Division durch 8

2. Addition von einem Achtel

3. Darstellung als Potenz

4. Logarithmus zur Basis $\frac{1}{2}$

5. Subtraktion von 2

Aufgabe 58. Auf einen mehr oder weniger kommt es nicht an. Beweisen Sie diese Aussage, indem Sie den Kotangens partiell integrieren.

Aufgabe 59. Leiten Sie aus der Gleichung

$$x^2 + x + 1 = 0 \tag{62}$$

die Aussage

$$1 = 0$$

her:

1. Division durch x

2. Ersetzen des Terms $x + 1$

3. Auflösen nach x

4. Einsetzen in (62)

5. Division durch 3

Aufgabe 60. Die alternierende harmonische Reihe

$$A = \sum_{n=1}^{\infty} \frac{(-1)^{n-1}}{n} = \frac{1}{1} - \frac{1}{2} + \frac{1}{3} - \frac{1}{4} + \frac{1}{5} - \frac{1}{6} + \frac{1}{7} - \frac{1}{8} + \frac{1}{9} - \frac{1}{10} \pm \ldots$$

verdankt ihren Namen der Tatsache, dass der Summenwert wechselt (alterniert). Sie haben also als Anwender die Wahl, was herauskommen soll.

a) Überprüfen Sie zunächst die Abschätzung nach unten:

$$A > \frac{1}{2}$$

b) Führen Sie eine Abschätzung nach oben durch:

$$A < 1$$

c) Beweisen Sie, dass der Summenwert verschwindet, wenn man die Reihenglieder wie folgt umordnet:

$$A = \left[\frac{1}{1} - \frac{1}{2}\right] - \frac{1}{4} + \left[\frac{1}{3} - \frac{1}{6}\right] - \frac{1}{8} + \left[\frac{1}{5} - \frac{1}{10}\right] - \frac{1}{12} \pm \ldots = 0$$

Aufgabe 61. In Aufgabe 56 wurde bewiesen, dass Zahlen ihr Vorzeichen wechseln können. Der von Ihnen zu vervollständigende Alternativbeweis verwendet komplexe Zahlen:

$$1 = \sqrt{1} = \sqrt{(-1) \cdot (-1)} = \ldots$$

Aufgabe 62. Es soll gezeigt werden, dass für alle Winkel φ die folgende Identität gilt:

$$e^{i\varphi} = 1$$

Der Beweis beginnt mit einer Erweiterung der komplexen Exponentialfunktion mit 2π.

2 Vektoralgebra

2.1 Trigonometrie

Aufgabe 63. Bei rechtwinkligen Dreiecken gilt der Höhensatz des Euklid:

$$pq = h^2 \qquad (63)$$

Können Sie ihn herleiten?

Aufgabe 64. Beweisen Sie den Sinussatz:

$$\frac{a}{\sin\alpha} = \frac{b}{\sin\beta} = \frac{c}{\sin\gamma} \qquad (64)$$

Aufgabe 65. Der Kosinussatz lautet:

$$c^2 = a^2 + b^2 - 2ab\cos\gamma \qquad (65)$$

Gesucht ist eine geometrische Herleitung (ohne Skalarprodukt).

Aufgabe 66. Gegeben sei ein Vektor aus dem $\mathbb{R}^3$:

$$\vec{a} = \begin{pmatrix} a_1 \\ a_2 \\ a_3 \end{pmatrix}$$

Sein Betrag wird auf folgende Weise berechnet:

$$a = |\vec{a}| \qquad (66)$$

$$= \sqrt{a_1^2 + a_2^2 + a_3^2} \qquad (67)$$

Was steckt hinter dieser Formel?

Anmerkung: Neben dem reinen Zahlenwert umfasst der Betrag auch eine Einheit, z. B. Millimeter (mm), wenn es sich bei a um eine Länge handelt.

Aufgabe 67. Man überprüfe das Kommutativgesetz der Vektoraddition

$$\vec{a} + \vec{b} = \vec{b} + \vec{a} \qquad (68)$$

auf grafischem Wege — der rechnerische Beweis kommt ohne Trigonometrie (Dreiecke) aus.

Aufgabe 68. Leiten Sie die vektorielle Darstellung des Kosinussatzes

$$|\vec{a} - \vec{b}|^2 = |\vec{a}|^2 + |\vec{b}|^2 - 2\,|\vec{a}|\,|\vec{b}|\cos\gamma \qquad (69)$$

aus dem Kosinussatz (65) her.

© Springer Fachmedien Wiesbaden GmbH, ein Teil von Springer Nature 2020
L. Nasdala, *Mathematik 1 Beweisaufgaben*,
https://doi.org/10.1007/978-3-658-30160-6_2

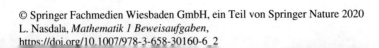

2.2 Skalarprodukt

Aufgabe 69. Unter dem Begriff *Skalarprodukt* fasst man zwei Gleichungen zusammen:

1. Mathematische Definition als Verknüpfung zweier Vektoren zu einem Skalar:

$$\vec{a} \cdot \vec{b} = \begin{pmatrix} a_1 \\ a_2 \\ a_3 \end{pmatrix} \cdot \begin{pmatrix} b_1 \\ b_2 \\ b_3 \end{pmatrix} = a_1 b_1 + a_2 b_2 + a_3 b_3 \tag{70}$$

2. Geometrische Deutung (73) als Projektion (siehe Aufgaben 71 bis 73).

Beweisen Sie, dass das Skalarprodukt kommutativ ist:

$$\vec{a} \cdot \vec{b} = \vec{b} \cdot \vec{a} \tag{71}$$

Aufgabe 70. Ein Vektor $\vec{a} \in \mathbb{R}^3$ kann aufgrund unterschiedlicher Dimensionen niemals mit seinem Betrag $a \in \mathbb{R}$ übereinstimmen:

$$\vec{a} \neq a$$

Nichtsdestotrotz ist das Quadrat eines Vektors gleich dem Quadrat seines Betrages:

$$\vec{a}^2 = a^2 \tag{72}$$

Überzeugen Sie sich von der Allgemeingültigkeit dieses Zusammenhangs.

Aufgabe 71. Zeigen Sie mithilfe des erweiterten Kosinussatzes (69), dass das Skalarprodukt (70) als Funktion des eingeschlossenen Winkels γ angegeben werden kann:

$$\vec{a} \cdot \vec{b} = |\vec{a}|\,|\vec{b}|\,\cos\gamma \tag{73}$$

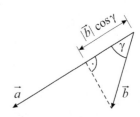

Aufgabe 72. Beweisen Sie, dass das Skalarprodukt bei zwei orthogonalen Vektoren verschwindet:

$$\vec{a} \cdot \vec{b} = 0 \quad \Leftrightarrow \quad \vec{a} \perp \vec{b} \tag{74}$$

Aufgabe 73. Die geometrische Interpretation des Skalarprodukts als Projektion

$$p = \vec{e}_a \cdot \vec{b} \tag{75}$$

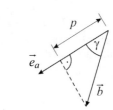

gehört zu den wichtigsten Formeln der Vektoralgebra. Wie kommt man auf diese Gleichung?

Aufgabe 74. Gegeben sind die Vektoren $\vec{a}$ und $\vec{b}$. Man zeige, dass sich der Flächeninhalt des aufgespannten Parallelogramms mithilfe des Skalarprodukts berechnen lässt:

$$A = \sqrt{(ab)^2 - \left(\vec{a} \cdot \vec{b}\right)^2} \tag{76}$$

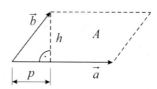

Beginnen Sie mit der Ermittlung der Längen p und h.

2.3 Kreuzprodukt

Aufgabe 75. Das Kreuzprodukt zweier Vektoren ergibt einen dritten Vektor:

$$\vec{a} \times \vec{b} = \begin{pmatrix} a_1 \\ a_2 \\ a_3 \end{pmatrix} \times \begin{pmatrix} b_1 \\ b_2 \\ b_3 \end{pmatrix} = \begin{pmatrix} a_2 b_3 - a_3 b_2 \\ a_3 b_1 - a_1 b_3 \\ a_1 b_2 - a_2 b_1 \end{pmatrix} \tag{77}$$

Sein Betrag entspricht der Fläche des von den Ausgangsvektoren $\vec{a}$ und $\vec{b}$ aufgespannten Parallelogramms:

$$A = |\vec{a} \times \vec{b}| \tag{78}$$

Rechnen Sie nach, dass die Formeln (76) und (78) zum gleichen Ergebnis führen.

Aufgabe 76. Gegeben seien zwei in der xy-Ebene befindliche Vektoren $\vec{a}$ und $\vec{b}$. Die Auswertung des Kreuzproduktes (77) liefert für das aufgespannte Parallelogramm einen Flächeninhalt (78) von:

$$A = \left| \begin{pmatrix} a_1 \\ a_2 \\ 0 \end{pmatrix} \times \begin{pmatrix} b_1 \\ b_2 \\ 0 \end{pmatrix} \right| = |a_1 b_2 - a_2 b_1| \tag{79}$$

Überprüfen Sie das Ergebnis auf geometrische Weise.

Aufgabe 77. Mit den Gleichungen (76) und (78) lässt sich der Flächeninhalt eines von zwei Vektoren $\vec{a}$ und $\vec{b}$ aufgespannten Parallelogramms berechnen.

Kennt man lediglich die Beträge der Vektoren, dafür aber den eingeschlossenen Winkel α, dann lässt sich der Flächeninhalt mit folgender Formel bestimmen:

$$A = ab \sin \alpha \tag{80}$$

Können Sie dies bestätigen?

Aufgabe 78. Man beweise, dass der Vektor $\vec{c} = \vec{a} \times \vec{b}$ mit den Ausgangsvektoren $\vec{a}$ und $\vec{b}$ einen rechten Winkel einschließt.

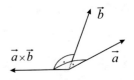

Aufgabe 79. Die Vektoren $\vec{a}, \vec{b}$ und $\vec{c} = \vec{a} \times \vec{b}$ bilden ein Rechtssystem. Erläutern Sie, was damit gemeint ist, und führen Sie eine Plausibilitätskontrolle durch.

Aufgabe 80. Die Kombination aus Skalar- und Kreuzprodukt ist als Spatprodukt

$$S = \vec{a} \cdot (\vec{b} \times \vec{c}) = \vec{b} \cdot (\vec{c} \times \vec{a}) = \vec{c} \cdot (\vec{a} \times \vec{b}) \tag{81}$$

bekannt. Beweisen Sie, dass eine zyklische Vertauschung der drei Vektoren den Zahlenwert nicht ändert. Was passiert bei einer nicht-zyklischen Vertauschung?

Aufgabe 81. Zeigen Sie, dass das Spatprodukt (81) bzw. dessen Betrag gleich dem Volumen

$$V = |S| = |\vec{c} \cdot (\vec{a} \times \vec{b})| \tag{82}$$

des aufgespannten Parallelepipeds ist.

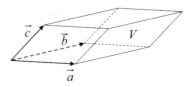

2.4 Anwendungen in der Geometrie

Aufgabe 82. Eine Ebene E mit dem Ortsvektor $\vec{r}$ lässt sich auf unterschiedliche Weise darstellen:

a) Parameterform oder Punktrichtungsform:

$$E\colon \vec{r} = \vec{a} + \lambda\vec{b} + \mu\vec{c} \quad \text{mit} \quad \lambda, \mu \in \mathbb{R} \qquad (83)$$

Tragen Sie den Stützvektor $\vec{a}$ und die Richtungsvektoren $\vec{b}$ und $\vec{c}$ in die Skizze ein.

b) Normalenform:

$$E\colon \vec{r} \cdot \vec{n} = \vec{a} \cdot \vec{n} \qquad (84)$$

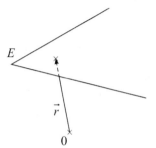

Welche Beziehung besteht zwischen dem Normalenvektor $\vec{n}$ und den Vektoren der Parameterform? Was steckt geometrisch hinter der Normalenform?

c) Koordinatenform:

$$E\colon kx + ly + mz = q \qquad (85)$$

Welchen Vektor repräsentieren die Koordinaten x, y und z, und wie bestimmt man den Parameter q?

Aufgabe 83. Gegeben seien zwei Punkte A und B mit den Ortsvektoren $\vec{r}_A$ und $\vec{r}_B$.

Führen Sie Koordinaten ein, und geben Sie die Formel an, mit der sich der Abstand der beiden Punkte berechnen lässt.

Aufgabe 84. Der Abstand zwischen dem Punkt P mit dem Ortsvektor $\vec{p}$ und der Geraden

$$g\colon \vec{r} = \vec{a} + \lambda\vec{b} \quad \text{mit} \quad \lambda \in \mathbb{R} \qquad (86)$$

kann mittels Kreuzprodukt berechnet werden:

$$d = \frac{\left|(\vec{a} - \vec{p}) \times \vec{b}\right|}{b} \qquad (87)$$

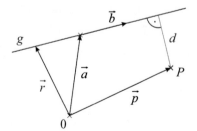

Leiten Sie die Abstandsformel her.

Zusatzfrage: Hängt der Abstand von der Länge des Richtungsvektors ab?

Aufgabe 85. In Aufgabe 84 wurde bewiesen, dass der Abstand zwischen Punkt P und Gerade g mithilfe des Kreuzproduktes ausgerechnet werden kann. Eine Alternative bietet das Skalarprodukt:

$$d = \left|\vec{a} - \vec{p} - \left((\vec{a} - \vec{p}) \cdot \vec{e}_b\right)\vec{e}_b\right| \qquad (88)$$

Beginnen Sie die Herleitung dieser Formel mit der Orthogonalitätsbedingung für den Abstandsvektor $\vec{d}$.

Aufgabe 86. Gegeben seien ein Punkt P mit dem Ortsvektor $\vec{p}$ sowie eine Ebene E mit Stützvektor $\vec{a}$ und Normalenvektor $\vec{n}$.

Beweisen Sie die Gültigkeit der Abstandsformel:

$$d = \frac{1}{n}\left|\vec{n} \cdot (\vec{a} - \vec{p})\right| \qquad (89)$$

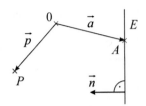

Um die Herleitung zu vereinfachen, ist die Ebene nicht räumlich, sondern in der Seitenansicht dargestellt.

Aufgabe 87. Der Abstand zwischen zwei windschiefen Geraden

$$g_1\colon \vec{r}_1 = \vec{a}_1 + \lambda_1 \vec{b}_1 \quad \text{mit} \quad \lambda_1 \in \mathbb{R} \qquad (90)$$

und

$$g_2\colon \vec{r}_2 = \vec{a}_2 + \lambda_2 \vec{b}_2 \quad \text{mit} \quad \lambda_2 \in \mathbb{R} \qquad (91)$$

beträgt:

$$d = \frac{\left|(\vec{a}_1 - \vec{a}_2) \cdot (\vec{b}_1 \times \vec{b}_2)\right|}{\left|\vec{b}_1 \times \vec{b}_2\right|} \qquad (92)$$

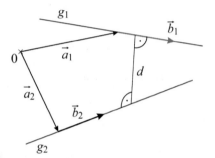

Ergänzen Sie die Skizze, damit man erkennt, was sich hinter der Abstandsformel verbirgt.

Aufgabe 88. Der Abstand der windschiefen Geraden aus Aufgabe 87 kann auch ohne Kreuzprodukt berechnet werden.

Wie lautet der alternative Lösungsansatz? Gesucht sind drei Gleichungen.

Aufgabe 89. Gegeben seien zwei parallele Geraden g_1 und g_2 mit den Stützvektoren $\vec{a}_1$ und $\vec{a}_2$ und den Richtungsvektoren $\vec{b}_1$ und $\vec{b}_2$.

Gesucht ist der Abstand der beiden Geraden. Fertigen Sie eine Skizze an, aus der hervorgeht, was geometrisch hinter der Abstandsformel steckt.

Aufgabe 90. Die Geraden g_1 (90) und g_2 (91) mögen sich schneiden. Der eingeschlossene Winkel α kann mittels

a) Skalarprodukt

$$\cos\alpha = \frac{\vec{b}_1 \cdot \vec{b}_2}{\left|\vec{b}_1\right| \cdot \left|\vec{b}_2\right|} \qquad (93)$$

b) Kreuzprodukt

$$\sin\alpha = \frac{\left|\vec{b}_1 \times \vec{b}_2\right|}{\left|\vec{b}_1\right| \cdot \left|\vec{b}_2\right|} \qquad (94)$$

berechnet werden.

Erläutern Sie, woher die Formeln kommen und warum sie nicht immer zum gleichen Ergebnis führen.

Aufgabe 91. Gegeben seien eine Ebene E und eine parallel verlaufende Gerade g.

Wie lässt sich die Parallelität überprüfen, und wie ermittelt man den Abstand?

Aufgabe 92. Ebene E und Gerade g mögen sich schneiden. Der Schnittwinkel γ kann mittels

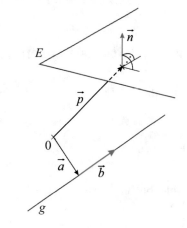

a) Kreuzprodukt

$$\cos\gamma = \frac{|\vec{b} \times \vec{n}|}{|\vec{b}| \cdot |\vec{n}|} \qquad (95)$$

b) Skalarprodukt

$$\sin\gamma = \frac{|\vec{b} \cdot \vec{n}|}{|\vec{b}| \cdot |\vec{n}|} \qquad (96)$$

berechnet werden. Überzeugen Sie sich von der Allgemeingültigkeit beider Formeln.

Aufgabe 93. Die Ebenen E_1 und E_2 seien parallel.

a) Wie kann man die Parallelität überprüfen?

b) Leiten Sie die Abstandsformel her.

Aufgabe 94. Die Ebenen E_1 und E_2 mögen sich schneiden.

a) Gesucht sind zwei Formeln zur Berechnung des Schnittwinkels $\alpha \leq 90°$.

b) Wie würden Sie den Richtungsvektor $\vec{b}$ der Schnittgeraden bestimmen?

c) Wie ermittelt man den Stützvektor

$$\vec{a} = \begin{pmatrix} x \\ y \\ z \end{pmatrix}$$

der Schnittgeraden?

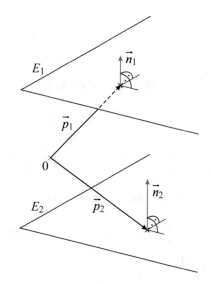

3 Funktionen und Kurven

3.1 Additionstheoreme

Aufgabe 95. Für den Sinus gilt das Additionstheorem:

$$\sin(x \pm y) = \sin x \, \cos y \pm \cos x \, \sin y \qquad (97)$$

Beginnen Sie den Beweis mit dem Fall $\sin(x+y)$. Der Fall $\sin(x-y)$ kann mittels Substitution hergeleitet werden.

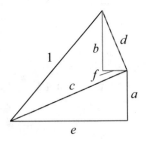

Aufgabe 96. Beweisen Sie das Additionstheorem für den Kosinus:

$$\cos(x \pm y) = \cos x \, \cos y \mp \sin x \, \sin y \qquad (98)$$

Aufgabe 97. Zeigen Sie, dass aus den Additionstheoremen (97) und (98) das Additionstheorem für den Tangens folgt:

$$\tan(x \pm y) = \frac{\tan x \pm \tan y}{1 \mp \tan x \, \tan y} \qquad (99)$$

3.2 Hyperbelfunktionen

Aufgabe 98. Jede Funktion lässt sich als Summe einer geraden und einer ungeraden Funktion darstellen. Im Falle der Exponentialfunktion liefert eine Symmetrisierung den Kosinus Hyperbolicus:

$$\cosh x = \frac{1}{2} \left(e^x + e^{-x} \right) \qquad (100)$$

Zeigen Sie, dass es sich bei $\cosh(x)$ um eine gerade Funktion handelt und dass der Sinus Hyperbolicus

$$\sinh x = \frac{1}{2} \left(e^x - e^{-x} \right) \qquad (101)$$

die zugehörige ungerade Funktion ist.

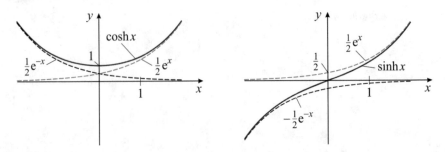

© Springer Fachmedien Wiesbaden GmbH, ein Teil von Springer Nature 2020
L. Nasdala, *Mathematik 1 Beweisaufgaben*,
https://doi.org/10.1007/978-3-658-30160-6_3

Aufgabe 99: Die Kegelschnittgleichung einer Hyperbel mit Mittelpunkt (x_0, y_0) lautet:

$$\left(\frac{x - x_0}{a}\right)^2 - \left(\frac{y - y_0}{b}\right)^2 = 1 \tag{102}$$

Die Steigung der Tangenten hängt von den Halbachsen a und b ab:

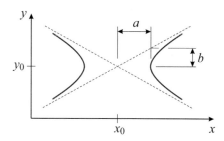

Bei der Funktion

$$f(x) = \frac{1}{x} \tag{103}$$

handelt es sich ebenfalls um eine Hyperbel. Stellen Sie den mathematischen Zusammenhang zu Gleichung (102) her.

Aufgabe 100: In Analogie zu Kreisen, welche sich durch die Kreisfunktionen Kosinus und Sinus parametrisieren lassen, können Hyperbeln auch mittels der Hyperbelfunktionen (100) und (101) dargestellt werden. Der Einheitskreis

$$x^2 + y^2 = \cos^2 \varphi + \sin^2 \varphi = 1$$

ist aus dem Pythagoras herleitbar und benutzt den Winkel φ als Parameter, wie in Aufgabe 2 gezeigt wird.

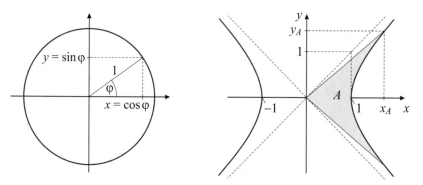

Rechnen Sie nach, dass bei der Einheitshyperbel (aus (102) mit $x_0 = y_0 = 0$ und $a = b = 1$)

$$x^2 - y^2 = 1 \tag{104}$$

die Fläche A als Parameter verwendet werden kann, indem Sie x_A und y_A als Funktion von A angeben. Mit anderen Worten: Leiten Sie den Pythagoras für Hyperbelfunktionen (3) aus der Einheitshyperbel (104) her.

3.3 Allgemeine Kegelschnittgleichung

Aufgabe 101.* Die allgemeine Form der Kegelschnittgleichung

$$Ax^2 + Bxy + Cy^2 + Dx + Ey + F = 0 \qquad (105)$$

verfügt über einen gemischten Term: Bxy. Die Mittelpunkts-
darstellungen von Ellipse

$$\left(\frac{x - x_0}{a}\right)^2 + \left(\frac{y - y_0}{b}\right)^2 = 1 \qquad (106)$$

und Hyperbel (102) sowie die Scheitelpunktsform der Parabel
(siehe auch Aufgabe 37)

$$x = c(y - y_0)^2 + x_0 \qquad (107)$$

kommen hingegen ohne das Produkt xy aus.

Zeigen Sie, dass der Koppelterm durch eine Drehung des Koordinatensystems eliminiert
werden kann, und bestimmen Sie den zugehörigen Hauptachsenwinkel.

Aufgabe 102. Aus einer in Hauptachsen formulierten Kegelschnittgleichung

$$Ax^2 + By^2 + Cx + Dy + E = 0 \qquad (108)$$

lassen sich folgende Kegelschnitte gewinnen:

- Ellipse (106) für $A \cdot B > 0$,

- Hyperbel (102) für $A \cdot B < 0$,

- Parabel (107) für $A = 0$ bzw. $y = y(x)$ für $B = 0$.

Führen Sie den Beweis exemplarisch anhand der Ellipsengleichung (106) durch, das heißt,
bestimmen Sie Mittelpunkt (x_0, y_0) und Halbachsen a, b als Funktion der Parameter A
bis E.

Aufgabe 103. Leiten Sie aus der Kegelschnittgleichung (108) die entarteten Kegelschnitte
her:

- zwei sich schneidende Geraden,

- Gerade,

- Punkt.

Aufgabe 104. Die Kegelschnittgleichung (108) repräsentiert nicht nur einen Doppelkegel,
sondern auch einen Zylinder, aus welchem sich zwei weitere Varianten gewinnen lassen:

- zwei parallele Geraden,

- keine Lösung.

Geben Sie jeweils ein Beispiel an.

3.4 Arkusfunktionen

Aufgabe 105. Der Arkuskosinus ist als Umkehrfunktion des Kosinus definiert. Zeigen Sie, dass er in Abhängigkeit vom Arkussinus ausgedrückt werden kann:

$$\arccos x = \frac{\pi}{2} - \arcsin x \tag{109}$$

Aufgabe 106. Auch der Arkustangens, die Umkehrfunktion des Tangens, lässt sich als Funktion vom Arkussinus angeben, wie von Ihnen gezeigt werden soll:

$$\arctan x = \arcsin \frac{x}{\sqrt{1 + x^2}} \tag{110}$$

Aufgabe 107. Beweisen Sie den folgenden Zusammenhang zwischen Arkuskotangens und Arkustangens:

$$\text{arccot}\, x = \frac{\pi}{2} - \arctan x \tag{111}$$

3.5 Areafunktionen

Aufgabe 108. Leiten Sie, ausgehend von der Definitionsgleichung des Sinus Hyperbolicus, den Zusammenhang zwischen Areasinus Hyperbolicus

$$\text{arsinh}\, x = \ln\left(x + \sqrt{x^2 + 1}\right) \tag{112}$$

und natürlichem Logarithmus her.

Aufgabe 109. Es ist zu zeigen, dass sich der Areakosinus Hyperbolicus

$$\text{arcosh}\, x = \ln\left(x + \sqrt{x^2 - 1}\right) \tag{113}$$

als Funktion des natürlichen Logarithmus darstellen lässt.

Aufgabe 110. Die Aufgaben 108 und 109 legen nahe, dass auch der Areatangens Hyperbolicus in Abhängigkeit des natürlichen Logarithmus ausgedrückt werden kann:

$$\text{artanh}\, x = \frac{1}{2} \ln\left(\frac{1 + x}{1 - x}\right) \tag{114}$$

Wie sieht der Beweis aus?

Aufgabe 111. Beweisen Sie den Zusammenhang zwischen Areakotangens Hyperbolicus

$$\text{arcoth}\, x = \frac{1}{2} \ln\left(\frac{1 + x}{x - 1}\right) \tag{115}$$

und natürlichem Logarithmus.

3.6 Logarithmische Darstellungen

Aufgabe 112. Gegeben sei eine allgemeine Exponentialfunktion:

$$y = c \cdot a^x \tag{116}$$

Zeigen Sie, dass die logarithmische Darstellung eine Gerade ergibt. Wie kann man aus der grafischen Darstellung Basis a und Streckfaktor c ermitteln?

Aufgabe 113. Um Exponent b und Streckfaktor c einer Potenzfunktion

$$y = c \cdot x^b \tag{117}$$

auf grafischem Wege bestimmen zu können, muss die doppelt-logarithmische Darstellung verwendet werden.

Stellen Sie die Potenzfunktion mithilfe der Parameter b und c als Gerade dar.

Aufgabe 114. Ist es möglich, die Summe zweier Funktionen durch einfach- oder doppelt-logarithmische Darstellungen in eine Gerade umzuformen?

4 Differentialrechnung

4.1 Ableitungsregeln

Aufgabe 115. Die Ableitung einer Funktion lässt sich geometrisch als Steigung interpretieren und durch den Differenzenquotienten

$$\frac{\Delta f(x)}{\Delta x} = \frac{f(x) - f(x_0)}{x - x_0}$$

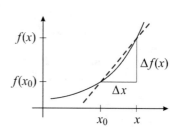

annähern. Was muss man tun, um die Steigung exakt bestimmen zu können?

Aufgabe 116. Beweisen Sie die Gültigkeit der Faktorregel:

$$f(x) = c \cdot g(x) \quad \Rightarrow \quad f'(x) = c \cdot g'(x) \quad \text{mit} \quad c = \text{konst.} \tag{118}$$

Aufgabe 117. Gemäß der Summenregel lassen sich additiv zusammengesetzte Funktionen gliedweise differenzieren, wie von Ihnen zu zeigen ist:

$$f(x) = u(x) + v(x) \quad \Rightarrow \quad f'(x) = u'(x) + v'(x) \tag{119}$$

Aufgabe 118. Leiten Sie die Produktregel her:

$$f(x) = u(x) \cdot v(x) \quad \Rightarrow \quad f'(x) = u'(x) \cdot v(x) + u(x) \cdot v'(x) \tag{120}$$

Aufgabe 119. Beweisen Sie die Quotientenregel:

$$f(x) = \frac{u(x)}{v(x)} \quad \Rightarrow \quad f'(x) = \frac{u'(x) \cdot v(x) - u(x) \cdot v'(x)}{v^2(x)} \quad \text{mit} \quad v(x) \neq 0 \tag{121}$$

Aufgabe 120. Zeigen Sie, dass für verkettete Funktionen die Kettenregel gilt:

$$f(x) = g\big(u(x)\big) \quad \Rightarrow \quad f'(x) = \frac{dg}{du} \cdot \frac{du}{dx} \tag{122}$$

Aufgabe 121. Eine streng monoton steigende (oder fallende) Funktion $f(x)$ kann mittels Umkehrfunktion $g(x) = f^{-1}(x)$ abgeleitet werden:

$$f'(a) = \frac{1}{g'(b)} \quad \text{mit} \quad b = f(a) \tag{123}$$

Leiten Sie die Umkehrregel aus der nebenstehenden Skizze her.

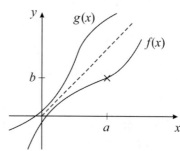

Aufgabe 122. Die Umkehrregel wird von einigen Autoren leider wie folgt angegeben: $f'(x) = \frac{1}{g'(f(x))}$ mit $g(x) = f^{-1}(x)$. Warum ist diese Schreibweise falsch oder zumindest erklärungsbedürftig?

© Springer Fachmedien Wiesbaden GmbH, ein Teil von Springer Nature 2020
L. Nasdala, *Mathematik 1 Beweisaufgaben*,
https://doi.org/10.1007/978-3-658-30160-6_4

Aufgabe 123. Leiten Sie die Formel für die logarithmische Differentiation her:

$$y' = y \cdot [\ln y]' \quad \text{mit} \quad y = f(x) > 0 \tag{124}$$

Zeigen Sie ferner, dass sich auf diese Weise Funktionen ableiten lassen, die weder Potenz-
noch Exponentialfunktionen sind:

$$y = g(x)^{h(x)} \quad \text{mit} \quad g(x) > 0 \tag{125}$$

Aufgabe 124. Zwei Funktionen $x = x(t)$ und $y = y(t)$, die dieselbe unabhängige Variable t
besitzen, sind durch diese miteinander verknüpft. Zu der expliziten Darstellung $y = y(x)$
gelangt man durch Elimination des Parameters t — zumindest theoretisch, in der Praxis
ist die Freistellung von $x(t)$ nach t oftmals nicht möglich. Als Beispiel betrachte man die
folgende Parameterdarstellung:

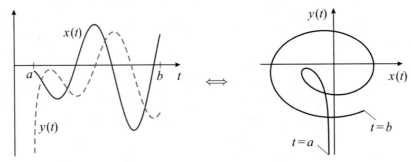

Zeigen Sie, dass man auch ohne Kenntnis der Umkehrfunktion $t = t(x)$ die Ableitung
berechnen kann:

$$y' = \frac{dy}{dx} = \frac{\dot{y}}{\dot{x}} \quad \text{mit} \quad \dot{y} = \frac{dy}{dt}, \ \dot{x} = \frac{dx}{dt} \tag{126}$$

Aufgabe 125. Mit der im Jahre 1696 von L'Hospital veröffentlichten und nach ihm benann-
ten Regel lassen sich unbestimmte Ausdrücke vom Typ $\frac{0}{0}$ und $\frac{\infty}{\infty}$ berechnen. Voraussetzung
ist, dass der Grenzwert $\lim\limits_{x \to x_0} \frac{f'(x)}{g'(x)}$ existiert. Man zeige:

$$\lim_{x \to x_0} \frac{f(x)}{g(x)} \overset{{}^{''}\frac{0}{0}{}^{''}}{=} \lim_{x \to x_0} \frac{f'(x)}{g'(x)} \tag{127}$$

Aufgabe 126. Es soll bewiesen werden, dass die Regel
von L'Hospital (127) auch für unbestimmte Ausdrücke
vom Typ $\frac{\infty}{\infty}$ Gültigkeit besitzt:

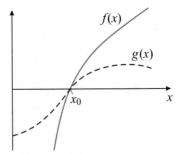

$$\lim_{x \to x_0} \frac{f(x)}{g(x)} \overset{{}^{''}\frac{\infty}{\infty}{}^{''}}{=} \lim_{x \to x_0} \frac{f'(x)}{g'(x)} \tag{128}$$

Aufgabe 127. Beim Newton-Verfahren

$$x_{i+1} = x_i - \frac{y_i}{y_i'} \tag{129}$$

wird die Nullstelle einer nichtlinearen Funktionen $y = f(x)$ mittels Tangenten berechnet.
Leiten Sie das Iterationsverfahren her, und erläutern Sie Vor- und Nachteile.

4.2 Ableitungen der Grundfunktionen

Aufgabe 128. Die Ableitung einer konstanten Funktion mit der Konstanten $c \in \mathbb{R}$ führt auf die Nullfunktion:

$$f(x) = c \quad \Rightarrow \quad f'(x) = 0 \tag{130}$$

Beweisen Sie die Konstantenregel.

Aufgabe 129. Die Eulersche Zahl

$$e = \lim_{n \to \infty} \left(1 + \frac{1}{n}\right)^n \tag{131}$$

bildet die Basis der Exponentialfunktion e^x. Leiten Sie die Definitionsgleichung (131) aus der Forderung her, dass die (natürliche) Exponentialfunktion gleich ihrer Ableitung ist:

$$f(x) = e^x \quad \Rightarrow \quad f'(x) = e^x \tag{132}$$

Mathematiker erfreuen sich in diesem Zusammenhang an folgendem Witz: Treffen sich zwei Funktionen. Sagt die eine zur anderen: „Geh mir aus dem Weg, sonst leit ich dich ab." Diese antwortet nur: „Probier's doch, ich bin die e-Funktion."

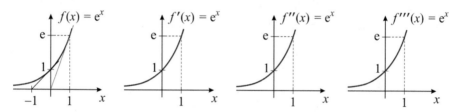

„... und ich ... ich bin $\frac{d}{dt}$ ... "

Aufgabe 130. Die Potenzregel

$$f(x) = x^n \quad \Rightarrow \quad f'(x) = n \cdot x^{n-1} \tag{133}$$

muss schrittweise hergeleitet werden. Es beginnt mit reellen Basen $x \in \mathbb{R}$ und natürlichen Exponenten $n \in \mathbb{N}^*$.

Bilden Sie die Ableitung mithilfe des Differentialquotienten.

Aufgabe 131. Bei Beschränkung auf natürliche Exponenten $n \in \mathbb{N}^*$ lässt sich die Potenzregel (133) auch durch vollständige Induktion überprüfen. Wie sieht der Beweis aus?

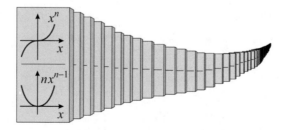

Aufgabe 132. Erweitern Sie die Gültigkeit der Potenzregel (133) auf reelle Basen $x \in \mathbb{R}$ und ganzzahlige Exponenten $n \in \mathbb{Z}$.

Aufgabe 133. Beweisen Sie die Ableitungsregel für Wurzelfunktionen

$$f(x) = \sqrt[n]{x} \quad \Rightarrow \quad f'(x) = \frac{1}{n} \cdot \left(\sqrt[n]{x} \right)^{1-n} \tag{134}$$

mit natürlichen Wurzelexponenten $n \in \mathbb{N}^*$.

Aufgabe 134. Leiten Sie die Potenzregel

$$f(x) = x^r \quad \Rightarrow \quad f'(x) = r \cdot x^{r-1} \tag{135}$$

für rationale Exponenten $r = \frac{n}{k} \in \mathbb{Q}$ her.

Vorsorglich sei darauf hingewiesen, dass die binomische Reihe (243) nicht zur Verfügung steht. Die Idee ist naheliegend, denn der binomische Lehrsatz (59) wurde in Aufgabe 130 zur Herleitung der Potenzregel für natürliche Exponenten benutzt. Doch leider gibt es (wieder einmal) ein Henne-Ei-Problem: Der Beweis der binomischen Reihe führt über die (erst noch zu beweisende) Potenzregel (135) für rationale bzw. reelle Exponenten.

Aufgabe 135. Warum gilt die Potenzregel (135) auch bei reellen Exponenten $r \in \mathbb{R}$?

Aufgabe 136. Leiten Sie die Ableitungsregel für den natürlichen Logarithmus

$$f(x) = \ln x \quad \Rightarrow \quad f'(x) = \frac{1}{x} \tag{136}$$

mithilfe der Umkehrfunktion her.

Aufgabe 137. Gesucht ist ein äußerst eleganter Beweis der Potenzregel (135), welcher die Ableitungsregel für den natürlichen Logarithmus (136) benutzt. Der Definitionsbereich der Potenzfunktion $f(x) = x^r$ sei daher auf positive Zahlen $x > 0$ beschränkt.

Aufgabe 138. Im Rahmen der Aufgaben 140, 141 und 145 wird die Ableitungsregel der Sinusfunktion auf unterschiedlichen Wegen hergeleitet. Als Vorüberlegung überprüfe man den Grenzwert

$$\lim_{\alpha \to 0} \frac{\sin \alpha}{\alpha} = 1 \tag{137}$$

mithilfe des Einschnürungssatzes, welcher auch als Quetschlemma bekannt ist. Es handelt sich um einen geometrischen Beweis, der neben dem Sinus auch den Tangens benutzt.

Beachten Sie, dass weder die Regel von L'Hospital noch die Taylorreihe verwendet werden darf, weil die Ableitung vom Sinus erst noch hergeleitet werden muss.

Aufgabe 139. Verifizieren Sie mithilfe von Gleichung (137) den Grenzwert:

$$\lim_{\alpha \to 0} \frac{\cos \alpha - 1}{\alpha} = 0 \tag{138}$$

Aufgabe 140. Zeigen Sie unter Verwendung des Additionstheorems für den Sinus, dass die Ableitung der Sinusfunktion die Kosinusfunktion ergibt:

$$f(x) = \sin x \quad \Rightarrow \quad f'(x) = \cos x \tag{139}$$

Aufgabe 141. Die Ableitungsregel für den Sinus lässt sich alternativ auch mithilfe der folgenden Beziehung herleiten:

$$\sin x - \sin y = 2 \cos \frac{x+y}{2} \cdot \sin \frac{x-y}{2} \tag{140}$$

Folgende Fragen drängen sich auf:

1. Woher kommt Gleichung (140)?

2. Wie sieht der Beweis aus?

3. Worin besteht der Vorteil gegenüber der Herleitung aus Aufgabe 140?

Aufgabe 142. Wer die Kosinusfunktion ableitet, erhält eine Sinusfunktion mit vorangestelltem Minuszeichen:

$$f(x) = \cos x \quad \Rightarrow \quad f'(x) = -\sin x \tag{141}$$

Beweisen Sie die Ableitungsregel mithilfe des trigonometrischen Pythagoras.

Weitere Beweismöglichkeiten finden sich in den Aufgaben 143, 144 und 145.

Aufgabe 143. Beweisen Sie die Ableitungsregel für den Kosinus (141), indem Sie die Kosinusfunktion in eine Sinusfunktion (mit Phasenverschiebung) überführen.

Aufgabe 144. Leiten Sie die Differentiationsregel für den Kosinus (141) mithilfe eines Additionstheorems her.

Die Ableitungsregel der Sinusfunktion (139) darf nicht benutzt werden.

Aufgabe 145. Gesucht ist ein vektorieller Beweis, mit welchem sich die Ableitungsregeln von Sinus und Kosinus gleichzeitig ermitteln lassen.

Gegeben sei ein Punkt P, der sich mit der Winkelgeschwindigkeit $\omega = 1$ auf einer Kreisbahn mit dem Radius $r = 1$ bewegen möge. Ermitteln Sie:

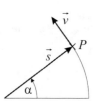

a) den Ortsvektor $\vec{s}$,

b) den Geschwindigkeitsvektor $\vec{v}$ und

c) den Zusammenhang zwischen $\vec{s}$ und $\vec{v}$.

Anmerkung: Auf die Angabe der physikalischen Einheiten wurde bewusst verzichtet, um den Schreibaufwand etwas zu reduzieren.

Aufgabe 146. Beweisen Sie die Differentiationsregel für den Sinus Hyperbolicus:

$$f(x) = \sinh x \quad \Rightarrow \quad f'(x) = \cosh x \tag{142}$$

Aufgabe 147. Verifizieren Sie, dass die Ableitungsregel für den Kosinus Hyperbolicus

$$f(x) = \cosh x \quad \Rightarrow \quad f'(x) = \sinh x \tag{143}$$

im Gegensatz zur Ableitung des Kosinus ohne Minuszeichen auskommt.

4.3 Ableitungen der erweiterten Grundfunktionen

Aufgabe 148. Leiten Sie die Ableitungsregel der allgemeinen Exponentialfunktion her:

$$f(x) = a^x \quad \Rightarrow \quad f'(x) = \ln(a) \cdot a^x \tag{144}$$

Aufgabe 149. Beweisen Sie die Ableitungsregel für Logarithmusfunktionen:

$$f(x) = \log_a |x| \quad \Rightarrow \quad f'(x) = \frac{1}{\ln(a) \cdot x} \tag{145}$$

Starten Sie mit dem Fall $x > 0$.

Aufgabe 150. Überprüfen Sie die Ableitungsregel für den Tangens:

$$f(x) = \tan x \quad \Rightarrow \quad f'(x) = \frac{1}{\cos^2 x} \tag{146}$$

Aufgabe 151. Benutzen Sie die in Aufgabe 150 bewiesene Ableitungsregel für den Tangens, um die Ableitungsregel für den Kotangens herzuleiten:

$$f(x) = \cot x \quad \Rightarrow \quad f'(x) = -\frac{1}{\sin^2 x} \tag{147}$$

Aufgabe 152. Beweisen Sie die Ableitungsregel für den Arkussinus:

$$f(x) = \arcsin x \quad \Rightarrow \quad f'(x) = \frac{1}{\sqrt{1 - x^2}} \tag{148}$$

Aufgabe 153. Nennen Sie zwei Methoden, um die Ableitungsregel für den Arkuskosinus

$$f(x) = \arccos x \quad \Rightarrow \quad f'(x) = -\frac{1}{\sqrt{1 - x^2}} \tag{149}$$

herzuleiten, und entscheiden Sie sich für die einfachere.

Aufgabe 154. Beweisen Sie die Gültigkeit der Ableitungsregel für den Arkustangens:

$$f(x) = \arctan x \quad \Rightarrow \quad f'(x) = \frac{1}{1 + x^2} \tag{150}$$

Aufgabe 155. Zeigen Sie, dass sich der Arkuskotangens wie folgt differenzieren lässt:

$$f(x) = \text{arccot} \, x \quad \Rightarrow \quad f'(x) = -\frac{1}{1 + x^2} \tag{151}$$

Aufgabe 156. Verifizieren Sie die Ableitungsregel für den Tangens Hyperbolicus:

$$f(x) = \tanh x \quad \Rightarrow \quad f'(x) = \frac{1}{\cosh^2 x} \tag{152}$$

Aufgabe 157. Leiten Sie die Ableitungsregel für den Kotangens Hyperbolicus her:

$$f(x) = \coth x \quad \Rightarrow \quad f'(x) = -\frac{1}{\sinh^2 x} \tag{153}$$

Aufgabe 158. Die Differentiationsregel für den Areasinus Hyperbolicus

$$f(x) = \operatorname{arsinh} x \quad \Rightarrow \quad f'(x) = \frac{1}{\sqrt{x^2 + 1}} \tag{154}$$

soll mittels Umkehrregel hergeleitet werden.

Aufgabe 159. Der Areakosinus Hyperbolicus besitzt die folgende Ableitung:

$$f(x) = \operatorname{arcosh} x \quad \Rightarrow \quad f'(x) = \frac{1}{\sqrt{x^2 - 1}} \tag{155}$$

Gesucht ist ein Beweis, der ohne Umkehrregel auskommt.

Aufgabe 160. Verwenden Sie die Umkehrfunktion, um die Ableitungsregel für den Areatangens Hyperbolicus herzuleiten:

$$f(x) = \operatorname{artanh} x \quad \Rightarrow \quad f'(x) = \frac{1}{1 - x^2} \tag{156}$$

Aufgabe 161. Überprüfen Sie die Ableitungsregel für den Areakotangens Hyperbolicus

$$f(x) = \operatorname{arcoth} x \quad \Rightarrow \quad f'(x) = \frac{1}{1 - x^2} \tag{157}$$

mithilfe des natürlichen Logarithmus.

5 Integralrechnung

5.1 Hauptsatz der Differential- und Integralrechnung

Aufgabe 162. In der Mathematik unterscheidet man zwischen verschiedenen Integral-definitionen: Riemann-Integral, Lebesgue-Integral, Stieltjes-Integral usw. Für Ingenieur-anwendungen interessant ist nur die erste Variante. Aus diesem Grund lässt man meist den Namenszusatz weg, wenn die auf den deutschen Mathematiker Bernhard Riemann zurückgehende Definition gemeint ist.

Mit der von Riemann entwickelten Methode kann der Flächeninhalt unter einer stetigen Funktion $f(x) \geq 0$ wie folgt berechnet werden:

1. Zerlegung in n Rechtecke:

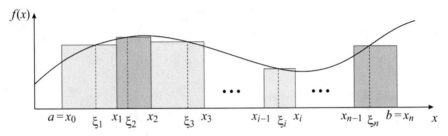

Funktionen, die auf dem Intervall $[a, b]$ ganz oder teilweise unterhalb der x-Achse verlaufen, lassen sich auf analoge Weise aufteilen. Die Beschränkung auf positive Funktionswerte dient lediglich der Anschaulichkeit (keine Fallunterscheidungen, Beträge und Nullstellenanalysen).

2. Aufstellung der Riemannschen Zwischensumme:

$$A_n = \sum_{i=1}^{n} \underbrace{f(\xi_i)}_{\text{Höhe}} \cdot \underbrace{(x_i - x_{i-1})}_{\text{Breite}} \quad \text{mit} \quad \xi_i \in [x_{i-1}, x_i] \tag{158}$$

Die Funktion kann an einer beliebigen Stelle ξ_i innerhalb eines Intervalls $[x_{i-1}, x_i]$ ausgewertet werden. Im Grenzfall $n \to \infty$ hat die Wahl von ξ_i keinen Einfluss auf das Ergebnis — sonst läuft etwas falsch.

3. Grenzwertbetrachtung:

$$A = \lim_{n \to \infty} A_n \tag{159}$$

Die Breite der Rechtecke kann zwar unterschiedlich sein, muss im Grenzfall aber gegen null gehen.

Von dem französischen Mathematiker Jean Gaston Darboux stammt eine etwas pragmatischere Berechnungsmethode. Wie könnte diese aussehen? Die Ermittlung des Flächeninhalts mittels Stammfunktionen ist nicht gemeint.

© Springer Fachmedien Wiesbaden GmbH, ein Teil von Springer Nature 2020
L. Nasdala, *Mathematik 1 Beweisaufgaben*,
https://doi.org/10.1007/978-3-658-30160-6_5

Aufgabe 163. Die wahrscheinlich immer noch wichtigste Anwendung der Integralrechnung besteht in der Berechnung von Flächeninhalten. Beispielsweise ergibt sich die markierte Fläche unter der Exponentialfunktion $f(x) = 2^x$ zu:

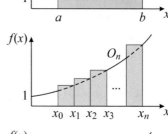

$$A = \int_a^b 2^x\, dx = \underbrace{\left[\frac{1}{\ln(2)} 2^x\right]_a^b}_{= F(x)} = \frac{2^b - 2^a}{\ln 2} \qquad (160)$$

Die Stammfunktion $F(x)$ resultiert aus dem Hauptsatz der Analysis, welcher besagt, dass die Integration die Umkehrung der Differentiation ist. In Aufgabe 168 wird der Hauptsatz der Analysis (auch: Fundamentalsatz) für unbestimmte Integrale hergeleitet. Der Beweis für bestimmte Integrale, zu denen das in Gleichung (160) benutzte gehört, erfolgt in Aufgabe 169.

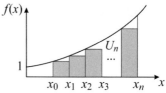

Dass die Ermittlung von Flächen auch ohne Integrale möglich ist, soll diese Aufgabe demonstrieren. Ersetzen Sie A in der dargestellten Weise durch n Rechtecke gleicher Breite, und bestimmen Sie den Flächeninhalt für beide Varianten:

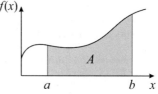

    a) Obersumme O_n b) Untersumme U_n

Zeigen Sie, dass für den Grenzfall unendlich vieler Streifen beide Näherungen gegen die exakte Lösung (160) konvergieren. Der Einfachheit halber sei $a \geq 0$ und $b > a$.

Aufgabe 164. Gemäß dem noch zu beweisenden Hauptsatz der Differential- und Integralrechnung kann man den Flächeninhalt unter einer Parabel folgendermaßen berechnen:

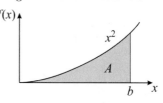

$$A = \int_0^b x^2\, dx = \left[\frac{1}{3}x^3\right]_0^b = \frac{1}{3}b^3 \qquad (161)$$

Überprüfen Sie das Ergebnis, indem Sie die Fläche mithilfe der Obersumme ermitteln.

Aufgabe 165. Der Beweis des Hauptsatzes der Differential- und Integralrechnung benutzt den Mittelwertsatz der Integralrechnung. Dieser besagt, dass für stetige Funktionen $f(x)$ ein $\xi \in [a, b]$ existiert mit der Eigenschaft:

$$\int_a^b f(x)\, dx = f(\xi) \cdot (b - a) \qquad (162)$$

Weil der Mittelwertsatz (162) ein Sonderfall des in Aufgabe 166 bewiesenen erweiterten Mittelwertsatzes ist, soll hier eine geometrische Veranschaulichung genügen.

Bei Beschränkung auf positive Funktionswerte $f(x) \geq 0$ ist das (Riemann-)Integral auf der linken Seite von Gleichung (162) gleich dem Flächeninhalt A unter der Kurve von $f(x)$. Als was lässt sich die rechte Seite interpretieren?

Aufgabe 166: Gegeben sei eine stetige Funktion $f(x)$ und die Funktion $g(x)$ mit $g(x) \geq 0$. In der erweiterten Form besagt der Mittelwertsatz der Integralrechnung, dass ein $\xi \in [a, b]$ (bzw. $\xi \in [b, a]$ für $b < a$) existiert mit der Eigenschaft:

$$\int_a^b f(x) \cdot g(x)\, dx = f(\xi) \cdot \int_a^b g(x)\, dx \tag{163}$$

Beweisen Sie diesen wichtigen Satz für $b \geq a$ (für $b < a$ gilt: $\int_a^b \ldots dx = -\int_b^a \ldots dx$).

Allgemeine Hinweise:

- Den erweiterten Mittelwertsatz der Integralrechnung (163) benötigt man für die in Aufgabe 230 behandelte Restgliedapproximation der Taylorreihe.

- Verwechslungsgefahr: Einige Autoren bezeichnen den erweiterten Mittelwertsatz als Mittelwertsatz (ohne Adjektiv).

- Für $g(x) = 1$ ergibt sich der (erste) Mittelwertsatz (162).

- Multipliziert man Gleichung (163) mit -1, dann erhält man eine für Funktionen $g(x) \leq 0$ gültige Variante.

Aufgabe 167: Leiten Sie die Intervallregel her:

$$\int_a^c f(x)\, dx = \int_a^b f(x)\, dx + \int_b^c f(x)\, dx \tag{164}$$

Die Intervallregel wird für den Beweis des Hauptsatzes benötigt, weshalb Gleichung (166) nicht benutzt werden darf.

Aufgabe 168: Der Hauptsatz der Analysis lässt sich in zwei Teile untergliedern. Der im Rahmen dieser Aufgabe zu beweisende erste Teil behandelt unbestimmte Integrale und besagt, dass jede stetige Funktion $f(x)$ eine Stammfunktion $F(x)$ besitzt, deren Ableitung $F'(x)$ mit $f(x)$ übereinstimmt:

$$F(x) = \int_{x_0}^x f(t)\, dt \quad \Rightarrow \quad F'(x) = f(x) \tag{165}$$

Aufgabe 169: Der zweite Teil des Hauptsatzes liefert eine Berechnungsvorschrift für bestimmte Integrale:

$$\int_a^b f(x)\, dx = F(b) - F(a) \tag{166}$$

Eine (beliebige) Stammfunktion $F(x)$ ist an den Integrationsgrenzen a und b auszuwerten und die Differenz zu bilden. Wie auch beim ersten Teil sei $f(x)$ stetig. Zeigen Sie,

a) dass die Stammfunktion

$$F_a(x) = \int_a^x f(t)\, dt$$

Gleichung (166) erfüllt und

b) dass auch jede andere Stammfunktion $F(x)$ verwendet werden kann.

Aufgabe 170. Der erste Teil des Hauptsatzes (165) stellt eine Implikation dar. Zuerst wird integriert, dann abgeleitet. Beweisen Sie, dass man durch Ergänzung der Konstanten $F_a(x_0)$ den Hauptsatz zu einer Äquivalenzaussage erweitern kann:

$$F_a(x) = F_a(x_0) + \int_{x_0}^{x} f(t)\,dt \quad \Leftrightarrow \quad F_a'(x) = f(x) \tag{167}$$

Es reicht aus, die Gültigkeit der Umkehrung (erst Ableitung, dann Integration) zu zeigen: Eine Funktion $F_a(x)$ lässt sich vollständig rekonstruieren, wenn neben ihrer Ableitung auch ein Funktionswert (Startwert) an einer (beliebigen) Stelle x_0 bekannt ist.

Aufgabe 171. Handelt es sich bei der Darstellung mit Grenzen

$$F(x) = \int_{x_0}^{x} f(t)\,dt$$

und der Kurzschreibweise ohne Grenzen

$$F(x) = \int f(x)\,dx$$

um das gleiche unbestimmte Integral?

Aufgabe 172. Der Fundamentalsatz der Analysis gilt nur für stetige Funktionen. Zur Veranschaulichung dieser Forderung berechne man die Fläche, welche die Funktion

$$f(x) = \frac{1}{(x-2)^2}$$

mit der x-Achse auf dem Intervall $[1; 3]$ einschließt.

Aufgabe 173. In den Abschnitten 4.2 und 4.3 werden die Grundfunktionen abgeleitet. Suchen Sie alle Paare $f(x)$ und $f'(x)$ mit unterschiedlichen Definitionsbereichen heraus, und nehmen Sie die erforderlichen Erweiterungen und Fallunterscheidungen vor, damit eine Umkehrung (Integration) möglich ist.

5.2 Elementare Integrationsregeln

Aufgabe 174. Beweisen Sie die Vertauschungsregel:

$$\int_{a}^{b} f(x)\,dx = -\int_{b}^{a} f(x)\,dx \tag{168}$$

Das Vertauschen der Integrationsgrenzen bewirkt einen Vorzeichenwechsel des Integrals.

Aufgabe 175. Beweisen Sie die Gültigkeit der Faktorregel:

$$\int_{a}^{b} k \cdot f(t)\,dt = k \cdot \int_{a}^{b} f(t)\,dt \tag{169}$$

Sie besagt, dass ein konstanter Faktor $k \in \mathbb{R}$ vor das Integral gezogen werden darf.

Aufgabe 176. Gesucht ist die Herleitung der Summenregel:

$$\int_a^b f(x) + g(x)\,dx = \int_a^b f(x)\,dx + \int_a^b g(x)\,dx \tag{170}$$

Eine Summe von Funktionen kann gliedweise integriert werden.

Aufgabe 177. Es gibt vier elementare Integrationsregeln:

- Vertauschungsregel (168),

- Faktorregel (169),

- Summenregel (170) und

- die bereits in Aufgabe 167 eingeführte Intervallregel (164).

Benennen Sie die beiden Integrationsregeln, welche nur für bestimmte Integrale anwendbar sind, und erläutern Sie, wie sich die beiden anderen Regeln auf unbestimmte Integrale übertragen lassen.

5.3 Integrationstechniken

Aufgabe 178. Verifizieren Sie die Substitutionsmethode für verkettete Funktionen:

$$\int f\big(g(x)\big) \cdot g'(x)\,dx = F\big(g(x)\big) + C \quad \text{mit} \quad F'(x) = f(x) \tag{171}$$

Hinweis: Alle in diesem Abschnitt eingeführten Integrationstechniken (Substitution, partielle Integration und Integration durch Partialbruchzerlegung) sind gleichermaßen auf bestimmte und unbestimmte Integrale anwendbar.

Aufgabe 179. Zeigen Sie, dass sich Integrale mit linearer Verkettung durch eine lineare Substitution lösen lassen:

$$\int f(ax + b)\,dx = \frac{1}{a}F(ax + b) + C \quad \text{mit} \quad F'(x) = f(x) \tag{172}$$

Aufgabe 180. Überprüfen Sie die als logarithmische Integration bekannte Substitutionsregel für Quotienten:

$$\int \frac{f'(x)}{f(x)}\,dx = \ln|f(x)| + C \tag{173}$$

Vier der in Abschnitt 4.3 behandelten elementaren Funktionen lassen sich auf diese Weise integrieren. Finden Sie heraus, welche dies sind, und ermitteln Sie exemplarisch für eine dieser Grundfunktionen die zugehörige Stammfunktion.

Aufgabe 181. Überzeugen Sie sich von der Gültigkeit der Substitutionsregel für Produkte:

$$\int f(x) \cdot f'(x)\,dx = \frac{1}{2}f^2(x) + C \tag{174}$$

Aufgabe 182. Führen Sie die in den Aufgaben 179 bis 181 vorgestellten Substitutionsregeln auf den allgemeinen Ansatz (171) zurück.

Aufgabe 183. Leiten Sie die Methode der partiellen Integration her:

$$\int_a^b f(x) \cdot g'(x) \, dx = \left[f(x) \cdot g(x) \right]_a^b - \int_a^b f'(x) \cdot g(x) \, dx \tag{175}$$

Aufgabe 184. Die Methode der partiellen Integration (175) lässt sich nicht nur auf Produkte von Funktionen, sondern auch auf einzelne Funktionen anwenden. Mit $g(x) = x$ erhält man den wichtigen Sonderfall:

$$\int f(x) \, dx = x \cdot f(x) - \int x \cdot f'(x) \, dx \tag{176}$$

Bei neun der in Abschnitt 4.3 abgeleiteten Grundfunktionen ist eine Erweiterung mit $g'(x) = 1$ sinnvoll. Welche Funktionen sind gemeint? Bestimmen Sie von dreien die Stammfunktion $F(x)$.

Aufgabe 185. Gebrochenrationale Funktionen lassen sich in Partialbrüche zerlegen, welche vergleichsweise einfach integriert werden können.

Warum muss die Polynomordnung des Zählers kleiner als die des Nenners sein? Und was muss man tun, wenn diese Voraussetzung nicht erfüllt ist?

Aufgabe 186. Die zu integrierende gebrochenrationale Funktion $f(x) = \frac{Z(x)}{N(x)}$ möge eine einfache konjugiert komplexe Nenner-Nullstelle besitzen:

$$(x - x_1)(x - x_2) = x^2 + px + q \quad \text{mit} \quad x_1 = x_2^* \quad \text{bzw.} \quad 4q > p^2 \tag{177}$$

Überprüfen Sie die Stammfunktion des zugehörigen Partialbruchs:

$$\int \frac{bx + c}{x^2 + px + q} \, dx = \frac{b}{2} \cdot \ln(x^2 + px + q) + \frac{2c - bp}{\sqrt{4q - p^2}} \cdot \arctan\left(\frac{2x + p}{\sqrt{4q - p^2}} \right) + D \tag{178}$$

Aufgabe 187.* Im allgemeinen Fall können bei gebrochenrationalen Funktionen konjugiert komplexe Nenner-Nullstellen sogar mehrfach auftreten. Kontrollieren Sie den rekursiven Lösungsalgorithmus mit $k \geq 2$ und $\Delta = 4q - p^2 > 0$:

$$\int \frac{bx + c}{(x^2 + px + q)^k} \, dx = \frac{(2c - bp)x + cp - 2bq}{(k-1)\Delta(x^2 + px + q)^{k-1}} + \frac{(2k-3)(2c - bp)}{(k-1)\Delta} \cdot A_{k-1} \tag{179}$$

mit

$$A_n = \int \frac{1}{(x^2 + px + q)^n} \, dx = \begin{cases} \dfrac{2}{\sqrt{\Delta}} \arctan\left(\dfrac{2x + p}{\sqrt{\Delta}} \right) + D & \text{für } n = 1 \\[3mm] \dfrac{2x + p}{(n-1)\Delta(x^2 + px + q)^{n-1}} + \dfrac{4n - 6}{(n-1)\Delta} \cdot A_{n-1} & \text{für } n > 1 \end{cases} \tag{180}$$

5.4 Numerische Integration

Aufgabe 188. Leiten Sie die Trapezregel her:

$$\int_{x_0}^{x_n} f(x)\,dx \approx \frac{x_n - x_0}{n}\left[\frac{f(x_0) + f(x_n)}{2} + \sum_{i=1}^{n-1} f(x_i)\right] \tag{181}$$

Die Teilintervalle seien gleich groß: $\Delta x = x_1 - x_0 = x_2 - x_1 = \ldots$

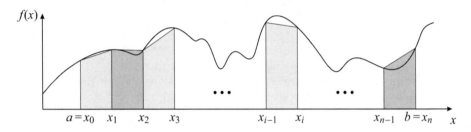

Aufgabe 189. Berechnen Sie den Integralwert:

$$A = \int_0^1 \frac{\sin x}{x}\,dx$$

Aufgabe 190. Bei der von Ihnen herzuleitenden Simpsonregel wird die zu integrierende Funktion $f(x)$ durch Parabeln angenähert:

$$\int_{x_0}^{x_n} f(x)\,dx \approx \frac{x_n - x_0}{n}\left[\frac{f(x_0) + f(x_n)}{3} + \frac{4}{3}\sum_{i=1}^{n/2} f(x_{2i-1}) + \frac{2}{3}\sum_{i=1}^{n/2-1} f(x_{2i})\right] \tag{182}$$

Die Stützstellen seien gleichmäßig verteilt. Beachten Sie ferner, dass der Parameter n eine gerade Zahl sein muss.

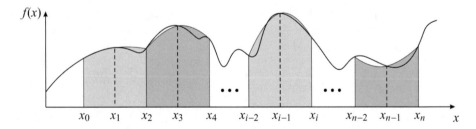

Aufgabe 191. Im Vergleich zur Trapezregel zeichnet sich die Simpsonregel dank ihres parabolischen Ansatzes durch ein hervorragendes Konvergenzverhalten aus. Beurteilen Sie selbst, wie groß die Unterschiede sind, indem Sie den Integralsinus aus Aufgabe 189 mit beiden Methoden annähern.

6 Potenzreihenentwicklungen

6.1 Grenzwerte von Folgen

Aufgabe 192. Wie lässt sich formal beweisen, dass eine Folge (a_n) mit $n \in \mathbb{N}^*$ gegen den Grenzwert a konvergiert?

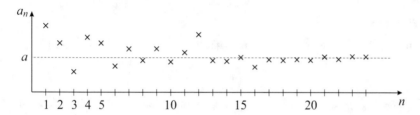

Aufgabe 193. Das Rechnen mit Unendlich bereitet Mathematikern Bauchschmerzen. So versagt bei der Gleichung $\frac{1}{\infty} = 0$ die Probe: Das Produkt $0 \cdot \infty$ ergibt nicht 1, wie man vermuten könnte, sondern stellt einen unbestimmten Ausdruck dar.

Gesucht ist ein auch unter formalen Gesichtspunkten korrekter Beweis der Konvergenz der harmonischen Folge:

$$\lim_{n \to \infty} \frac{1}{n} = 0 \tag{183}$$

Aufgabe 194. Beweisen Sie das Monotoniekriterium für monoton wachsende Folgen (a_n): Die Folge (a_n) konvergiert genau dann, wenn sie nach oben beschränkt ist.

Aufgabe 195. Ist das Monotoniekriterium umkehrbar?

Aufgabe 196. Zeigen Sie, dass eine konvergente Folge beschränkt ist.

Aufgabe 197. Lässt sich der Satz aus Aufgabe 196 umkehren, bzw. wofür ist er nütze?

Aufgabe 198. Untersuchen Sie das Konvergenzverhalten der geometrische Folge

$$a_n = q^n \quad \text{mit } q \in \mathbb{R} \tag{184}$$

mithilfe der jeweils einfachsten Beweismethode:

1. Das Monotoniekriterium aus Aufgabe 194 bzw. 195 ist für den Fall $q \geq 0$ einsetzbar.

2. Das in Aufgabe 197 hergeleitete Divergenzkriterium ist auch für alternierende Folgen geeignet.

3. Die in Aufgabe 192 eingeführte fundamentale Grenzwertdefinition sollte als letzte Möglichkeit in Betracht gezogen werden, denn man muss den Grenzwert kennen oder erraten — was hier zum Glück nicht so schwer ist.

© Springer Fachmedien Wiesbaden GmbH, ein Teil von Springer Nature 2020
L. Nasdala, *Mathematik 1 Beweisaufgaben*,
https://doi.org/10.1007/978-3-658-30160-6_6

Aufgabe 199. Leiten Sie den Grenzwert der n-ten Wurzel her:

$$\lim_{n \to \infty} \sqrt[n]{c} = 1 \quad \text{für } c > 0 \tag{185}$$

Aufgabe 200. Beweisen Sie, dass der Grenzwert der n-ten Wurzel aus n gleich 1 ist:

$$\lim_{n \to \infty} \sqrt[n]{n} = 1 \tag{186}$$

Der Standardbeweis führt über den binomischen Lehrsatz und ist relativ aufwändig. Es wird daher empfohlen, die Folge durch eine Funktion zu ersetzen, d. h. statt $n \in \mathbb{N}^*$ sei $n \in \mathbb{R}$ mit $n > 0$. Dass die Erweiterung zu einer Funktion nicht immer trivial ist, demonstriert Aufgabe 203.

Aufgabe 201. Zeigen Sie, dass sich die (natürliche) Exponentialfunktion als Grenzwert einer Folge definieren lässt:

$$\lim_{n \to \infty} \left(1 + \frac{x}{n}\right)^n = e^x \tag{187}$$

Aufgabe 202. Beweisen Sie, dass der folgende Quotient gegen null konvergiert:

$$\lim_{n \to \infty} \frac{n^b}{a^n} = 0 \quad \text{mit} \quad a, b \in \mathbb{R},\ a > 1 \tag{188}$$

Aufgabe 203. Auch dieser Quotient strebt gegen null, wie von Ihnen zu zeigen ist:

$$\lim_{n \to \infty} \frac{a^n}{n!} = 0 \quad \text{mit} \quad a \in \mathbb{R} \tag{189}$$

Aufgabe 204. Eine Folge reeller Zahlen konvergiert, wenn es für jedes (noch so kleine) $\varepsilon \in \mathbb{R}$ mit $\varepsilon > 0$ ein n_ε gibt, für das gilt:

$$|a_n - a_m| < \varepsilon \quad \text{für alle } m, n > n_\varepsilon \tag{190}$$

Dieser wichtige Satz ist als Cauchy-Kriterium bekannt. Er bietet die Möglichkeit, auch solche Folgen auf Konvergenz zu untersuchen, deren Grenzwert a man nicht kennt.

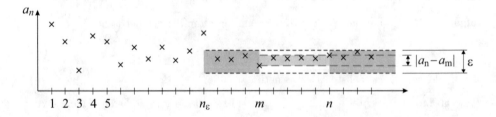

Warum kann die fundamentale Grenzwertdefinition als Sonderfall des Cauchy-Kriteriums angesehen werden?

Aufgabe 205. Leiten Sie das auf den französischen Mathematiker Augustin-Louis Cauchy (1789-1857) zurückgehende Kriterium (190) her:

6.2 Endliche Reihen

Aufgabe 206. Gesucht ist ein Beweis ohne Worte (siehe Abschnitt A.6) für die Summenformel der arithmetischen Reihe:

$$\sum_{n=1}^{m} n = 1 + 2 + 3 + \ldots + m = \frac{m(m+1)}{2} \tag{191}$$

Aufgabe 207. Beweisen Sie die Gaußsche Summenformel (191) durch Induktion.

Aufgabe 208. Überprüfen Sie, dass sich die Summe der Quadratzahlen wie folgt berechnen lässt:

$$\sum_{n=1}^{m} n^2 = \frac{1}{6} m(m+1)(2m+1) \tag{192}$$

Aufgabe 209. Die Methode der vollständigen Induktion besitzt einen großen Vorteil und einen großen Nachteil:

- Die einfache Anwendbarkeit: Mit ihr lassen sich bereits bekannte Gleichungen und hypothetische Zusammenhänge relativ einfach beweisen oder auch widerlegen.

- Kein Erkenntnisgewinn: Es ist nicht möglich, eine Formel herzuleiten.

Gelingt es Ihnen, die Summenformel für Quadratzahlen (192) selbst herzuleiten?

Aufgabe 210. Beweisen Sie die Gültigkeit der Summenformel der geometrischen Reihe:

$$\sum_{n=0}^{m} q^n = \frac{1 - q^{m+1}}{1 - q} \quad \text{für} \quad q \in \mathbb{R} \setminus \{1\} \tag{193}$$

Aufgabe 211. Gesucht ist die Herleitung der geometrischen Summenformel (193).

Tipp: Aus zwei geometrischen Reihen lässt sich eine Teleskopreihe erzeugen.

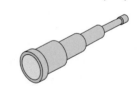

Aufgabe 212. Zeigen Sie, dass es sich bei der folgenden Reihe um eine Teleskopreihe handelt, und überprüfen Sie die Summenformel:

$$\sum_{n=1}^{m} \frac{1}{n(n+1)} = 1 - \frac{1}{1+m} \tag{194}$$

Aufgabe 213. Überprüfen Sie, dass die Summe der Kubikzahlen

$$\sum_{n=1}^{m} n^3 = \left[\sum_{n=1}^{m} n \right]^2 \tag{195}$$

gleich dem Quadrat der arithmetischen Reihe (191) ist.

6.3 Grenzwertsätze

Aufgabe 214. Es gibt im Wesentlichen drei Grenzwertsätze für konvergente Folgen (a_n) und (b_n): Summen-, Produkt- und Quotientenregel.

Im Rahmen dieser Aufgabe soll zunächst die Summenregel

$$\lim_{n\to\infty} (a_n + b_n) = \lim_{n\to\infty} a_n + \lim_{n\to\infty} b_n \tag{196}$$

bewiesen werden. Bei der Gelegenheit ist auch die Differenzregel

$$\lim_{n\to\infty} (a_n - b_n) = \lim_{n\to\infty} a_n - \lim_{n\to\infty} b_n$$

herzuleiten, welche als Sonderfall der Summenregel (196) angesehen werden kann.

Aufgabe 215. Verifizieren Sie die Produktregel für konvergente Folgen (a_n) und (b_n):

$$\lim_{n\to\infty} (a_n \cdot b_n) = \lim_{n\to\infty} a_n \cdot \lim_{n\to\infty} b_n \tag{197}$$

Begründen Sie, warum dann auch die Faktorregel mit $c \in \mathbb{R}$ gilt:

$$\lim_{n\to\infty} c \cdot a_n = c \cdot \lim_{n\to\infty} a_n \tag{198}$$

Aufgabe 216. Beweisen Sie die Quotientenregel:

$$\lim_{n\to\infty} \frac{a_n}{b_n} = \frac{a}{b} \quad \text{mit} \quad a = \lim_{n\to\infty} a_n,\ b = \lim_{n\to\infty} b_n \neq 0 \tag{199}$$

Leiten Sie zu diesem Zweck zunächst die Ungleichung

$$\left| \frac{a_n}{b_n} - \frac{a}{b} \right| \leq |a_n - a| \cdot x + |b_n - b| \cdot y$$

her, und schätzen Sie die (zu ermittelnden) Parameter x und y ab.

Aufgabe 217. Begründen Sie, warum sich die Grenzwertsätze für Folgen (196) bis (199) auf Funktionen übertragen lassen:

$$\lim_{x\to x_0} \left[f(x) \pm g(x) \right] = \lim_{x\to x_0} f(x) \pm \lim_{x\to x_0} g(x) \tag{200}$$

$$\lim_{x\to x_0} \left[f(x) \cdot g(x) \right] = \lim_{x\to x_0} f(x) \cdot \lim_{x\to x_0} g(x) \tag{201}$$

$$\lim_{x\to x_0} c \cdot f(x) = c \cdot \lim_{x\to x_0} f(x) \tag{202}$$

$$\lim_{x\to x_0} \frac{f(x)}{g(x)} = \frac{\lim_{x\to x_0} f(x)}{\lim_{x\to x_0} g(x)} \quad \text{für} \quad \lim_{x\to x_0} g(x) \neq 0 \tag{203}$$

Eine wichtige Voraussetzung für die Anwendbarkeit der Grenzwertsätze (200) bis (203) ist die Existenz der Grenzwerte $\lim_{x\to x_0} f(x)$ und $\lim_{x\to x_0} g(x)$. Was ist damit gemeint?

Aufgabe 218. In manchen Fällen genügen die (klassischen) Grenzwertsätze (200) bis (203) nicht. Als Beispiele seien der Grenzwert einer Potenzfunktion

$$\lim_{x \to x_0} \left[f(x) \right]^c = \left[\lim_{x \to x_0} f(x) \right]^c \tag{204}$$

und der Grenzwert einer Exponentialfunktion

$$\lim_{x \to x_0} c^{f(x)} = c^{\lim\limits_{x \to x_0} f(x)} \tag{205}$$

genannt (konstanter Exponent bzw. Basis c). In beiden Fällen handelt es sich um eine Verkettung zweier Funktionen. Es reicht daher aus, den allgemeinen Fall herzuleiten:

$$\lim_{x \to x_0} g\big(f(x)\big) = g\left(\lim_{x \to x_0} f(x) \right) \tag{206}$$

Im Gegensatz zur Funktion f, die lediglich einen Grenzwert an der Stelle x_0 besitzen muss, sei die Funktion g an der Stelle x_0 bzw. $y_0 = \lim\limits_{x \to x_0} f(x)$ stetig.

6.4 Konvergenzkriterien

Aufgabe 219. Bei den in Abschnitt 6.2 eingeführten endlichen Reihen handelt es sich um Partialsummen:

$$S_n = \sum_{k=0}^{n} a_k \tag{207}$$

Es werden also nur endlich viele Folgenglieder a_k addiert. Bei allen Konvergenzkriterien steht die Frage im Mittelpunkt, ob der Summenwert (endlicher Grenzwert)

$$S = \lim_{n \to \infty} S_n \tag{208}$$

der (unendlichen) Reihe existiert (Konvergenz) oder nicht (Divergenz).

Leiten Sie das notwendige Konvergenzkriterium her, welches besagt, dass bei einer konvergenten Reihe die Folge (a_k) eine Nullfolge ist:

$$\lim_{k \to \infty} a_k = 0 \tag{209}$$

Benutzen Sie für den Beweis das Cauchy-Kriterium (190), und geben Sie ein Beispiel an, warum das notwendige Konvergenzkriterium (209) nicht hinreichend ist. Wofür ist es nütze?

Aufgabe 220. Zeigen Sie, dass absolut konvergente Reihen (Summenwert S existiert)

$$\sum_{n=0}^{\infty} |a_n| = S$$

konvergent sind (A existiert):

$$\sum_{n=0}^{\infty} a_n = A$$

Wieso lässt sich dieser Satz nicht umkehren?

Aufgabe 221. Wenn die (Vergleichs-)Reihe

$$\sum_{n=1}^{\infty} b_n \quad \text{mit} \quad b_n \geq 0$$

konvergiert, dann ist auch die Reihe

$$\sum_{n=1}^{\infty} a_n \quad \text{mit} \quad |a_n| \leq b_n \tag{210}$$

konvergent. Beweisen Sie das als Majorantenkriterium bekannte Vergleichskriterium (210).

Anmerkungen:

- Bei Summanden mit unterschiedlichen Vorzeichen lässt sich die Reihe mithilfe des in Aufgabe 220 bewiesenen Satzes über absolut konvergente Reihen abschätzen:

$$\left| \sum_{n=1}^{\infty} a_n \right| \leq \sum_{n=1}^{\infty} |a_n| \tag{211}$$

- Falls es eine endliche Anzahl von Summanden mit $|a_n| > b_n$ geben sollte, kann in Übereinstimmung mit dem Cauchy-Kriterium (190) bzw. (400) die Ersatzreihe

$$\sum_{k=n}^{\infty} a_k$$

betrachtet werden. Eine Anhebung der unteren Grenze wirkt sich zwar auf den Summenwert aus, ändert aber nichts am Konvergenzverhalten.

- Durch Umkehrung des Majorantenkriteriums erhält man das Minorantenkriterium.

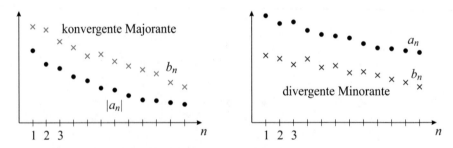

Aufgabe 222. Verifizieren Sie das Minorantenkriterium: Wenn die Reihe

$$\sum_{n=1}^{\infty} b_n \quad \text{mit} \quad b_n \geq 0$$

divergiert, dann divergiert auch die Reihe:

$$\sum_{n=1}^{\infty} a_n \quad \text{mit} \quad a_n \geq b_n \tag{212}$$

Aufgabe 223. Überprüfen Sie die Summenformel der geometrischen Reihe:

$$\sum_{n=0}^{\infty} q^n = \frac{1}{1-q} \quad \text{für} \quad |q| \in [0;1) \tag{213}$$

Erläutern Sie, warum die Reihe für $|q| \notin [0;1)$ divergiert.

Aufgabe 224.* Leiten Sie das Quotientenkriterium

$$\lim_{n\to\infty} \left| \frac{a_{n+1}}{a_n} \right| = \tilde{q} \begin{cases} < 1 & : \quad \text{Konvergenz} \\ = 1 & : \quad \text{keine Aussage} \\ > 1 & : \quad \text{Divergenz} \end{cases} \tag{214}$$

her, indem Sie die Reihe $\sum\limits_{n=0}^{\infty} a_n$ mit der geometrischen Reihe (213) vergleichen.

Aufgabe 225. Das Wurzelkriterium

$$\lim_{n\to\infty} \sqrt[n]{|a_n|} = w \begin{cases} < 1 & : \quad \text{Konvergenz} \\ = 1 & : \quad \text{keine Aussage} \\ > 1 & : \quad \text{Divergenz} \end{cases} \tag{215}$$

basiert ebenfalls auf dem Vergleich mit der geometrischen Reihe, wie von Ihnen gezeigt werden soll.

Aufgabe 226.* Das Wurzelkriterium ist schärfer als das Quotientenkriterium. Da diese Erkenntnis in der Praxis keine große Rolle spielt, soll statt des Beweises ein Beispiel genügen. Finden Sie eine Reihe, bei der das Quotientenkriterium versagt, nicht aber das Wurzelkriterium.

Aufgabe 227.* Das Leibniz-Kriterium besagt, dass eine alternierende Reihe

$$\sum_{n=0}^{\infty} (-1)^n \cdot a_n = a_0 - a_1 + a_2 - a_3 \pm \ldots \quad \text{mit} \quad a_n \geq 0 \tag{216}$$

konvergiert, wenn für die Folge (a_n) gilt:

1. Sie erfüllt das notwendige Konvergenzkriterium (209), ist also eine Nullfolge:

$$\lim_{n\to\infty} a_n = 0 \tag{217}$$

2. Sie fällt monoton:

$$a_{n+1} \leq a_n \quad \text{für alle } n \tag{218}$$

Beweisen Sie das nach dem Universalgelehrten Gottfried Wilhelm Leibniz (1646-1716) benannte Kriterium. Worin unterscheidet es sich von den anderen Konvergenzkriterien, und welche Konsequenzen ergeben sich daraus?

6.5 Konvergenz der Taylorreihe

Aufgabe 228. Der britische Mathematiker Brook Taylor (1685-1731) hat entdeckt, dass sich eine (stetig differenzierbare) Funktion $f(x)$ durch eine Potenzreihe annähern lässt:

$$T_n(x) = \sum_{k=0}^{n} \frac{f^{(k)}(x_0)}{k!}(x - x_0)^k$$

$$= f(x_0) + \frac{f'(x_0)}{1!}(x - x_0)^1 + \frac{f''(x_0)}{2!}(x - x_0)^2 + \ldots + \frac{f^{(n)}(x_0)}{n!}(x - x_0)^n$$

(219)

Der Fehler hängt von der Polynomordnung n und dem Abstand zwischen x und x_0 ab. Die Entwicklungsstelle x_0 wird auch im Reellen meist als Entwicklungspunkt bezeichnet — was ohne Imaginärteil etwas irreführend sein kann.

Leiten Sie das Taylorpolynom (219) aus dem Hauptsatz der Analysis (167) her, welcher besagt, dass eine Funktion durch Integration der Ableitung wiederhergestellt werden kann:

$$f(x) = f(x_0) + \int_{x_0}^{x} f'(t)\, dt$$

Aufgabe 229. Durch Grenzwertbildung lässt sich das Taylorpolynom (219) in eine Taylorreihe überführen:

$$g(x) = \lim_{n \to \infty} T_n(x) = \sum_{k=0}^{\infty} \frac{f^{(k)}(x_0)}{k!}(x - x_0)^k \tag{220}$$

Die Differenz zwischen Ausgangsfunktion und Taylorpolynom

$$R_n(x) = f(x) - T_n(x) \tag{221}$$

$$= \sum_{k=n+1}^{\infty} \frac{f^{(k)}(x_0)}{k!}(x - x_0)^k \tag{222}$$

$$= \frac{1}{n!} \int_{x_0}^{x} f^{(n+1)}(t) \cdot (x - t)^n\, dt \tag{223}$$

bezeichnet man als Restglied $R_n(x)$:

- Als Synonym für den Fehler wird $R_n(x)$ benutzt, um die Ordnung n eines Taylorpolynoms festzulegen. Je größer die Anforderungen an die Genauigkeit sind, desto mehr Terme umfasst die endliche Reihe.

- Bei einer Taylorreihe muss sichergestellt sein, dass $R_n(x)$ gegen null strebt, weil sie ansonsten nicht mit der Ausgangsfunktion $f(x)$ übereinstimmen würde (auch nicht im Konvergenzintervall, siehe Aufgabe 235).

Zeigen Sie, dass die Integralform (223) des Restglieds gleich der Reihendarstellung (222) ist.

Aufgabe 230. Das in Aufgabe 229 durch Rekursion gewonnene Restglied $R_n(x)$ ist nur in den seltensten Fällen analytisch berechenbar, so dass man sich in der Regel mit einer Abschätzung begnügen muss. Leiten Sie die auf den italienischen Mathematiker Joseph-Louis Lagrange (1736-1813) zurückgehende Darstellung des Restglieds her:

$$R_n(x) = \frac{f^{(n+1)}(\xi)}{(n+1)!} \cdot (x - x_0)^{n+1} \quad \text{mit} \quad \xi \in [x_0, x] \tag{224}$$

Anmerkungen zum Intervall $[x_0, x]$:

- Man weiß, dass die Stelle ξ existiert und dass sie irgendwo zwischen x_0 und x liegt.
- Die Formel für das Lagrangesche Restglied gilt nicht nur für den Fall $x \geq x_0$, sondern sinngemäß auch bei vertauschten Grenzen:

$$\xi \in [x, x_0] \quad \text{für} \quad x < x_0$$

  Die Vertauschungsregel wird in Aufgabe 174 bewiesen.

- Mit der folgenden Variante lässt sich eine Fallunterscheidung umgehen:

$$R_n(x) = \frac{f^{(n+1)}\big(x_0 + \Theta(x - x_0)\big)}{(n+1)!} \cdot (x - x_0)^{n+1} \quad \text{mit} \quad \Theta = \frac{\xi - x_0}{x - x_0} \in [0; 1] \tag{225}$$

  Auch bei dieser Darstellung liegt $\xi = x_0 + \Theta(x - x_0)$ auf dem Intervall von x_0 bis x (bzw. zwischen x und x_0).

Aufgabe 231. Leiten Sie die sogenannte Cauchy-Form des Restglieds her:

$$R_n(x) = \frac{f^{(n+1)}(\xi)}{n!} \cdot (x - \xi)^n \cdot (x - x_0) \quad \text{mit} \quad \xi \in [x_0, x] \tag{226}$$

Sie wird unter anderem für die in Aufgabe 242 behandelte Taylorreihenentwicklung der Logarithmusfunktion benötigt. Für $x < x_0$ vertauschen sich die Grenzen: $\xi \in [x, x_0]$.

Aufgabe 232. Der Konvergenzbereich einer Potenzreihe

$$\sum_{n=0}^{\infty} c_n x^n = c_0 + c_1 x^1 + c_2 x^2 + c_3 x^3 + \dots \tag{227}$$

wird mithilfe des Konvergenzradius ausgedrückt:

$$|x| \begin{cases} < r : & \text{Konvergenz} \\ = r : & \text{(noch) keine Aussage} \\ > r : & \text{Divergenz} \end{cases} \tag{228}$$

Zur Untersuchung der sich mit den Randwerten $x = r$ und $x = -r$ ergebenden Reihen stehen die in Abschnitt 6.4 bewiesenen Konvergenzkriterien zur Verfügung.

Leiten Sie den Konvergenzradius

$$r = \lim_{n \to \infty} \left| \frac{c_n}{c_{n+1}} \right| \tag{229}$$

aus dem Quotientenkriterium (214) her.

Aufgabe 233. Zeigen Sie, dass sich der Konvergenzradius (229) auch mithilfe des Wurzelkriteriums

$$r = \lim_{n \to \infty} \frac{1}{\sqrt[n]{|c_n|}} \tag{230}$$

berechnen lässt.

Aufgabe 234. Die Entwicklung einer Funktion $f(x)$ in eine Taylorreihe (220)

$$g(x) = \sum_{k=0}^{\infty} \frac{f^{(k)}(x_0)}{k!}(x - x_0)^k$$

erfolgt in drei Schritten:

1. Bestimmung der Koeffizienten $c_k = \frac{f^{(k)}(x_0)}{k!}$,

2. Angabe des Konvergenzbereichs für $g(x)$,

3. Nachweis, dass das Restglied $R_n(x)$ gegen null strebt, um auszuschließen, dass $g(x)$ gegen eine andere Funktion als $f(x)$ konvergiert.

Wie ermittelt man den Konvergenzbereich (einer um x_0 verschobenen Potenzreihe)?

Aufgabe 235. Leider ist der Nachweis, dass das Restglied der Taylorreihe verschwindet, in der Regel recht aufwändig. Aus diesem Grund wird bei vielen Veröffentlichungen lediglich der Konvergenzradius einer Taylorreihe angegeben. Ingenieure gehen pragmatisch vor: Ihnen genügt eine grafische Bestätigung, dass innerhalb des Konvergenzbereichs durch Hinzunahme weiterer Terme die Ausgangsfunktion immer besser angenähert wird. Dies ist bei den allermeisten Funktionen der Fall.

Mathematiker verweisen auf Gegenbeispiele wie das folgende, bei denen das Restglied (221) nicht verschwindet, z. B. $\lim_{n \to \infty} R_n(2) = f(2) - g(2) \approx 0{,}789$:

Ausgangsfunktion:

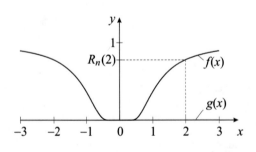

$$f(x) = \begin{cases} e^{-\frac{1}{x^2}} & \text{für } x \neq 0 \\ 0 & \text{für } x = 0 \end{cases} \tag{231}$$

Obwohl die zugehörige Taylorreihe

$$g(x) = 0 \tag{232}$$

für $x \in \mathbb{R}$ konvergiert, stimmt sie nur im Nullpunkt mit $f(x)$ überein.

Rechnen Sie nach, dass die Taylorreihe für die Stelle $x_0 = 0$ die Nullfunktion ergibt. Da die Funktion $f(x)$ eine stetige Ergänzung enthält, sind die Ableitungen $f^{(n)}(x)$ durch Grenzwertbildung zu ermitteln.

Außerdem ist zu beweisen, dass der Konvergenzradius gegen unendlich strebt.

6.6 Unendliche Reihen

Aufgabe 236. Beweisen Sie, dass die harmonische Reihe divergiert:

$$\sum_{n=1}^{\infty} \frac{1}{n} = \frac{1}{1} + \frac{1}{2} + \frac{1}{3} + \frac{1}{4} + \ldots = \infty \tag{233}$$

Aufgabe 237. Zeigen Sie, dass die alternierende harmonische Reihe

$$\sum_{n=1}^{\infty} \frac{(-1)^{n-1}}{n} = \frac{1}{1} - \frac{1}{2} + \frac{1}{3} - \frac{1}{4} \pm \ldots = A \tag{234}$$

konvergiert. Ihr Summenwert A wird in Aufgabe 242 berechnet.

Aufgabe 238. Die allgemeine harmonische Reihe

$$\sum_{n=1}^{\infty} \frac{1}{n^{\alpha}} = \frac{1}{1^{\alpha}} + \frac{1}{2^{\alpha}} + \frac{1}{3^{\alpha}} + \ldots \quad \text{mit} \quad \alpha \in \mathbb{R} \tag{235}$$

divergiert für $\alpha \leq 1$, wie von Ihnen gezeigt werden soll.

Aufgabe 239. Verwenden Sie das in Aufgabe 194 eingeführte Monotoniekriterium, um zu beweisen, dass die Reihe (235) für $\alpha > 1$ konvergiert.

Randnotiz: Die allgemeine harmonische Reihe ist ein Sonderfall der Riemannschen Zeta-Funktion, die sich für $\mathrm{Re}(s) > 1$ auch als Euler-Produkt schreiben lässt:

$$\zeta(s) = \prod_{p \in \mathrm{prim}} \left(1 + \frac{1}{p^s} + \frac{1}{p^{2s}} + \frac{1}{p^{3s}} + \ldots \right) = \sum_{n=1}^{\infty} \frac{1}{n^s} \quad \text{mit} \quad s \in \mathbb{C} \tag{236}$$

Die ζ-Funktion spielt eine herausragende Rolle in vielen mathematischen Disziplinen, insbesondere im Zusammenhang mit Primzahlen $p \in \{2, 3, 5, \ldots\}$. Für den Beweis der Riemannschen Vermutung, dass alle nicht-trivialen komplexen Nullstellen s den Realteil $\frac{1}{2}$ besitzen, sind seit dem Jahr 2000 eine Million US-Dollar ausgelobt.

Aufgabe 240. Überprüfen Sie die Taylorreihe der Exponentialfunktion:

$$\mathrm{e}^x = \sum_{n=0}^{\infty} \frac{1}{n!} x^n \quad \text{mit} \quad x \in \mathbb{R} \tag{237}$$

Zum Nachweis der Restgliedkonvergenz $\lim_{n \to \infty} R_n(x) = 0$ stehen (u. a.) die in Abschnitt 6.5 hergeleiteten Darstellungsformen zur Verfügung:

1. Reihe (222),

2. Integral (223),

3. nach Lagrange (224) bzw. (225),

4. nach Cauchy (226).

Aufgabe 241. Leiten Sie die Taylorreihe der Sinusfunktion her:

$$\sin x = \sum_{n=0}^{\infty} \frac{(-1)^n}{(2n+1)!}\, x^{2n+1} \quad \text{mit} \quad x \in \mathbb{R} \tag{238}$$

Aufgabe 242. Verifizieren Sie die Taylorreihenentwicklung der Logarithmusfunktion:

$$\ln(1+x) = \sum_{n=1}^{\infty} \frac{(-1)^{n-1}}{n}\, x^n \quad \text{mit} \quad x \in (-1; 1] \tag{239}$$

Mit $x = 1$ erhält man den Summenwert der alternierenden harmonischen Reihe (234):

$$A = \ln(2) \tag{240}$$

Aufgabe 243. Beweisen Sie auf möglichst einfachem Wege die Gültigkeit der folgenden Taylorreihe:

$$\ln\left(\frac{1+x}{1-x}\right) = 2 \sum_{n=0}^{\infty} \frac{x^{2n+1}}{2n+1} \quad \text{mit} \quad |x| < 1 \tag{241}$$

Aufgabe 244. Es existieren zwei verschiedene Definitionen der binomischen Reihe: (242) und (243). Leiten Sie zunächst die Variante

$$(1+x)^n = \sum_{k=0}^{\infty} \binom{n}{k} x^k \quad \text{mit } x \in (-1; 1) \quad \text{für } n \in \mathbb{R} \tag{242}$$

her, indem Sie das Binom $f(x) = (1+x)^n$ in eine Taylorreihe entwickeln. Dass die Taylorreihe gegen die Ausgangsfunktion $f(x)$ konvergiert, soll erst in Aufgabe 245 bewiesen werden.

Aufgabe 245.★ Zeigen Sie, dass die binomische Reihe (242) auf dem Konvergenzintervall mit ihrer Ausgangsfunktion übereinstimmt.

Aufgabe 246. Leiten Sie die geometrische Reihe (213) aus der binomischen Reihe (242) her.

Aufgabe 247. Überführen Sie die binomische Reihe (242) in die verallgemeinerte Form:

$$(a+b)^n = \sum_{k=0}^{\infty} \binom{n}{k} a^{n-k} b^k \quad \text{mit} \quad a, b, n \in \mathbb{R} \text{ und } |a| > |b| \tag{243}$$

Aufgabe 248. Durch Einsetzen von $x = 1$ in die Taylorreihe der Exponentialfunktion (237) erhält man die Reihendarstellung der Eulerschen Zahl:

$$\sum_{n=0}^{\infty} \frac{1}{n!} = 1 + \frac{1}{1!} + \frac{1}{2!} + \frac{1}{3!} + \ldots = \mathrm{e} \tag{244}$$

In Aufgabe 129 wurde die Eulersche Zahl als Grenzwert einer Folge definiert:

$$\lim_{n \to \infty} \left(1 + \frac{1}{n}\right)^n = \mathrm{e}$$

Welchen Ansatz würden Sie vorziehen, um e auf möglichst viele Nachkommastellen berechnen zu können: Folge oder Reihe?

6.7 Das Basler Problem

Aufgabe 249. Zu den berühmtesten und faszinierendsten Formeln der Mathematik gehört die Reihe der reziproken Quadratzahlen:

$$\sum_{n=1}^{\infty} \frac{1}{n^2} = \frac{1}{1^2} + \frac{1}{2^2} + \frac{1}{3^2} + \frac{1}{4^2} + \ldots = \frac{\pi^2}{6} \tag{245}$$

Bereits im Jahr 1644 hat der Italiener Pietro Mengoli (1625-1686) versucht, ihren Summenwert zu berechnen — ohne Erfolg. Bekannt ist die Reihe als Basler Problem, weil sich die renommierten Schweizer Mathematiker Jakob (1654-1705) und Johann Bernoulli (1667-1748) — ebenfalls erfolglos — um eine Lösung bemühten. Erst im Jahr 1735 (einige Quellen sagen 1734) konnte ein Schüler von Johann Bernoulli das Rätsel um die Basler Zahlenreihe lösen. Es war Leonard Euler (1707-1783).

Die von Euler gefundene Herleitung der Summenformel (245) basiert auf dem unendlichen Produkt der Sinusfunktion und der Taylorreihe der Kardinalsinusfunktion (307) — und ist vergleichsweise anspruchsvoll. Im Laufe der Jahrhunderte sind über ein Dutzend Alternativbeweise hinzugekommen. Die folgende Herleitung verwendet statt eines unendlichen Produkts uneigentliche Integrale — und ist immer noch ziemlich anspruchsvoll:

$$\sum_{n=1}^{\infty} \frac{1}{n^2} = \frac{4}{3} \sum_{n=0}^{\infty} \frac{1}{(2n+1)^2} \tag{246}$$

$$= \frac{4}{3} \sum_{n=0}^{\infty} \int_0^1 \frac{y^{2n}}{2n+1}\, dy \tag{247}$$

$$= \frac{2}{3} \int_0^1 \frac{1}{y} \ln \frac{1+y}{1-y}\, dy \tag{248}$$

$$= \frac{4}{3} \int_0^1 \frac{\ln y}{y^2 - 1}\, dy \tag{249}$$

$$= \frac{4}{3} \int_0^1 \int_0^{\infty} \frac{x}{(x^2 y^2 + 1)(x^2 + 1)}\, dx\, dy \tag{250}$$

$$= \frac{4}{3} \int_0^{\infty} \frac{\arctan x}{x^2 + 1}\, dx \tag{251}$$

$$= \frac{\pi^2}{6} \tag{252}$$

Verifizieren Sie die Gleichungen (246) bis (252), indem Sie die fehlenden Zwischenschritte ergänzen.

Ausblick: Im zweiten Band, den „Mathematik 2 Beweisaufgaben" wird der Summenwert mithilfe einer Fourierreihe ermittelt. Ziel der von Joseph Fourier (1768-1830) entwickelten Theorie ist die Darstellung einer periodischen Funktion durch harmonische Funktionen. Das Basler Problem wird dabei quasi im Vorbeigehen gelöst.

7 Komplexe Zahlen und Funktionen

7.1 Die Eulersche Formel

Aufgabe 250. Die für reelle Zahlen eingeführten Sätze und Formeln gelten sinngemäß auch für komplexe Zahlen $z \in \mathbb{C}$. Mit der in Aufgabe 258 bewiesenen Eulerschen Formel lässt sich eine Beziehung zwischen der kartesischen Darstellung

$$z = x + \mathrm{i}y \tag{253}$$

mit Realteil $x \in \mathbb{R}$ und Imaginärteil $y \in \mathbb{R}$ und der Polardarstellung

$$z = |z|\mathrm{e}^{\mathrm{i}\varphi} \tag{254}$$

mit Betrag $|z|$ und Winkel φ herstellen. Die Konstante

$$\mathrm{i} = \sqrt{-1} \tag{255}$$

bezeichnet man als imaginäre Einheit.

Geben Sie eine geometrische Interpretation des Betrags, der wie folgt definiert ist:

$$|z| = \sqrt{x^2 + y^2} \tag{256}$$

Aufgabe 251. Beweisen Sie die Gültigkeit der Betragsgleichung

$$|ab| = |a| \cdot |b| \quad \text{mit} \quad a, b \in \mathbb{C} \tag{257}$$

unter Verwendung von kartesischen Koordinaten. Der Gebrauch von Polarkoordinaten würde den Beweis zwar deutlich vereinfachen, ist aber nicht erlaubt, solange die Eulersche Formel (261) nicht benutzt werden darf.

Es handelt sich um ein Henne-Ei-Problem: Die Betragsgleichung (257) wird benötigt, um die Taylorreihe der komplexen Exponentialfunktion (260) zu verifizieren, welche ihrerseits für den Beweis der Eulerschen Formel erforderlich ist.

Aufgabe 252. Gesucht ist ein Beweis ohne Worte für die Dreiecksungleichung:

$$|a + b| \leq |a| + |b| \quad \text{mit} \quad a, b \in \mathbb{C} \tag{258}$$

Aufgabe 253. Die Dreiecksungleichung (258) lässt sich auch auf formalem Wege herleiten. Wie sieht der mathematisch korrekte Beweis aus?

Aufgabe 254. Verallgemeinern Sie die Dreiecksungleichung (258):

$$|z_1 + z_2 + z_3 + \ldots + z_m| \leq |z_1| + |z_2| + |z_3| + \ldots + |z_m| \quad \text{mit} \quad z_i \in \mathbb{C} \tag{259}$$

© Springer Fachmedien Wiesbaden GmbH, ein Teil von Springer Nature 2020
L. Nasdala, *Mathematik 1 Beweisaufgaben*,
https://doi.org/10.1007/978-3-658-30160-6_7

Aufgabe 255. Der Konvergenzradius einer reellen Potenzreihe ist mittels Quotienten- oder Wurzelkriterium bestimmbar (vgl. Aufgaben 232 bis 234). Zeigen Sie, dass für komplexe Potenzreihen

$$\sum_{n=0}^{\infty} c_n (z - z_0)^n \quad \text{mit} \quad z, z_0, c_n \in \mathbb{C}$$

folgendes gilt:

1. Die zugehörige reelle Potenzreihe $\sum_{n=0}^{\infty} |c_n| \cdot |z - z_0|^n$ ist eine Majorante.

2. Komplexe und reelle Potenzreihe besitzen den gleichen Konvergenzradius r.

Aufgabe 256. In Aufgabe 234 wird gezeigt, dass die Taylorreihe einer reellen Funktion das Konvergenzintervall

$$x \in (x_0 - r, x_0 + r)$$

besitzt; ob die Reihe auch auf den Rändern konvergiert, muss getrennt untersucht werden.

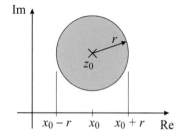

Im Komplexen wird aus dem Konvergenzintervall ein Kreis mit dem Radius r — der Begriff Konvergenzradius ist also treffend gewählt. Der Entwicklungspunkt z_0 kann neben dem Realteil auch einen Imaginärteil besitzen und bildet den Kreismittelpunkt.

Im Rahmen dieser Aufgabe soll demonstriert werden, dass der Konvergenzradius auch im Reellen seine Berechtigung hat. Gegeben sind drei reelle Funktionen mit $x \in \mathbb{R}$:

1. Tangensfunktion:

$$f_1(x) = \tan\left(\frac{\pi x}{4}\right)$$

2. Hyperbelfunktion:

$$f_2(x) = \frac{1}{2 - x}$$

3. Gebrochenrationale Funktion:

$$f_3(x) = \frac{1}{4 + x^2}$$

Die Taylorreihen an der Stelle $x_0 = 0$ besitzen das gleiche Konvergenzintervall:

$$x \in (-2; 2)$$

Erläutern Sie, warum der angegebene Konvergenzbereich plausibel ist, ohne eine Taylorreihenentwicklung durchzuführen.

Aufgabe 257. Begründen Sie, weshalb die in Aufgabe 240 eingeführte Taylorreihe der Exponentialfunktion auch im Komplexen Gültigkeit besitzt:

$$e^z = \sum_{n=0}^{\infty} \frac{1}{n!} z^n \quad \text{mit} \quad z \in \mathbb{C} \tag{260}$$

Aufgabe 258. Leiten Sie die Eulersche Formel her:

$$e^{i\varphi} = \cos\varphi + i\sin\varphi \tag{261}$$

Hinweise:

- Die Potenzreihe der Sinusfunktion kann Gleichung (238) entnommen werden.

- Es gibt eine elegante Möglichkeit, die Taylorreihe der Kosinusfunktion herzuleiten.

- Um zu verdeutlichen, dass die Eulersche Formel auch für negative Winkel $\varphi < 0$ gilt, wird gelegentlich die kompakte Schreibweise mit Plusminuszeichen verwendet:

$$e^{\pm iy} = \cos y \pm i\sin y \tag{262}$$

Aufgabe 259. Beweisen Sie die schönste Formel der Welt:

$$e^{i\pi} + 1 = 0 \tag{263}$$

Sie vereint mit 0, 1, π, e und i gleich fünf der wichtigsten Zahlen — wenn nicht sogar die wichtigsten.

Aufgabe 260. Gegeben sei eine komplexe Zahl:

$$a = x + iy = |a|e^{i\varphi}$$

Zeigen Sie, dass man durch Multiplikation mit der komplexen Einheit i eine Zahl

$$b = i \cdot a = |a|e^{i\left(\varphi + \frac{\pi}{2}\right)}$$

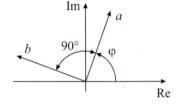

erhält, die um 90° gegen den Uhrzeigersinn gedreht ist.

Aufgabe 261. Leiten Sie die beiden wichtigen Identitäten her:

$$\cos(\varphi) = \text{Re}\left(e^{i\varphi}\right) = \frac{e^{i\varphi} + e^{-i\varphi}}{2} \tag{264}$$

$$\sin(\varphi) = \text{Im}\left(e^{i\varphi}\right) = \frac{e^{i\varphi} - e^{-i\varphi}}{2i} \tag{265}$$

Aufgabe 262. Der Fundamentalsatz der Algebra besagt, dass eine Polynomfunktion der Ordnung n

$$f(z) = a_n z^n + a_{n-1} z^{n-1} + \ldots + a_1 z + a_0 \tag{266}$$

1. höchstens n reelle Nullstellen $z_i \in \mathbb{R}$,

2. genau n komplexe Nullstellen $z_i \in \mathbb{C}$

besitzt. Zeigen Sie, dass im Falle reeller Koeffizienten

$$a_0, a_1, a_2, \ldots, a_n \in \mathbb{R}$$

komplexe Nullstellen immer als konjugiert komplexe Paare auftreten.

7.2 Die komplexe Erweiterung

Aufgabe 263: Leiten Sie die folgende Stammfunktion mittels partieller Integration her:

$$\int e^x \cdot \cos x \, dx = \frac{1}{2} e^x (\sin x + \cos x) + C \tag{267}$$

Aufgabe 264: Führen Sie eine komplexe Erweiterung durch, um das Integral (267) zu lösen. Sie werden feststellen, dass sich die Integration dadurch wesentlich vereinfacht.

Aufgabe 265: Leiten Sie die trigonometrischen Formeln für Dreifachwinkel

$$\sin(3\varphi) = \quad 3\sin(\varphi) - 4\sin^3(\varphi) \tag{268}$$

$$\cos(3\varphi) = -3\cos(\varphi) + 4\cos^3(\varphi) \tag{269}$$

mithilfe von Additionstheoremen her.

Aufgabe 266: Überzeugen Sie sich davon, dass man die trigonometrischen Beziehungen (268) und (269) auch aus der Eulerschen Formel herleiten kann.

Hinweis: Die in Abschnitt 1.2 bewiesenen Potenzgesetze sind auch im Komplexen gültig.

Aufgabe 267. Beweisen Sie die Gültigkeit der folgenden trigonometrischen Formeln:

$$\begin{aligned}
\sin(5\varphi) &= 5\sin(\varphi) - 20\sin^3(\varphi) + 16\sin^5(\varphi) \\
\cos(5\varphi) &= 5\cos(\varphi) - 20\cos^3(\varphi) + 16\cos^5(\varphi)
\end{aligned} \tag{270}$$

Sie haben die Wahl zwischen der mehrfachen Anwendung von Additionstheoremen (vgl. Aufgabe 265) und der Eulerschen Formel (siehe Aufgabe 266).

Aufgabe 268. Stellen Sie einen Zusammenhang zwischen dem Pythagoras für Hyperbelfunktionen (3)

$$\cosh^2 z - \sinh^2 z = 1$$

und dem trigonometrischen Pythagoras (2)

$$\cos^2 z + \sin^2 z = 1$$

her.

Aufgabe 269: Komplexe Zahlen sind sehr nützlich bei der Lösung von Problemen aus dem Bereich der Schwingungslehre. Als Beispiel betrachte man die folgende Superposition von Schwingungen (mit $\alpha = \omega \cdot t$):

$$\sin(\alpha) + \sin(2\alpha) + \sin(3\alpha) + \ldots + \sin(n\alpha) = \frac{\sin\left(\frac{n+1}{2}\alpha\right) \cdot \sin\left(\frac{n}{2}\alpha\right)}{\sin\left(\frac{1}{2}\alpha\right)} \tag{271}$$

Verifizieren Sie die Summenformel, indem Sie eine komplexe Erweiterung vornehmen.

7.3 Cardanische Formeln

Aufgabe 270. Die von dem italienischen Mathematiker Gerolamo Cardano (1501-1576) im Jahre 1545 veröffentlichten Formeln können als erste Anwendung der komplexen Zahlen angesehen werden. Sinn und Zweck der Cardanischen Formeln ist es, die Nullstellen einer kubischen Gleichung

$$x^3 + ax^2 + bx + c = 0 \quad \text{mit} \quad a, b, c \in \mathbb{R}, \quad c \neq 0 \tag{272}$$

auf analytischem Wege zu bestimmen, d. h. es bedarf keiner numerischen Lösung. Der Fall $c = 0$ lässt sich mithilfe der pq-Formel für quadratische Gleichungen berechnen, weil die triviale Lösung $x = 0$ abgespalten werden kann.

Die Herleitung für den allgemeinen Fall $c \neq 0$ ist etwas umfangreicher und aus diesem Grund auf vier Aufgaben verteilt. Starten Sie mit dem Beweis, dass jede kubische Gleichung mithilfe der Substitution

$$x = z - \frac{a}{3} \in \mathbb{C} \tag{273}$$

in die sogenannte reduzierte Form (ohne quadratischen Term)

$$z^3 + pz + q = 0 \tag{274}$$

mit

$$p = b - \frac{a^2}{3} \tag{275}$$

und

$$q = \frac{2a^3}{27} - \frac{ab}{3} + c \tag{276}$$

überführt werden kann. Auch die reduzierte kubische Gleichung enthält mit $q = 0$ einen Sonderfall, der ohne Cardanische Formeln auskommt.

Aufgabe 271.★ Um die reduzierte kubische Gleichung (274) lösen zu können, wird ein zweites Mal substituiert:

$$z = u + v \in \mathbb{C} \tag{277}$$

Nach einigen (trickreichen) Umformungen erhält man die Zwischenergebnisse

$$u_k = \sqrt[3]{\left(-\frac{q}{2} \pm \sqrt{D}\right)} \cdot e^{ik \cdot 2\pi}$$

$$v_k = -\frac{p}{3u_k} = \sqrt[3]{\left(-\frac{q}{2} \mp \sqrt{D}\right)} \cdot e^{-ik \cdot 2\pi} \tag{278}$$

mit der Diskriminante

$$D = \left(\frac{q}{2}\right)^2 + \left(\frac{p}{3}\right)^3 \tag{279}$$

und $k \in \{0; 1; 2\}$, wie von Ihnen nachvollzogen werden soll.

Wichtiger Hinweis: Die Substitution beschränkt sich auf den kubischen Term und wird teilweise wieder rückgängig gemacht.

Aufgabe 272: Die Lösungen der reduzierten kubischen Gleichung (274) hängen in folgender Weise von der Diskriminante (279) ab:

1. Eine reelle und zwei (konjugiert) komplexe Lösungen für $D > 0$:

$$z_0 = u_0 + v_0 = \sqrt[3]{-\frac{q}{2} + \sqrt{D}} + \sqrt[3]{-\frac{q}{2} - \sqrt{D}}$$

$$z_{1,2} = -\frac{u_0 + v_0}{2} \pm \frac{\sqrt{3}\,(u_0 - v_0)}{2}\mathrm{i} \tag{280}$$

2. Eine einfache und eine doppelte reelle Nullstelle für $D = 0$:

$$z_0 = 2u_0 \ = -\sqrt[3]{4q}$$

$$z_{1,2} = -u_0 \ = \sqrt[3]{\frac{q}{2}} \tag{281}$$

3. Drei verschiedene reelle Lösungen für $D < 0$:

$$z_k = 2\sqrt{-\frac{p}{3}} \cdot \cos\left(\frac{1}{3}\arccos\left(-\frac{q}{2}\sqrt{-\frac{27}{p^3}}\right) + \frac{k \cdot 2\pi}{3}\right) \quad \text{mit} \quad k = 0, 1, 2 \tag{282}$$

Leiten Sie im Rahmen dieser Aufgabe die ersten beiden Fälle her.

Hinweise:

- Beide Fälle lassen sich zusammenfassen: $D \geq 0$. Die reellen Nullstellen (281) ergeben sich als Sonderfall aus den komplexen Nullstellen (280).

- Den Fall $D < 0$ bezeichnet man als „Casus irreducibilis". Obwohl alle Nullstellen reell sind, ist dieser Fall im Reellen nicht lösbar. Er wird in Aufgabe 273 behandelt.

- Durch Rücksubstitution (273) erhält man das endgültige Ergebnis:

$$x_k = z_k - \frac{a}{3} \quad \text{mit} \quad k = 0, 1, 2 \tag{283}$$

Aufgabe 273: Gleichung (282) stellt den Kern der Cardanischen Formeln dar. Nutzen Sie bei der Herleitung aus, dass für $D < 0$ die Hilfsvariablen u_k und v_k konjugiert komplex sind.

Aufgabe 274. Überzeugen Sie sich von der Gültigkeit der Cardanischen Formeln, indem Sie ein Programm schreiben, welches die Nullstellen der kubischen Gleichung (272) für beliebige Parameter a, b und c mit $c \neq 0$ berechnen kann.

A Beweismethoden

A.1 Direkter Beweis

Ausgehend von einer Bedingung A (Voraussetzung bzw. eine als gültig vorausgesetzte Annahme), wird durch Umformungen und/oder logische Schlussfolgerungen eine Behauptung B auf direktem Wege bewiesen (A impliziert B, d. h. aus A folgt B):

$$A \Rightarrow B \tag{284}$$

Grundbegriffe der Aussagenlogik:

- **Implikation** (Folgerung): $A \Rightarrow B$

  Umkehrung (Kehrsatz): $B \Rightarrow A$

  Inversion: nicht $A \Rightarrow$ nicht B

  Kontraposition: nicht $B \Rightarrow$ nicht A

- **Äquivalenzumformung** (Konjunktion von $A \Rightarrow B$ und $A \Leftarrow B$):

  $$A \Leftrightarrow B$$

  De Morgansche Regeln ($\wedge$: Und-Verknüpfung; $\vee$: nicht-ausschließendes Oder):

  $$\text{nicht } (C \wedge D) \quad \Longleftrightarrow \quad (\text{nicht } C \vee \text{nicht } D) \tag{285}$$

  $$\text{nicht } (C \vee D) \quad \Longleftrightarrow \quad (\text{nicht } C \wedge \text{nicht } D) \tag{286}$$

  In der Alltagssprache ist meist das ausschließende Oder (Kontravalenz) gemeint.

Erläuterungen:

- Es gilt der Satz vom ausgeschlossenen Dritten: Aussagen A, B, C, ... (Gleichungen, Ungleichungen, mathematische Sätze, etc.) sind entweder wahr (w) oder falsch (f).

- Beispiel für eine Implikation: Wenn es regnet (A), dann ist die Straße nass (B).

- Implikationen sind nicht umkehrbar; Überschwemmungen und Rohrbrüche können schließlich ebenfalls zu einer nassen Straße führen.

- Manchmal sind mehrere Beweisschritte erforderlich: $A \Rightarrow A_1 \Rightarrow A_2 \Rightarrow \ldots \Rightarrow B$

Wahrheitstafel der Aussagenlogik:

A	B	nicht A	$A \wedge B$	$A \vee B$	$A \Leftrightarrow B$	$A \Rightarrow B$	nicht $A \vee B$
w	w	f	w	w	w	w	w
w	f	f	f	w	f	f	f
f	w	w	f	w	f	w	w
f	f	w	f	f	w	w	w
		Negation	Konjunktion	Disjunktion	Äquivalenz	**Implikation**	

© Springer Fachmedien Wiesbaden GmbH, ein Teil von Springer Nature 2020
L. Nasdala, *Mathematik 1 Beweisaufgaben*,
https://doi.org/10.1007/978-3-658-30160-6_8

A.2 Widerspruchsbeweis

Beweis der Behauptung B, indem man B negiert (Gegenannahme) und daraus einen Widerspruch (Kontradiktion) ableitet:

$$\text{nicht } B \Rightarrow \text{Widerspruch} \qquad (287)$$

Hinweise:

- Die (Gegen-)Annahme (nicht B) muss falsch gewesen sein, also ist B richtig.
- Beispiel: Die Straße sei trocken (nicht B). Folglich müsste man ein unbenutztes Papiertaschentuch auf die Straße legen können, ohne dass es feucht wird. Sollte es sich vollsaugen (Widerspruch), dann ist die Straße offensichtlich nass (B).
- Doppelte Verneinung: nicht (nicht nass) = nicht trocken = nass

Der Widerspruchsbeweis kann um die Annahme A erweitert werden:

- Erzeugung eines beliebigen Widerspruchs (z. B. $C \wedge$ nicht C):

$$(A \wedge \text{nicht } B \;\Rightarrow\; \text{Widerspruch}) \quad \Longleftrightarrow \quad (A \Rightarrow B) \qquad (288)$$

  Dass der Widerspruchsbeweis (288) äquivalent zum direkten Beweis ist, folgt aus der De Morgan-Regel (285) bzw. der Wahrheitstafel. Wegen des Widerspruchs gilt:

$$\text{nicht } (A \wedge \text{nicht } B) \quad \Longleftrightarrow \quad (\text{nicht } A \vee B) \quad \Longleftrightarrow \quad (A \Rightarrow B)$$

- Sonderfall „Reductio ad absurdum“:

$$(A \wedge \text{nicht } B \;\Rightarrow\; \text{nicht } A) \qquad \Longleftrightarrow \quad (A \Rightarrow B)$$

- Sonderfall „Reductio ad impossibile“:

$$(A \wedge \text{nicht } B \;\Rightarrow\; B) \qquad \Longleftrightarrow \quad (A \Rightarrow B)$$

A.3 Beweis durch Kontraposition

Statt der Implikation (284) wird die Kontraposition benutzt:

$$\text{nicht } B \Rightarrow \text{nicht } A \qquad (289)$$

Hinweise:

- Der direkte Beweis und der Beweis durch Kontraposition sind äquivalent:

$$(\text{nicht } B \Rightarrow \text{nicht } A) \quad \Longleftrightarrow \quad (A \Rightarrow B)$$

- Beispiel: Wenn die Straße nicht nass ist (nicht B), dann regnet es nicht (nicht A).
- Verwechslungsgefahr: Der Begriff „indirekter Beweis“ wird von manchen Autoren als Synonym für den „Beweis durch Kontraposition“ gebraucht, während andere darunter den Widerspruchsbeweis verstehen. Richtig ist, dass der indirekte Beweis als Oberbegriff beide Beweismethoden umfasst.

A.4 Vollständige Fallunterscheidung

Aufteilung des Beweises in eine endliche Anzahl von Fällen: F_1, F_2, ..., F_n

A.5 Vollständige Induktion

Beweis einer für alle natürliche Zahlen $n \geq m$ geltenden Aussage $A(n)$:

1. **Induktionsanfang**:

   Man zeige die Gültigkeit der Aussage $A(m)$.

2. **Induktionsschritt** oder **Induktionsschluss**:

   Unter der Annahme, dass $A(n)$ für ein beliebiges n wahr ist (**Induktionsannahme**), zeige man, dass dann $A(n+1)$ ebenfalls wahr ist (**Induktionsbehauptung**):

$$A(n) \Rightarrow A(n+1) \tag{290}$$

Hinweise:

- Meist: $m = 0$ oder $m = 1$

- Anschauliche Erläuterung: Dominoeffekt

- Erweiterung für negative ganze Zahlen k: $A(k) \Rightarrow A(k-1)$

- Vereinfachte Bezeichnung: Der Zusatz „vollständig" kann weggelassen werden.

A.6 Beweis ohne Worte

Veranschaulichung eines geometrischen oder arithmetischen Zusammenhangs mithilfe einer Skizze, z. B.:

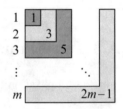

$$\sum_{n=1}^{m} 2n - 1 = 1 + 3 + 5 + \ldots + (2m-1) = m^2 \tag{291}$$

A.7 Gegenbeispiel

Zur Widerlegung einer Aussage reicht ein Gegenbeispiel aus.

Beispiel:

- Behauptung: Die Funktion $P(n) = n^2 + n + 41$ mit $n \in \mathbb{N}$ erzeugt ausschließlich Primzahlen.

- Wie man sich überzeugen kann, stimmt die Behauptung immerhin für $n \in [0; 39]$. Erst $n = 40$ liefert das gesuchte Gegenbeispiel: $P(40) = 1681 = 41 \cdot 41$

B Python

Es gibt eine Vielzahl von exzellenten Programmiersprachen. Für den Einsatz der Open-Source-Software Python sprechen die leichte Erlernbarkeit, die Verfügbarkeit für alle wichtigen Betriebssysteme (Windows, Linux, Android, iOS, etc.) und die Mathe-Bibliotheken.

Integrierte Programmierumgebung IDLE

Aufruf unter Windows:

- Über das Startmenü
- Rechtsklick auf vorhandene Datei

Nutzung mittels Kommandozeile

Interaktive Benutzung als Taschenrechner:

- Vorteil: Sofortige Anzeige, z. B. 42 mod 5 = 2
- Nachteil: Kein Batchjob (Stapelverarbeitung)

Nutzung mittels Skript-Datei

Im Mittelpunkt steht die Python-Datei (New File):

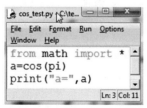

- Eingabe des Quellcodes in einem separaten Fenster (Editor)
- Dateiendung: py
- Starten: Run Module (F5)

```
>>> 42%5
2
>>>
=========
a= -1.0
>>>
```

Erste Zeile: Aktivierung der Mathe-Standardbibliothek

Dokumentation

Falls das mitgelieferte Handbuch nicht ausreicht:

- www.python.org, www.python-forum.de, usw.
- Suche nach „Python" in Wikipedia, Google, ...

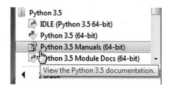

© Springer Fachmedien Wiesbaden GmbH, ein Teil von Springer Nature 2020
L. Nasdala, *Mathematik 1 Beweisaufgaben*,
https://doi.org/10.1007/978-3-658-30160-6_9

C Lösungshinweise

Allgemeine Grundlagen

Hinweis 1. Der Satz des Pythagoras ist auf direktem Wege herleitbar:

- Der Flächeninhalt des äußeren Quadrates muss gleich der Summe der Teilflächen sein.

- Wenden Sie die erste binomische Formel an.

Die Grundlagen des direkten Beweises sind in Abschnitt A.1 aufgeführt. Da die mathematische Umsetzung des geometrischen Zusammenhangs keiner weiteren Erklärung bedarf, kann man auch von einem „Beweis ohne Worte" (Abschnitt A.6) sprechen.

Hinweis 2. Skizzieren Sie ein rechtwinkliges Dreieck, dessen Hypothenuse die Länge 1 besitzt.

Hinweis 3. Setzen Sie die Hyperbelfunktionen (100) und (101) ein.

Hinweis 4. Bei einer Potenz (zur Basis x) repräsentiert der Exponent k die Anzahl der Faktoren:

$$x^k = \underbrace{x \cdot x \cdot \ldots \cdot x}_{k\text{-mal}} \tag{292}$$

Alle drei Potenzgesetze lassen sich auf direktem Wege herleiten.

Hinweis 5. Verwenden Sie die Definitionsgleichung (292). Außerdem muss eine Fallunterscheidung vorgenommen werden.

Hinweis 6. In Aufgabe 5 wurden die Potenzgesetze der Division eingeführt.

Hinweis 7. Der unbestimmte Ausdruck 0^0 wird gelegentlich auch wie folgt definiert:

$$0^0 := 0$$

Erlaubt ist, was keinen Widerspruch provoziert. Beim (noch zu beweisenden) Potenzgesetz

$$0^0 = 0^{0+0} = 0^0 \cdot 0^0$$

erhält man sowohl für die Definition $0^0 = 1$ als auch für die Variante $0^0 = 0$ eine wahre Aussage:

$$1 = 1 \cdot 1 \quad \text{und} \quad 0 = 0 \cdot 0$$

Die Definition $0^0 = 2$ ergibt wegen $2 \neq 2 \cdot 2$ keinen Sinn.

© Springer Fachmedien Wiesbaden GmbH, ein Teil von Springer Nature 2020
L. Nasdala, *Mathematik 1 Beweisaufgaben*,
https://doi.org/10.1007/978-3-658-30160-6_10

Hinweis 8. Aus den Aufgaben 4 und 5 ist bekannt, dass die Potenzgesetze für positive ganzzahlige Exponenten $k, n \in \{1, 2, 3, \ldots\}$ gültig sind.

Hinweis 9. Nehmen Sie eine Fallunterscheidung vor:

1. beide Exponenten nicht-negativ (positiv oder null),

2. beide Exponenten negativ,

3. ein nicht-negativer und ein negativer Exponent.

Hinweis 10. Dass die Potenzgesetze für natürliche Exponenten $k, n \in \mathbb{N} = \{0, 1, 2, 3, \ldots\}$ gelten, muss nicht erneut gezeigt werden.

Hinweis 11. Die Bildung der Ableitung $f'(x) = 3x^2$ ist hier nicht zielführend. Es gilt zwar $f'(x) > 0$ für alle $x \neq 0$, aber eben nicht im Sattelpunkt: $f'(0) = 0$. Das heißt, die Kenntnis der Steigung reicht zur Beurteilung der Monotonie nicht aus — außerdem wird die Differentialrechnung erst in Aufgabe 115 eingeführt.

Zeigen Sie, dass die Ungleichung

$$(x + \varepsilon)^3 > x^3$$

für alle $x \in \mathbb{R}$ erfüllt ist. Die Variable ε ist zwar größer als null, darf aber ansonsten beliebig klein werden, z. B. $\varepsilon = 0{,}00000000000000000000000000000000000000000042$.

Hinweis 12. Im Gegensatz zur Quadratwurzel $\sqrt{x} = \sqrt[2]{x} = x^{\frac{1}{2}}$, die im Reellen nur für $x \geq 0$ definiert ist, darf die Kubikwurzel auch auf negative Zahlen angewandt werden.

Hinweis 13. Es gilt das Potenzgesetz für Potenzen (6):

$$\left(y^k\right)^n = y^{kn}$$

Es wäre schön, wenn man die Exponenten durch Kehrwerte substituieren dürfte:

$$\left(y^{\frac{1}{a}}\right)^{\frac{1}{b}} = y^{\frac{1}{a} \cdot \frac{1}{b}}$$

Die Potenzen müssten dann nur noch als Wurzeln (17) geschrieben werden, und man wäre fertig:

$$\sqrt[b]{\sqrt[a]{y}} = \sqrt[ab]{y}$$

Wie der Konjunktiv erahnen lässt, ist dieser Lösungsweg leider falsch: Die Gültigkeit der Potenzregeln ist momentan noch auf ganzzahlige Exponenten beschränkt (Aufgaben 9 und 10), die Kehrwerte $\frac{1}{a}$ und $\frac{1}{b}$ gehören jedoch zur Menge der rationalen Zahlen $\mathbb{Q}$.

Diese Substitution ist erlaubt:

$$x = y^{kn}$$

Hinweis 14. Potenzfunktion und zugehörige Wurzelfunktion müssen sich gegenseitig aufheben:

$$x = x^1 = x^{\frac{k}{k}} = \sqrt[k]{x^k} = \left(\sqrt[k]{x}\right)^k \tag{293}$$

Im Falle von $x \geq 0$ ist dies für alle natürlichen Exponenten $k \in \mathbb{N}^*$ gewährleistet, denn dann sind beide Funktionen streng monoton steigend.

Die Erweiterung auf negative Zahlen $x < 0$ erfordert ungerade Exponenten k (siehe auch Aufgabe 12). Wer diese Voraussetzung nicht beachtet, läuft Gefahr, das Vorzeichen zu verlieren:

$$-1 = (-1)^{\frac{2}{2}} \neq \sqrt[2]{(-1)^2} = 1$$

Hinweis 15. Ersetzen Sie die Basen durch Wurzeln, z. B.:

$$y = \sqrt[kn]{x} \,, \quad a = \sqrt[k]{x} \,, \quad b = \sqrt[k]{y}$$

Beachten Sie ferner, dass die (Wurzel-)Exponenten k und n positiv sind. Das heißt, die Quotientenregeln dürfen nicht als Sonderfälle der Produktregeln aufgefasst werden.

Hinweis 16. Stellen Sie die Exponenten als Brüche dar:

$$u = \frac{a}{b} \quad \text{und} \quad v = \frac{c}{d}$$

Die beiden Quotientenregeln lassen sich aus den zugehörigen Produktregeln herleiten.

Hinweis 17. Irrationale Zahlen wie $u = \sqrt{2}$ können durch rationale Zahlen angenähert werden:

$$u_1 = 1{,}4 = \frac{14}{10}$$

$$u_2 = 1{,}41 = \frac{141}{100}$$

$$u_3 = 1{,}414 = \frac{1414}{1000}$$

$$u_4 = 1{,}4142 = \frac{14142}{10000}$$

$$\vdots$$

Erzeugen Sie aus der Folge (u_n) zwei weitere Folgen (a_n) und (b_n), die ebenfalls gegen den Grenzwert

$$u = \lim_{n \to \infty} u_n$$

konvergieren. Bei a_n mögen sowohl Zähler als auch Nenner negativ sein, bei b_n der Zähler gerade und der Nenner ungerade.

Berechnen Sie $(-1)^{a_n}$ und $(-1)^{b_n}$, und interpretieren Sie das Ergebnis.

Hinweis 18. Da sich reelle Zahlen aus rationalen und irrationalen Zahlen zusammensetzen, müssen nur noch irrationale Zahlen untersucht werden.

Hinweis 19. Skizzieren Sie Exponentialfunktionen für $a > 1$, $a = 1$ und $a \in (0; 1)$. Durch Spiegelung an der Winkelhalbierenden $y = x$ können die zugehörigen Umkehrfunktionen gebildet werden.

Hinweis 20. Erheben Sie beide Seiten der Logarithmengleichung zur a-ten Potenz, und substituieren Sie:
$$u = \log_a x \quad \text{und} \quad v = \log_a y$$

Hinweis 21. Substitution:
$$b = \log_a x$$

Hinweis 22. Lösungsansatz: Multiplikation mit Nenner

Hinweis 23. Substitution:
$$c = \log_x y$$

Hinweis 24. Beginnen Sie den Beweis mit der Erzeugung einer geraden Zahl.

Hinweis 25. Überlegen Sie, wie sich eine ungerade Zahl darstellen lässt.

Hinweis 26. Beweis durch Kontraposition (siehe Abschnitt A.3)

Hinweis 27. Wie in Abschnitt A.2 beschrieben, beginnt jeder Widerspruchsbeweis mit einer Gegenannahme:

Es sei $\sqrt{2}$ rational. Dann lässt sich $\sqrt{2}$ als Bruch zweier teilerfremder natürlicher Zahlen p und q darstellen:
$$\sqrt{2} = \frac{p}{q}$$

Hinweis 28. Gegenannahme: Es existieren nur endlich viele Primzahlen p_i.

Das Produkt aller Primzahlen
$$q = \prod_{i=1}^{N} p_i$$

ist sicherlich keine Primzahl. Überlegen Sie, ob die nächstgrößere Zahl $q+1$ eine Primzahl sein kann.

Hinweis 29. Gemäß dem Fundamentalsatz der Arithmetik lässt sich jede natürliche Zahl eindeutig in Primfaktoren zerlegen.

Hinweis 30. Bringen Sie die Brüche auf den gleichen Nenner.

Hinweis 31. Mit folgendem Algorithmus lassen sich die Werte zweier Zahlenvariablen tauschen, ohne eine Hilfsvariable einführen zu müssen:

$$m + n \to m$$
$$m - n \to n \qquad (294)$$
$$m - n \to m$$

Beispiel: $63 + 168 = 231$, $231 - 63 = 168$, $231 - 168 = 63$

Der sogenannte Dreieckstausch vertauscht die Variablen m und n auch dann, wenn sie keine Zahlen, sondern andere Objekte wie Zeichenketten beinhalten:

$$m \to k$$
$$n \to m \qquad (295)$$
$$k \to n$$

Hinweis 32. Effizienter als eine mehrfach durchzuführende Subtraktion ist eine Division mit Rest. Beispielsweise liefert

$$\frac{10000001}{100001} = 99 + \frac{99902}{100001}$$

als Rest die Zahl 99902.

Hinweis 33. 95 Jahre Handrechnung oder ein kleines Hilfsprogramm

Hinweis 34. Nehmen Sie eine quadratische Ergänzung vor.

Hinweis 35. An den Nullstellen verschwindet der Funktionswert: $y = 0$.

Die Herleitung der abc-Formel unterscheidet sich von der der pq-Formel (Aufgabe 34) lediglich in einer Hinsicht: Es muss durch den Streckfaktor dividiert werden.

Hinweis 36. Wenn die Terme geschickt umsortiert werden, kann die 3. binomische Formel

$$(u + v)(u - v) = u^2 - v^2$$

angewandt werden.

Hinweis 37. Sie müssen die Parabelgleichungen ausmultiplizieren und gleichsetzen:

$$a \left[x^2 - (x_1 + x_2)x + x_1 x_2 \right] \overset{!}{=} a \left[x^2 - 2x_0 x + x_0^2 \right] + y_0$$

Hinweis 38. Koeffizientenmatrix:

$$\underline{A} = \begin{bmatrix} a & b \\ c & d \end{bmatrix}$$

Lösungsvektor:

$$\underline{x} = \begin{bmatrix} x \\ y \end{bmatrix}$$

Rechte Seite ist der Nullvektor:

$$\underline{0} = \begin{bmatrix} 0 \\ 0 \end{bmatrix}$$

Wenden Sie das Gaußsche Eliminationsverfahren an.

Hinweis 39. Bei einem inhomogenen LGS ist die rechte Seite ungleich dem Nullvektor:

$$\underline{r} = \begin{bmatrix} r \\ s \end{bmatrix} \quad \text{mit} \quad r^2 + s^2 \neq 0$$

Hinweis 40. Betrachten Sie das folgende Beispiel:

$$\sqrt{15 - 2x} = -x$$

Hinweis 41. Der Beweis durch vollständige Induktion wird in Abschnitt A.5 vorgestellt.

Hinweis 42. Vollständige Induktion

Hinweis 43. Quadrieren und Kürzen

Hinweis 44. Subtraktion von $|y|$ und Substitution

Hinweis 45. Beispiele:

$$\overline{x}_h \left(\frac{1}{7}, \frac{1}{9} \right) = \frac{1}{8} = 0{,}125 \; < \; 0{,}12599 \approx \overline{x}_g \left(\frac{1}{7}, \frac{1}{9} \right)$$

$$\overline{x}_h(100, 10000) \approx 198{,}02 \; < \; 1000 = \overline{x}_g(100, 10000)$$

Für $x_1 > 0$ und $x_2 > x_1$ sind beide Mittelwerte positiv. Folglich stellt ein Quadrieren (der Wurzel) keine Implikation, sondern eine Äquivalenzumformung dar (vgl. Aufgabe 40).

Hinweis 46. Beim Grenzfall $x_1 = 0$ ist der geometrische Mittelwert null, der arithmetische Mittelwert hingegen ist wegen $x_2 > x_1$ stets positiv.

Hinweis 47. Beispiele:

$$\overline{x}_a\left(\frac{1}{7}, \frac{1}{9}\right) \approx 0{,}12698 \;<\; 0{,}12797 \approx \overline{x}_q\left(\frac{1}{7}, \frac{1}{9}\right)$$

$$\overline{x}_a(100, 10000) = 5050 \;<\; 7071{,}42 \approx \overline{x}_q(100, 10000)$$

Es muss wieder quadriert werden.

Hinweis 48. Da es sich bei n um eine natürliche Zahl handelt, liegt die Anwendung der vollständigen Induktion nahe. Eine deutlich einfachere Beweismethode ist der direkte Beweis.

Wer noch keine Idee für die Beweisführung hat, der sollte — dieser Tipp gilt ganz grundsätzlich — mit einer Plausibilitätsüberprüfung beginnen, z. B. für $n = 6$:

$$6^6 = \underbrace{6 \cdot 6 \cdot 6 \cdot 6 \cdot 6 \cdot 6}_{= \,46656} \geq 6! = \underbrace{1 \cdot 2 \cdot 3 \cdot 4 \cdot 5 \cdot 6}_{= \,720} \geq \sqrt{6^6} = \underbrace{\sqrt{6 \cdot 6 \cdot 6 \cdot 6 \cdot 6 \cdot 6}}_{= \,216}$$

Hinweis 49. Gehen Sie systematisch vor, indem Sie folgende Vorüberlegungen anstellen:

- Wie viele unterschiedliche Wege kann die Kugel durchlaufen?
- Wie groß ist die Wahrscheinlichkeit, dass die Kugel in Topf 0 landet?
- Wie wahrscheinlich ist es, dass Topf 1 aufgefüllt wird?
- Wie viele Wege führen zu den Töpfen 2 und 3?

Aufgrund des symmetrischen Aufbaus ist bei jedem Hindernis die Wahrscheinlichkeit, dass die Kugel nach links fällt, genauso groß wie die des Verzweigens nach rechts.

Hinweis 50. Die Symmetrie des Binomialkoeffizienten kann auf direktem Wege bewiesen werden: $\binom{n}{n-k}$ in die Definitionsgleichung (56) einsetzen und ein paar Termumformungen vornehmen.

Hinweis 51. Direkter Beweis

Hinweis 52. Verwenden Sie als Beweismethode die vollständige Induktion:

- Mit der Definition $0^0 = 1$ lassen sich Fallunterscheidungen vermeiden.
- Benutzen Sie beim Induktionsschritt die Rekursionsformel (58).
- Es sind relativ viele Umformungen erforderlich, so dass es nicht jedem auf Anhieb gelingt, aus der Induktionsannahme $A(n)$ auf die Induktionsbehauptung $A(n + 1)$ zu schließen. Es kann hilfreich sein, die Beweisrichtung umzukehren.
- An einer Stelle muss der Laufindex verschoben werden.

Hinweis 53. Je nach Beweisrichtung ist der Bruch entweder zu erweitern oder zu kürzen.

Hinweis 54. Zeigen Sie, dass alle Terme mit $k > n$ verschwinden.

Hinweis 55. Schritt 4: Ausklammern

Hinweis 56. Es kann hilfreich sein, die Wurzelschreibweise zu verwenden:

$$1^{\frac{1}{6}} = \sqrt[6]{1} \ = 1$$

$$(-1)^{\frac{1}{3}} = \sqrt[3]{-1} = -1$$

Die kubische Parabel $f(x) = x^3$ ist streng monoton steigend, so dass die Umkehrfunktion $f^{-1}(x) = \sqrt[3]{x}$ für $x \in \mathbb{R}$ definiert ist. Aus $(-1)^3 = -1$ folgt $\sqrt[3]{-1} = -1$ (vgl. Aufgabe 11).

Hinweis 57. Die Logarithmusfunktion ist die Umkehrfunktion der Exponentialfunktion. Aus der Definitionsgleichung (29) folgt die Identitätsgleichung:

$$b = \log_a a^b \tag{296}$$

Insbesondere gilt: $b = \log_{\frac{1}{2}} (\frac{1}{2})^b$.

Hinweis 58. Für die partielle Integration (Herleitung siehe Aufgabe 183) des Kotangens muss man ihn in zwei Faktoren aufteilen:

$$\cot x = \frac{1}{\sin x} \cdot \cos x$$

Hinweis 59. Die Ausgangsgleichung (62) kann umgestellt werden: $x + 1 = -x^2$.

Hinweis 60. Terme können paarweise zusammengefasst werden:

a) Abschätzung nach unten:

$$A = \underbrace{\frac{1}{1} - \frac{1}{2}}_{= \ldots} + \underbrace{\frac{1}{3} - \frac{1}{4}}_{= \ldots} \pm \ldots$$

b) Abschätzung nach oben:

$$A = \frac{1}{1} \underbrace{- \frac{1}{2} + \frac{1}{3}}_{= \ldots} \underbrace{- \frac{1}{4} + \frac{1}{5}}_{= \ldots} \mp \ldots$$

c) Nach dem Vereinfachen muss $\frac{1}{2}$ ausgeklammert werden.

Gemäß Aufgabe 242 beträgt der Summenwert der alternierenden harmonischen Reihe:

$$A = \ln(2) \approx 0{,}6931$$

Hinweis 61. Definition der imaginären Einheit:

$$i = \sqrt{-1}$$

Hinweis 62. Erweiterung des Exponenten mit 2π:

$$e^{i\varphi} = e^{i\varphi \cdot \frac{2\pi}{2\pi}} = e^{i2\pi \cdot \frac{\varphi}{2\pi}} = \dots$$

Wenden Sie anschließend die Potenzregel für Potenzen sowie die Eulersche Formel an.

Vektoralgebra

Hinweis 63. Wenden Sie dreimal den Satz des Pythagoras an.

Hinweis 64. Zerlegen Sie das allgemeine Dreieck in zwei rechtwinklige Teildreiecke:

- Aus Symmetriegründen muss nur eine der beiden Gleichungen bewiesen werden, z. B.:

$$\frac{b}{\sin\beta} = \frac{c}{\sin\gamma}$$

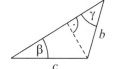

- Ziehen Sie in Betracht, dass der Fußpunkt des Lots außerhalb des Dreieckes liegen kann.

Hinweis 65. Zerlegung in zwei rechtwinklige Teildreiecke

Hinweis 66. Eigentlich müsste die Frage lauten, wer hinter der Formel steckt: Es ist wieder einmal bzw. zweimal der Herr Pythagoras.

Für die Herleitung empfiehlt sich die Einführung einer Flächendiagonalen d.

Hinweis 67. Der Beweis fällt in die Kategorie „ohne Worte", siehe auch Abschnitt A.6.

Hinweis 68. Die Differenz der Vektoren $\vec{a}$ und $\vec{b}$ ergibt den Vektor $\vec{c}$.

Hinweis 69. Das Kommutativgesetz der Multiplikation (reeller Zahlen) darf als bekannt vorausgesetzt werden:

$$a \cdot b = b \cdot a$$

Hinweis 70. Setzen Sie

$$\vec{a}^2 = \vec{a} \cdot \vec{a}$$

in die Definitionsgleichung des Skalarprodukts ein.

Hinweis 71. Die zweite binomische Formel gilt auch für Vektoren: $\left(\vec{a} - \vec{b}\right)^2 = \ldots$

Hinweis 72. Zwei Vektoren sind zueinander orthogonal (senkrecht angeordnet), wenn der eingeschlossene Winkel 90° beträgt.

Hinweis 73. Beide Seiten des Skalarprodukts müssen durch a geteilt werden.

Hinweis 74. Die Fläche eines Parallelogramms ist gleich dem Produkt aus Grundseite und Höhe.

Hinweis 75. Das Kreuzprodukt $\vec{a} \times \vec{b}$ auch unter dem Namen *Vektorprodukt* bekannt, weil das Ergebnis ein einfacher Vektor ist. Sein Betrag ergibt sich gemäß Gleichung (67) zu:

$$|\vec{a} \times \vec{b}| = \sqrt{(a_2 b_3 - a_3 b_2)^2 + (a_3 b_1 - a_1 b_3)^2 + (a_1 b_2 - a_2 b_1)^2} = \ldots$$

Hinweis 76. Die Skizze muss zu einem Rechteck erweitert werden.

Hinweis 77. Ein Parallelogramm kann als geschertes Rechteck betrachtet werden:

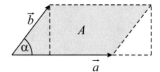 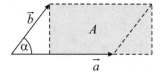

Hinweis 78. Zu zeigen:

$$\vec{a} \cdot (\vec{a} \times \vec{b}) = 0 \quad \text{und} \quad \vec{b} \cdot (\vec{a} \times \vec{b}) = 0$$

Siehe auch Aufgabe 72.

Hinweis 79. Zwei Vektoren der xy-Ebene:

$$\vec{a} = \begin{pmatrix} a_1 \\ 0 \\ 0 \end{pmatrix} \quad \text{und} \quad \vec{b} = \begin{pmatrix} b_1 \\ b_2 \\ 0 \end{pmatrix}$$

Hinweis 80. Sie müssen ausmultiplizieren und vergleichen.

Hinweis 81. Das Volumen eines Parallelepipeds berechnet sich genauso wie das eines Quaders: Grundfläche mal Höhe.

Hinweis 82. Bei b) muss $\vec{n}$ ausgeklammert werden.

Hinweis 83. Es muss der Differenzvektor gebildet werden.

Hinweis 84. Erzeugen Sie ein Parallelogramm, und geben sie dessen Fläche an.

Hinweis 85. Der Abstandsvektor $\vec{d}$ möge von Punkt P zum Lotfußpunkt L zeigen — von L zu P ginge auch, denn der Richtungssinn ist für den Abstand $d = |\vec{d}|$ unerheblich.

Seine Aufstellung gleicht einem Spaziergang: Vom Startpunkt P geht es zum Ursprung, abbiegen und dem Stützvektor folgen, und dann noch ein Stück in Richtung der Geraden bis zum Zielpunkt L.

Hinweis 86. Führen Sie den Vektor $\vec{b} = \vec{a} - \vec{p}$ ein.

Hinweis 87. Der Differenzvektor der beiden Stützvektoren spannt zusammen mit den Richtungsvektoren ein Parallelepiped auf.

Hinweis 88. Verbinden Sie die Lotfußpunkte L und M durch einen Abstandsvektor.

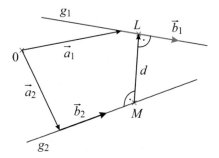

Hinweis 89. In Aufgabe 84 wird der Abstand zwischen einem Punkt und einer Geraden hergeleitet. Der Abstand zweier Geraden lässt sich auf ähnliche Weise berechnen.

Die für windschiefe Geraden entwickelte Formel (92) kommt nicht in Betracht, weil das Kreuzprodukt kollinearer Vektoren den Nullvektor $\vec{b}_1 \times \vec{b}_2 = \vec{0}$ ergibt und man nicht durch $|\vec{b}_1 \times \vec{b}_2| = 0$ teilen darf.

Hinweis 90. Die Richtungsvektoren können zum Schnittpunkt S der Geraden verschoben werden:

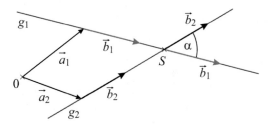

Beachten Sie, dass die Umkehrfunktionen Arkuskosinus und Arkussinus unterschiedliche Definitions- und Wertebereiche besitzen (siehe auch Aufgabe 105).

Hinweis 91. Stellen Sie Gerade und Ebene in der Seitenansicht dar, und gebrauchen Sie das Skalarprodukt.

Der Abstand zwischen Gerade und Ebene berechnet sich so ähnlich wie der zwischen Punkt und Ebene (Aufgabe 86).

Hinweis 92. Aus dem Sinus-Additionstheorem (97) folgt die trigonometrische Beziehung:

$$
\begin{aligned}
\sin(\gamma) &= \sin(90° - \alpha) \\
&= \underbrace{\sin(90°)}_{=\,1} \cdot \cos(\alpha) - \underbrace{\cos(90°)}_{=\,0} \cdot \sin(\alpha) \\
&= \cos(\alpha)
\end{aligned}
\tag{297}
$$

Das Kosinus-Additionstheorem (98) liefert:

$$
\begin{aligned}
\cos(\gamma) &= \cos(90° - \alpha) \\
&= \underbrace{\cos(90°)}_{=\,0} \cdot \cos(\alpha) + \underbrace{\sin(90°)}_{=\,1} \cdot \sin(\alpha) \\
&= \sin(\alpha)
\end{aligned}
\tag{298}
$$

Hinweis 93. Der Abstand zweier Ebenen lässt sich berechnen, indem man aus ihren Stützvektoren einen Differenzvektor bildet und diesen projiziert (vgl. Aufgaben 86 und 91).

Hinweis 94. Es ist hilfreich, eine Skizze mit den gegebenen Vektoren einschließlich der Schnittgeraden anzufertigen.

Außerdem wird empfohlen, die Ebenen in der Normalenform (84) darzustellen.

Funktionen und Kurven

Hinweis 95. Für die Herleitung sollten die Variablen x und y durch α und β ausgetauscht werden, damit besser zwischen Längen (lateinische Buchstaben) und Winkeln (griechische Buchstaben) unterschieden werden kann.

Tragen Sie die Winkel in die Skizze ein. Beim zweiten Teil muss die Symmetrie der Kreisfunktionen ausgenutzt werden: $\cos(x) = \cos(-x)$ und $\sin(x) = -\sin(-x)$.

Hinweis 96. Siehe Aufgabe 95.

Hinweis 97. Einsetzen:

$$\tan(x \pm y) = \frac{\sin(x \pm y)}{\cos(x \pm y)} = \dots$$

Hinweis 98. Zerlegung einer Funktion in einen geraden und einen ungeraden Anteil:

$$f(x) = \underbrace{\frac{f(x) + f(-x)}{2}}_{= f_{\mathrm{g}}(x)} + \underbrace{\frac{f(x) - f(-x)}{2}}_{= f_{\mathrm{u}}(x)} \tag{299}$$

Nachweis der Symmetrie:

$$f_{\mathrm{g}}(x) \overset{!}{=} f_{\mathrm{g}}(-x)$$
$$f_{\mathrm{u}}(x) \overset{!}{=} -f_{\mathrm{u}}(-x) \tag{300}$$

Hinweis 99. Die Hyperbel $f(x) = \frac{1}{x}$ besitzt mit der x- und der y-Achse zwei orthogonale Asymptoten. Daraus folgt für die allgemeine Hyperbelgleichung (102), dass

- der Mittelpunkt im Ursprung liegen muss,
- die Halbachsen gleich groß sein müssen und
- eine Koordinatendrehung vorgenommen werden muss.

Um eine Koordinatentransformation durchführen zu können, sollten Sie die Variablen x und y durch X und Y ersetzen:

$$\left(\frac{X - X_0}{a}\right)^2 - \left(\frac{Y - Y_0}{b}\right)^2 = 1$$

Für einen allgemeinen Drehwinkel α gilt:

$$x = X \cos\alpha - Y \sin\alpha$$
$$y = X \sin\alpha + Y \cos\alpha$$

Geben Sie X und Y als Funktion von x und y an.

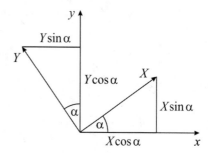

Hinweis 100. Die Fläche A lässt sich als Differenz zweier Teilflächen auffassen:

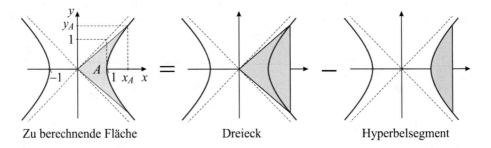

| Zu berechnende Fläche | Dreieck | Hyperbelsegment |

Den Flächeninhalt des Hyperbelsegments ermittele man auf zwei unterschiedlichen Wegen: Integration in

1. x-Richtung für die Koordinate x_A,

2. y-Richtung für die Koordinate y_A.

Für die Stammfunktionen siehe Gleichungen (154) und (155). Zunächst müssen Sie die Integrale durch partielle Integration vereinfachen.

Hinweis 101. Wie in Aufgabe 99 gezeigt, müssen zur Unterscheidung der Koordinatensysteme unterschiedliche Variablen verwendet werden. Beispielsweise kann die allgemeine Form der Kegelschnittgleichung (105) auch mittels Großbuchstaben formuliert werden:

$$AX^2 + BXY + CY^2 + DX + EY + F = 0 \tag{301}$$

Stellen Sie die Hauptachsenkoordinaten x und y als Funktion von X und Y dar, und eliminieren Sie den gemischten Term.

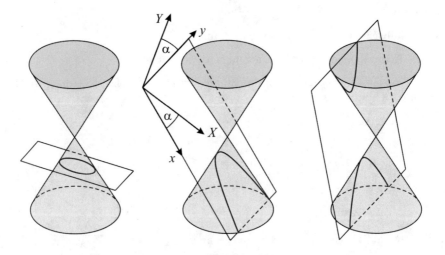

Hinweis 102. Quadratische Ergänzung

Hinweis 103. Für die Sonderfälle gilt folgende Zuordnung:

- Ellipse → Punkt
- Parabel → Gerade
- Hyperbel → Zwei sich schneidende Geraden

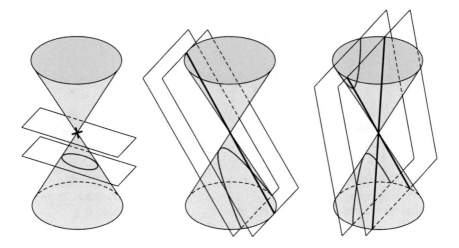

Hinweis 104. Mögliche Vereinfachung: $A = C = D = 0$

Hinweis 105. Die Kosinusfunktion ist achsen-
symmetrisch und lässt sich in Abhängigkeit
der Sinusfunktion ausdrücken:

$$\cos x = \sin\left(x + \frac{\pi}{2}\right) \qquad (302)$$

Die Phasenverschiebung beim Sinus beträgt
$-90°$ bzw. $-\frac{\pi}{2}$ (Verschiebung nach links).

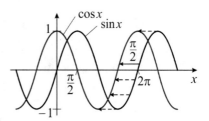

Hinweis 106. Für den Beweis benötigt man die folgenden Zutaten:

- Trigonometrischer Pythagoras
- Definitionsgleichung des Tangens

$$\tan x = \frac{\sin x}{\cos x} \qquad (303)$$

- Umkehrfunktionen

Hinweis 107. Als Kehrwert vom Tangens kann der Kotangens in Abhängigkeit von Sinus und Kosinus angegeben werden. Beachten Sie auch den Lösungshinweis zu Aufgabe 105.

Hinweis 108. Da der Areasinus Hyperbolicus $y = \operatorname{arsinh} x$ die Umkehrfunktion vom Sinus Hyperbolicus

$$x = \sinh y = \frac{e^y - e^{-y}}{2}$$

ist, müssen Sie die Gleichung lediglich nach y freistellen. Hierbei kann die Substitution

$$z = e^y > 0$$

hilfreich sein.

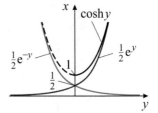

Hinweis 109. Der Areakosinus Hyperbolicus $y = \operatorname{arcosh} x$ ist die Umkehrfunktion vom Kosinus Hyperbolicus:

$$x = \cosh y = \frac{e^y + e^{-y}}{2}$$

Beachten Sie den Definitions- und Wertebereich.

Hinweis 110. Bilden Sie die Umkehrfunktion vom Tangens Hyperbolicus:

$$x = \tanh y = \frac{\sinh y}{\cosh y} \tag{304}$$

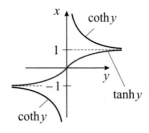

Hinweis 111. Der Kotangens Hyperbolicus ist der Kehrwert vom Tangens Hyperbolicus:

$$x = \coth y = \frac{1}{\tanh y} = \frac{\cosh y}{\sinh y} \tag{305}$$

Hinweis 112. Wenden Sie den Zehner-Logarithmus an, und substituieren Sie: $Y = \log y$.

Hinweis 113. Substitution: $X = \log x$ und $Y = \log y$

Hinweis 114. Beispiele: $y_1 = 2^x + 3^x$ und $y_2 = x^2 + x^3$

Differentialrechnung

Hinweis 115. Sie müssen den Differenzenquotienten

$$\frac{\Delta f(x)}{\Delta x} = \frac{f(x) - f(x_0)}{x - x_0} = \frac{f(x_0 + h) - f(x_0)}{h} \quad \text{mit} \quad h = x - x_0$$

mittels Grenzwertbetrachtung in einen Differentialquotienten $\frac{df(x)}{dx}$ überführen.

Hinweis 116. Stellen Sie den Differenzenquotienten auf, und bilden Sie den Grenzwert:

$$f'(x) = \lim_{h \to 0} \frac{f(x + h) - f(x)}{h} = \lim_{h \to 0} \frac{c \cdot g(x + h) - c \cdot g(x)}{h} = \dots$$

Hinweis 117. Der Differenzenquotient muss umsortiert und aufgeteilt werden.

Hinweis 118. Ableitung einer in Produktform gegebenen Funktion $f(x) = u(x) \cdot v(x)$:

$$f'(x) = \lim_{h \to 0} \frac{f(x + h) - f(x)}{h}$$

$$= \lim_{h \to 0} \frac{u(x + h) \cdot v(x + h) - u(x) \cdot v(x)}{h}$$

$$= \lim_{h \to 0} \frac{u(x + h) \cdot v(x + h) - u(x) \cdot v(x + h) + u(x) \cdot v(x + h) - u(x) \cdot v(x)}{h}$$

$$= \dots$$

Hinweis 119. Die Quotientenregel kann auf elegante Weise aus der bereits in Aufgabe 118 bewiesenen Produktregel hergeleitet werden. Lösen Sie zunächst die Funktion $f(x) = \frac{u(x)}{v(x)}$ nach $u(x)$ auf.

Hinweis 120. Lösungsansatz für die Kettenregel:

$$f'(x) = \lim_{h \to 0} \frac{f(x + h) - f(x)}{h}$$

$$= \lim_{h \to 0} \frac{g\big(u(x + h)\big) - g\big(u(x)\big)}{h} \cdot \frac{u(x + h) - u(x)}{u(x + h) - u(x)}$$

$$= \dots$$

Hinweis 121. Spiegeln Sie den Punkt (a, b) und vergleichen Sie die Steigungsdreiecke:

1. Ausgangsfunktion an der Stelle a

2. Umkehrfunktion an der Stelle b

Hinweis 122. Nehmen Sie als Beispiel die Funktion $f(x) = \sqrt[5]{x}$.

Hinweis 123. Führen Sie die folgenden Schritte durch:

1. Logarithmieren,

2. Differentiation mittels Kettenregel,

3. Auflösen nach y'.

Hinweis 124. Durch Einsetzen von $\dot{y} = \frac{dy}{dt}$ und $\dot{x} = \frac{dx}{dt}$ in die zu beweisende Ableitungs-regel $y' = \frac{\dot{y}}{\dot{x}}$ erhält man:

$$y' = \frac{\dfrac{dy}{dt}}{\dfrac{dx}{dt}}$$

Außerdem gilt $y' = \frac{dy}{dx}$, weshalb die Formel suggeriert, dass für die Herleitung einfach nur mit dem Differential dt erweitert werden muss. Doch ganz so einfach ist es nicht, denn das Kürzen und Erweitern von Differentialen ist nicht unumstritten — außer in der Physik.

Der Schlüssel zum mathematisch korrekten Beweis ist die Umkehrfunktion von $x = x(t)$:

- Die Umkehrfunktion $t = t(x)$ existiert nur dann, wenn $x(t)$ streng monoton ist.

- Die Existenz der Umkehrfunktion bedeutet nicht, dass man sie analytisch darstellen kann. Beispielsweise lässt sich die zusammengesetzte Funktion $x(t) = t + e^t$ nicht nach t freistellen, obwohl sie streng monoton steigt. Dies sei nur am Rande erwähnt, denn für den Beweis ist die Möglichkeit einer analytischen Darstellung unerheblich.

- Im Allgemeinen handelt es sich bei $x(t)$ mit $t \in [a; b]$ nicht um eine monotone Funktion, so dass man sie abschnittsweise umkehren muss. Bei n Extremstellen t_i erhält man $n + 1$ Umkehrfunktionen $u_i(x)$:

$$t = \begin{cases} u_1(x) & \text{für } t \in [a; t_1] \\ u_2(x) & \text{für } t \in (t_1; t_2] \\ u_3(x) & \text{für } t \in (t_2; t_3] \\ \vdots & \vdots \\ u_i(x) & \text{für } t \in (t_{i-1}; t_i] \\ \vdots & \vdots \\ u_{n+1}(x) & \text{für } t \in (t_n; b] \end{cases}$$

Eine explizite Darstellung $t(x)$ ist nicht möglich, weil es Stellen x mit mehr als nur einem Funktionswert t gibt. Daher spricht man auch nicht von einer Funktion, sondern lediglich von einer „Kurve".

Betrachten Sie den allgemeinen Fall, nehmen Sie also eine Fallunterscheidung vor, um differenzierbare Teilfunktionen $y_i = y(u_i(x))$ zu erhalten.

Hinweis 125. Der formale Beweis verwendet den Mittelwertsatz der Differentialrechnung und ist vergleichsweise aufwändig, weshalb die anschauliche Herleitung genügen soll:

In der Nähe der gemeinsamen Nullstelle x_0 können die Funktionen f und g durch ihre Tangenten ersetzt werden.

Hinweis 126. Bilden Sie den doppelten Kehrwert, um die bereits bewiesene Regel (127) benutzen zu können, und wenden Sie die Rückwurftechnik an.

Hinweis 127. Die Tangente berührt die Funktion $f(x)$ an der Stelle x_i und schneidet die Abszisse an der Stelle x_{i+1}. Beim Index i handelt es sich um den Iterationszähler.

Hinweis 128. Überführen Sie den Differenzenquotienten durch Grenzwertbildung in den Differentialquotienten.

Hinweis 129. Auch dieser Beweis beginnt mit der Aufstellung des Differentialquotienten:

$$f'(x) = \lim_{h \to 0} \frac{e^{x+h} - e^x}{h}$$

$$= \underbrace{e^x}_{= f(x)} \cdot \underbrace{\lim_{h \to 0} \frac{e^h - 1}{h}}_{= k}$$

Wegen der Forderung $f'(x) = f(x)$ muss der Faktor k, den man durch Ausklammern der Exponentialfunktion erhält, eins sein. Im weiteren Verlauf der Herleitung sind die folgenden Schritte durchzuführen:

1. Erste Substitution: $u = e^h - 1$

2. Anwendung der Logarithmenregel für Potenzen (31)

3. Zweite Substitution

Randnotiz: Im Gegensatz zu den kursiv dargestellten Variablen x, h und u handelt es sich bei der Eulerschen Zahl e um eine Konstante, weshalb üblicherweise die aufrechte Schreibweise bevorzugt wird.

Hinweis 130. Es erleichtert die Schreibarbeit, wenn man den binomischen Lehrsatz (59) verwendet.

Hinweis 131. Beim Induktionsschritt $A(n) \Rightarrow A(n+1)$ empfiehlt sich die Benutzung der Kurzschreibweise:

$$[x^n]' = n \cdot x^{n-1}$$

Multiplizieren Sie beide Seiten mit x und ergänzen Sie, was fehlt.

Hinweis 132. Kehrwert (14) und Kettenregel (122)

Hinweis 133. Die Wurzelfunktion lässt sich als Potenzfunktion schreiben:

$$f(x) = \sqrt[n]{x} = x^{\frac{1}{n}}$$

Dies verführt dazu, die Potenzregel (133) anzuwenden:

$$f'(x) = \frac{1}{n} \cdot x^{\frac{1-n}{n}} = \frac{1}{n} \cdot \left(\sqrt[n]{x}\right)^{1-n}$$

Leider ist die Potenzregel erst für ganzzahlige Exponenten bewiesen (Aufgabe 132), beim Exponenten $\frac{1}{n}$ handelt es sich jedoch eindeutig um eine rationale Zahl.

Um aus dieser Sackgasse herauszukommen, müssen Sie die Umkehrregel (123) gebrauchen.

Hinweis 134. Stellen Sie die Potenzfunktion in der Wurzelschreibweise (19) dar, und leiten Sie mittels Kettenregel ab.

Hinweis 135. Reelle Zahlen setzen sich aus rationalen und irrationalen Zahlen zusammen.

Hinweis 136. Als Umkehrfunktion der (natürlichen) Exponentialfunktion lässt sich der natürliche Logarithmus mittels Umkehrregel (123) differenzieren.

Hinweis 137. Verwenden Sie die in Aufgabe 123 eingeführte logarithmische Ableitung.

Hinweis 138. Für den Beweis müssen Sie zunächst die folgenden Ungleichungen herleiten:

$$\cos\alpha \leq \frac{\alpha}{\sin\alpha} \leq \frac{1}{\cos\alpha}$$

Vergleichen Sie zu diesem Zweck die Flächeninhalte der beiden Dreiecke mit dem des Kreisausschnitts.

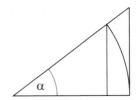

Hinweis 139. Benutzen Sie das Additionstheorem für den Kosinus (98) mit $x = y = \frac{\alpha}{2}$.

Hinweis 140. Das klassische Beweisrezept erfordert die folgenden Zutaten:

- Differentialquotient
- Sinus-Additionstheorem (97)
- Grenzwertsatz zur Aufteilung des Limes bei einer Addition (200)
- Grenzwerte (137) und (138)

Hinweis 141. Leiten Sie Gleichung (140) aus den Additionstheoremen her, und setzen Sie sie in den Differentialquotienten ein.

Hinweis 142. Aus dem trigonometrischen Pythagoras (2) folgt:

$$\cos x = \pm\sqrt{1 - \sin^2 x}$$

Beachten Sie, dass beide Vorzeichen auftreten können.

Hinweis 143. Sinus-Additionstheorem (97) mit $y = \frac{\pi}{2}$:

$$\sin\left(x + \frac{\pi}{2}\right) = \sin x \cdot \underbrace{\cos\left(\frac{\pi}{2}\right)}_{= 0} + \cos x \cdot \underbrace{\sin\left(\frac{\pi}{2}\right)}_{= 1}$$

Grafische Veranschaulichung der Phasenverschiebung siehe Seite 79.

Hinweis 144. Das Kosinus-Additionstheorem (98) muss in den Differenzenquotienten eingesetzt werden:

$$
\begin{aligned}
f'(x) &= \lim_{h \to 0} \frac{f(x+h) - f(x)}{h} \\
&= \lim_{h \to 0} \frac{\cos(x+h) - \cos(x)}{h} \\
&= \lim_{h \to 0} \frac{\cos x \cos h - \sin x \sin h - \cos x}{h} \\
&= \dots
\end{aligned}
$$

Hinweis 145. Der Geschwindigkeitsvektor

$$\vec{v} = \frac{d\vec{s}}{dt}$$

schließt mit dem Ortsvektor $\vec{s}$ einen rechten Winkel ein.

Hinweis 146. Verwenden Sie die Definitionsgleichung des Sinus Hyperbolicus.

Hinweis 147. Stellen Sie den Kosinus Hyperbolicus mithilfe von Exponentialfunktionen dar.

Hinweis 148. Logarithmische Ableitung (124)

Hinweis 149. Benutzen Sie die Logarithmenregel (32) für einen Basiswechsel.

Hinweis 150. Quotientenregel

Hinweis 151. Als Kehrwert vom Tangens lässt sich der Kotangens mittels Kettenregel differenzieren.

Hinweis 152. Für die Herleitung benötigt man die Umkehrfunktion vom Arkussinus und den trigonometrischen Pythagoras (2).

Hinweis 153. Siehe Aufgabe 152.

Hinweis 154. Der Arkustangens ist nicht der Quotient aus Arkussinus und Arkuskosinus, sondern die Umkehrfunktion vom Tangens.

Mithilfe des trigonometrischen Pythagoras kann eine Beziehung zwischen dem Tangens und dem Kosinus aufgestellt werden.

Hinweis 155. Benutzen Sie die in Aufgabe 154 bewiesene Ableitungsregel für den Arkustangens.

Hinweis 156. Für die Herleitung wird benötigt:

- Quotientenregel

- Hyperbolischer Pythagoras

Hinweis 157. Sie können den Kotangens Hyperbolicus als Funktion vom Tangens Hyperbolicus angeben, dessen Ableitungsregel in der vorigen Aufgabe bewiesen wurde.

Hinweis 158. Es wird der hyperbolische Pythagoras benötigt.

Hinweis 159. Verwenden Sie Gleichung (113), um den Areakosinus Hyperbolicus mithilfe des natürlichen Logarithmus darzustellen.

Der Vollständigkeit halber sei erwähnt, dass bei den Areafunktionen immer beide Wege in Frage kommen. Beispielsweise hätte bei der vorigen Aufgabe statt der Umkehrregel Gleichung (112) benutzt werden können, um den Areasinus Hyperbolicus abzuleiten.

Hinweis 160. Hyperbolischer Pythagoras

Hinweis 161. Gleichung (115)

Integralrechnung

Hinweis 162. Um nicht jede einzelne Stelle $\xi_i \in [x_{i-1}, x_i]$ betrachten zu müssen, wird bei der Darboux-Variante eine Einschachtelung vorgenommen:

$$\text{Obersumme } O_n \geq \text{Riemannsche Zwischensumme } A_n \geq \text{Untersumme } U_n$$

Stellen Sie O_n und U_n grafisch und als Formeln dar.

Hinweis 163. Breite eines Streifens:

$$\Delta x = \frac{b - a}{n}$$

Koordinaten:

$$x_0 = a$$

$$x_n = b$$

$$x_i = x_0 + i \cdot \Delta x \quad \text{mit} \quad i \in \{0, 1, 2, \ldots, n\}$$

Bei der Summation der einzelnen Rechteckflächen ist die geometrische Reihe (193) sehr hilfreich.

Hinweis 164. Stützstellen:

$$x_i = i \cdot \Delta x \quad \text{mit} \quad \Delta x = \frac{b}{n}$$

Die Summe von Quadratzahlen lässt sich mit Gleichung (192) berechnen.

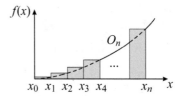

Hinweis 165. Ersetzen Sie die Fläche unter der Funktion $f(x)$ durch ein flächengleiches Rechteck und hinterfragen Sie die Voraussetzungen:

- Warum muss die Funktion stetig sein?
- Gilt der Mittelwertsatz der Integralrechnung nur für positive Funktionen?

Hinweis 166. Der Beweis des erweiterten Mittelwertsatzes der Integralrechnung beginnt mit der Aussage:

$$m \leq f(x) \leq M \quad \text{mit} \quad m = \inf\{f(x) | x \in [a, b]\} \quad \text{und} \quad M = \sup\{f(x) | x \in [a, b]\}$$

Im weiteren Verlauf der Herleitung benötigt man die Implikation

$$f_1(x) \leq f_2(x) \quad \Rightarrow \quad \int_a^b f_1(x)\, dx \leq \int_a^b f_2(x)\, dx \quad \text{mit } b \geq a$$

sowie den Zwischenwertsatz für stetige Funktion $f(x)$: Zu jedem Zwischenwert

$$\eta \in \big[f(a), f(b)\big]$$

existiert mindestens ein $\xi \in [a, b]$ mit $f(\xi) = \eta$.

Hinweis 167. Stellen Sie die Integrale mithilfe von Riemannschen Zwischensummen dar. Alternativ können auch Ober- oder Untersummen verwendet werden.

Es darf davon ausgegangen werden, dass die Funktion $f(x)$ auf dem Integrationsintervall $[a, c]$ stetig ist und $b \in [a, c]$.

Hinweis 168. Der Beweis des Hauptsatzes (Teil 1)

$$\left[\int_{x_0}^{x} f(t) \, dt \right]' = f(x) \tag{306}$$

führt über den Differentialquotienten.

Hinweis 169. Lösungsansätze:

a) Setzen Sie $F_a(x)$ in den Hauptsatz (166) ein.

b) Stellen Sie eine Beziehung zwischen $F_a(x)$ und einer beliebigen Stammfunktion $F(x)$ her.

Hinweis 170. Beachten Sie den kleinen, aber feinen Unterschied zwischen unbestimmten und bestimmten Integralen:

- Bei der Integralfunktion

$$F(x) = \int_{x_0}^{x} f(t) \, dt$$

handelt es sich um ein unbestimmtes Integral, weil die untere Grenze x_0 frei wählbar ist und somit unendlich viele Stammfunktionen existieren.

- Die Hinzunahme des Anfangswertes $F_a(x_0)$ bewirkt, dass die Funktion

$$F_a(x) = \underbrace{F_a(x_0) + \int_{x_0}^{x} f(t) \, dt}_{= F(x)} = \int_{a}^{x} f(t) \, dt$$

eindeutig definiert (bestimmt) ist, also ein bestimmtes Integral darstellt. Der tiefgestellte Index a soll verdeutlichen, dass die untere Grenze a festgelegt ist.

Würde man a als Variable betrachten, dann wäre $F_a(x)$ ein unbestimmtes Integral — man beachte den Konjunktiv. Diese Verwechslungsgefahr ist ein Grund, weshalb unbestimmte Integrale üblicherweise in der Kurzschreibweise ohne Grenzen

$$F(x) = \int f(x) \, dx$$

angegeben werden — dies sei nur am Rande erwähnt.

Die zu beweisende Äquivalenzaussage ist eine Kombination beider Teile des Hauptsatzes.

Hinweis 171. Überlegen Sie,

- wo sich die untere Grenze x_0 befindet und

- warum es sinnvoll ist, bei der Kurzschreibweise eine Integrationskonstante $C \in \mathbb{R}$ einzuführen.

Hinweis 172. Vergleichen Sie beide Lösungsansätze:

- (Unzulässige) Anwendung des Hauptsatzes

- Aufteilung in zwei Bereiche (und Ausnutzung der Symmetrie)

Hinweis 173. Beispiel: Die Logarithmusfunktion $f(x) = \ln(x)$ ist nur für positive Zahlen $x > 0$ definiert. Die zugehörige Ableitung, die Hyperbelfunktion $f'(x) = \frac{1}{x}$, darf auch für negative Zahlen $x < 0$ ausgewertet werden.

Um den größtmöglichen Definitionsbereich $\mathbb{D} = \mathbb{R} \setminus \{0\}$ bei der Integration zu erhalten, führt man beim Logarithmus Betragsstriche ein:

$$\int \frac{1}{x}\, dx = \ln|x| + C \quad \text{für} \quad x \neq 0$$

Zum Beweis, dass auch negative Zahlen eingesetzt werden dürfen, bilde man die Ableitung:

$$\left[\ln|x|\right]' = \left[\ln(-x)\right]' = \frac{1}{-x} \cdot (-1) = \frac{1}{x} \quad \text{für} \quad x < 0$$

Hinweis 174. Zweiter Teil des Hauptsatzes (166)

Hinweis 175. Für die Herleitung werden die Faktorregel der Differentiation (118) und beide Teile des Hauptsatzes benötigt.

Hinweis 176. Summenregel der Differentialrechnung (119)

Hinweis 177. Überlegen Sie, ob die Grenzen weggelassen werden dürfen.

Hinweis 178. Um die Gültigkeit der Substitutionsregel zu beweisen, wende man den ersten Teil des Hauptsatzes an: Zeigen Sie, dass die Ableitung der Stammfunktion gleich der Integrandfunktion ist.

Hinweis 179. Beweis durch Ableiten

Hinweis 180. Ein Paradebeispiel ist der Kotangens:

$$\cot(x) = \frac{\cos(x)}{\sin(x)} = \frac{f'(x)}{f(x)}$$

Hinweis 181. Es gilt der Hauptsatz der Differential- und Integralrechnung.

Hinweis 182. Um Verwechslungen zu vermeiden, sollten Sie bei der Quotienten- und der Produkt-Substitutionsmethode $f(x)$ durch $g(x)$ ersetzen.

Hinweis 183. Ausgangspunkt ist die Produktregel der Differentialrechnung (120).

Hinweis 184. Ein Beispiel ist der Arkustangens $f(x) = \arctan x$, der sich unter Zuhilfenahme der Substitutionsregel (173) partiell integrieren lässt:

$$\int \arctan x \, dx = x \cdot \arctan x - \int x \cdot \frac{1}{1+x^2} \, dx = x \cdot \arctan x - \frac{1}{2} \ln(1+x^2) + C$$

Hinweis 185. Gehen Sie den umgekehrten Weg: Addieren Sie Partialbrüche zu einem gebrochenrationalen Polynom.

Hinweis 186. Beweis durch Ableiten

Hinweis 187. Tipp: Leiten Sie die Stammfunktionen nicht mittels Quotienten-, sondern mittels Produktregel ab.

Ansonsten gilt: Augen zu und durch.

Hinweis 188. Trapezbreite bei n Intervallen:

$$\Delta x = \frac{b-a}{n} \quad \text{mit} \quad a = x_0 \quad \text{und} \quad b = x_n$$

Mittlere Höhe des ersten Trapezes:

$$h_1 = \frac{f(x_0) + f(x_1)}{2}$$

Das Produkt ergibt den Integralwert bzw. die Fläche (bei positivem Integranden) des ersten Trapezes:

$$A_1 = \Delta x \cdot h_1 = \frac{x_n - x_0}{n} \cdot \frac{f(x_0) + f(x_1)}{2}$$

Hinweis 189. Der sogenannte Kardinalsinus

$$f(x) = \frac{\sin x}{x} \qquad (307)$$

ist nicht elementar integrierbar. Ob man den Integralsinus

$$F(x) = \int_0^x \frac{\sin t}{t}\, dt \qquad (308)$$

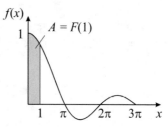

als Stammfunktion bezeichnen darf, möge daher jeder
für sich selbst entscheiden.

Man kann sogar beweisen, dass $F(x)$ — wie viele andere Integralfunktionen auch —
nicht als analytische Funktion darstellbar ist. Das soll Sie aber nicht davon abhalten, es
zumindest einmal selbst zu versuchen.

Sie müssen den Flächeninhalt A numerisch ermitteln, z. B. unter Verwendung der in Aufgabe 188 eingeführten Trapezregel. Schreiben Sie ein kleines Programm, mit dem sich A
auf 4 Stellen Genauigkeit ermitteln lässt.

Hinweis 190. Näherungsweise Integration mittels parabolischer Interpolation:

1. Aufstellung der allgemeinen Parabelgleichung:

$$p(x) = ax^2 + bx + c$$

2. Bestimmung der Parameter a, b und c aus 3 Stützpunkten:

$$P_0 = (x_0, y_0)$$
$$P_1 = (x_1, y_1) \quad \text{mit} \quad x_1 = \frac{x_0 + x_2}{2}$$
$$P_2 = (x_2, y_2)$$

3. Analytische Integration

Tipp: Wählen Sie zunächst $x_0 = 0$.

Hinweis 191. Erweitern Sie das Python-Skript aus Aufgabe 189.

Die Effizienz kann anhand zweier Kriterien beurteilt werden:

- Genauigkeit bei gleichem numerischen Aufwand
- Numerischer Aufwand bei gleicher Genauigkeit

Als Maß für den numerischen Aufwand dient die Anzahl Stützstellen.

Potenzreihenentwicklungen

Hinweis 192. Im Mittelpunkt des Beweises steht der sogenannte Epsilon-Schlauch. Die Variable ε gibt die gewünschte Abweichung (zulässige Toleranz) vom Grenzwert a an.

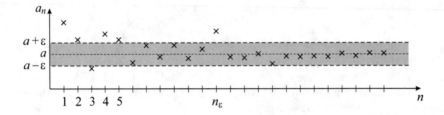

Für jedes (noch so kleine) $\varepsilon > 0$ existiert ein Startindex n_ε, für den gilt: ...

Hinweis 193. Verwenden Sie die in Aufgabe 192 eingeführte Definition einer konvergenten Folge. Das heißt, Sie müssen den Startindex n_ε als Funktion der Schranke ε ausdrücken.

Hinweis 194. Es ist zu zeigen, dass die beiden Aussagen äquivalent sind:

A: Die monoton wachsende Folge (a_n) ist konvergent.

B: Die monoton wachsende Folge (a_n) ist nach oben beschränkt.

Jede konvergente Folge besitzt einen Grenzwert. Die kleinste obere Schranke einer Folge bezeichnet man als Supremum.

Hinweis 195. Rekapitulieren Sie die in den Abschnitten A.1 und A.3 erläuterten Grundbegriffe der Aussagenlogik:

- Eine Äquivalenzaussage $(A \Leftrightarrow B)$ ist die Konjunktion von Implikation $(A \Rightarrow B)$ und Umkehrung $(B \Rightarrow A)$.

- Implikation $(A \Rightarrow B)$ und Kontraposition (nicht $B \Rightarrow$ nicht A) sind äquivalent.

Folglich gilt:
$$(A \Leftrightarrow B) \quad \Longleftrightarrow \quad (\text{nicht } A \Leftrightarrow \text{nicht } B) \tag{309}$$

Hinweis 196. Eine Folge (a_n) ist beschränkt, wenn sie eine untere Schranke s und eine obere Schranke S besitzt:
$$s \leq a_n \leq S \quad \text{für alle } n \in \mathbb{N}^* \tag{310}$$
Führen Sie das Intervall $(a-\varepsilon_1, a+\varepsilon_1)$ ein. Wie viele Folgenglieder liegen auf dem Intervall, und wie viele befinden sich außerhalb?

Hinweis 197. Vergegenwärtigen Sie sich den Unterschied zwischen der Umkehrung und der Kontraposition, siehe Anhang A.1.

Hinweis 198. Hinweise:

- Als Beispiel einer alternierenden Folge betrachte man den Fall $q = -2$:

$$a_1 = -2 \, ; \ a_2 = 4 \, ; \ a_3 = -8 \, ; \ a_4 = 16 \, ; \ldots$$

- Eine unbeschränkte Folge divergiert, wie in Aufgabe 197 gezeigt.

- Die Bernoulli-Ungleichung (44) ist sehr hilfreich, um Unbeschränktheit zu zeigen.

- Für $q = -0{,}815$ konvergiert die geometrische Folge gegen $a = 0$:

$$|q^n - a| < \varepsilon \quad \text{für alle } n > n_\varepsilon$$

Auflösen nach n liefert den gesuchten Startindex $n_\varepsilon = \log_{0,815} \varepsilon$, z. B. $n_\varepsilon = 45{,}02\ldots$ für $\varepsilon = 0{,}0001$ bzw. aufgerundet: $n_\varepsilon = 46$.

Hinweis 199. Benutzen Sie den Logarithmustrick:

$$x = \mathrm{e}^{\ln(x)} \quad \text{für } x > 0 \tag{311}$$

Aus der Definitionsgleichung des Logarithmus (29) folgt unmittelbar, dass Logarithmus- und Exponentialfunktion Umkehrfunktionen sind und sich deshalb aufheben.

Hinweis 200. Logarithmustrick und Regel von L'Hospital (128)

Hinweis 201. Anwendung des Logarithmustricks (311):

$$a_n = \left(1 + \frac{x}{n}\right)^n = \mathrm{e}^{\ln\left(1+\frac{x}{n}\right)^n}$$

Hinweis 202. Um die Regel von L'Hospital (128) anwenden zu können, sei n eine positive reelle Zahl. Es ist also zu zeigen, dass die Potenzfunktion im Zähler langsamer gegen unendlich strebt als die Exponentialfunktion im Nenner.

Hinweis 203. Bei Aufgabe 202 empfiehlt sich der Einsatz der Regel von L'Hospital, weil sich Zähler und Nenner als Funktionen auffassen lassen. Theoretisch ist dieser Weg auch bei der Folge

$$b_n = \frac{a^n}{n!}$$

möglich, denn die Fakultät kann zu der sogenannten Gammafunktion erweitert werden:

$$n! = \Gamma(n+1) = \int_0^\infty t^n \mathrm{e}^{-t}\, dt \quad \text{mit} \quad n \in \mathbb{R} \setminus \{\ldots; -3; -2; -1\} \qquad (312)$$

Anstatt sich mit dem uneigentlichen Integral abzumühen, sollten Sie die fundamentale Grenzwertdefinition aus Aufgabe 192 benutzen: Zeigen Sie, dass die Folge (b_n) gegen den Grenzwert

$$b = \lim_{n \to \infty} b_n = 0$$

konvergiert, indem Sie zu jedem beliebigen $\varepsilon > 0$ ein n_ε ermitteln, so dass gilt:

$$|b_n - b| = \frac{|a|^n}{n!} < \varepsilon \quad \text{für alle } n > n_\varepsilon$$

Leider lässt sich diese Ungleichung nicht ohne Weiteres nach n umstellen, weshalb die in Aufgabe 48 bewiesene Abschätzung vorgenommen werden muss:

$$n! \geq \sqrt{n^n}$$

Hinweis 204. Setzen Sie den Grenzwert in das Cauchy-Kriterium ein:

$$a = \lim_{m \to \infty} a_m$$

Hinweis 205. Die Herleitung startet mit der fundamentalen Grenzwertdefinition (392)

$$|a_m - a| < \varepsilon \quad \text{für alle } m > n_\varepsilon$$
$$|a_n - a| < \varepsilon \quad \text{für alle } n > n_\varepsilon$$

und verwendet die Dreiecksungleichung (46).

Hinweis 206. Die Summenformel ist nach dem deutschen Mathematiker Carl Friedrich Gauß (1777-1855) benannt, der als Neunjähriger die Zahlen von 1 bis 100 (manche Quellen sprechen auch von 1 bis 40) addieren sollte. Zum Erstaunen seines Lehrers konnte „der kleine Gauß" die Fleißaufgabe in kürzester Zeit lösen.

So haben seine Mitschüler gerechnet — bzw. so wollte es der Lehrer haben:

$$1 + 2 = 3$$
$$3 + 3 = 6$$
$$6 + 4 = 10$$
$$10 + 5 = 15$$

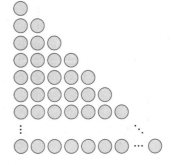

Hinweis 207. Induktionsanfang für $m = 1$:

$$\sum_{n=1}^{1} n = \ldots$$

Die Induktionsannahme $A(m)$ lautet:

$$\sum_{n=1}^{m} n = \frac{m(m+1)}{2}$$

Führen Sie den Induktionsschritt durch:

$$A(m) \Rightarrow A(m+1)$$

Hinweis 208. Vollständige Induktion

Hinweis 209. Die Summenformel lässt sich auf spielerische Art herleiten:

1. Basteln Sie eine Stufenpyramide, z.B. aus $m = 4$ Stufen.

2. Bauen Sie 5 weitere Stufenpyramiden.

3. Setzen Sie alle Pyramiden zu einem Quader zusammen.

4. Bestimmen Sie das Volumen des Quaders.

5. ...

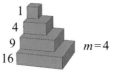

Hinweis 210. Verwenden Sie als Beweismethode die vollständige Induktion.

Hinweis 211. Multiplizieren Sie die Partialsumme

$$S_m = \sum_{n=0}^{m} q^n = q^0 + q^1 + q^2 + q^3 + \ldots + q^m$$

mit q.

Hinweis 212. Führen Sie eine Partialbruchzerlegung durch.

Hinweis 213. Mit dem kleinen Gauß (191) lautet die Summenformel für Kubikzahlen wie folgt:

$$\sum_{n=1}^{m} n^3 = \left[\frac{m(m+1)}{2}\right]^2$$

Verwenden Sie als Beweismethode die vollständige Induktion.

Hinweis 214. Laut Voraussetzung handelt es sich bei (a_n) und (b_n) um zwei konvergente Folgen, so dass die in Aufgabe 192 eingeführte fundamentale Grenzwertdefinition gilt. Im Falle von (a_n) existiert zu jedem $\varepsilon > 0$ ein Startindex n_ε mit:

$$|a_n - a| < \varepsilon \quad \text{für alle } n > n_\varepsilon$$

Ersetzen Sie ε durch $\frac{\varepsilon}{2}$, und verwenden Sie die Dreiecksungleichung (46).

Hinweis 215. Im Mittelpunkt der Herleitung steht die (von Ihnen noch zu beweisende) Abschätzung:

$$\left|(a_n \cdot b_n) - (a \cdot b)\right| \leq \underbrace{|a_n - a|}_{< \frac{\varepsilon}{2S}} \cdot \underbrace{|b_n|}_{\leq S} + \underbrace{|b_n - b|}_{< \frac{\varepsilon}{2S}} \cdot \underbrace{|a|}_{\leq S}$$

Der Parameter S ergibt sich aus dem in Aufgabe 196 eingeführten Satz, dass konvergente Folgen beschränkt sind.

Hinweis 216. Mithilfe der Dreiecksungleichung (46) erhält man die Ungleichung:

$$
\begin{aligned}
\left|\frac{a_n}{b_n} - \frac{a}{b}\right| &= \left|\frac{a_n b - a b_n}{b_n b}\right| \\[2mm]
&= \left|\frac{(a_n - a) \cdot b + (b - b_n) \cdot a}{b_n b}\right| \\[2mm]
&\leq \left|\frac{(a_n - a) \cdot b}{b_n b}\right| + \left|\frac{(b - b_n) \cdot a}{b_n b}\right| \\[2mm]
&= \underbrace{|a_n - a|}_{< \varepsilon_a} \cdot \underbrace{\left|\frac{1}{b_n}\right|}_{= x} + \underbrace{|b_n - b|}_{< \varepsilon_b} \cdot \underbrace{\left|\frac{a}{b_n b}\right|}_{= y}
\end{aligned}
\tag{313}
$$

Bestimmen Sie die Parameter x und y sowie ε_a und ε_b so, dass:

$$\varepsilon_a x + \varepsilon_b y \leq \varepsilon$$

Beachten Sie, dass die in Aufgabe 215 zur Abschätzung benutzte Schranke S nicht in Frage kommt, weil bei x und y der Kehrwert von b_n gebildet wird, wodurch sich das Relationszeichen umdreht:

$$\left|\frac{1}{b_n}\right| \geq \frac{1}{S}$$

Hinweis 217. Beachten Sie, dass beim Grenzwert einer Folge $a = \lim_{n \to \infty} a_n$ die Laufvariable n gegen unendlich strebt, beim Grenzwert einer Funktion $\lim_{x \to x_0} f(x)$ hingegen geht die Laufvariable x gegen ein beliebiges $x_0 \in \mathbb{R}$.

Definieren Sie den Grenzwert der Funktion $f(x)$ mithilfe einer Folge. Geben Sie zwei Beispiele von Funktionen an, die an einer Stelle keinen Grenzwert besitzen.

Hinweis 218. Führen Sie Folgen (x_n) und (y_n) ein, welche die Grenzwerte x_0 bzw. x_G (Umbenennung wegen Verwechslungsgefahr mit Startwert für $n = 0$) und y_G besitzen.

Hinweis 219. Die Partialsumme der Folgenglieder a_k

$$S_n = \sum_{k=0}^{n} a_k$$

lässt sich ihrerseits auch als Glied einer Folge (S_n) auffassen. Mit dem Cauchy-Kriterium kann man die Konvergenz von Folgen nachweisen, deren Grenzwert S nicht bekannt ist.

Hinweis 220. Beweisen Sie, dass $|A| \leq S$ gilt, indem Sie die Dreiecksungleichung (46) für unendlich viele Terme erweitern.

Hinweis 221. Verwenden Sie das Monotoniekriterium aus Aufgabe 194.

Hinweis 222. Man unterscheidet zwei Arten von Divergenz:

- Bei bestimmter Divergenz (im Sinne von eindeutig) strebt eine Folge (oder Funktion) gegen $+\infty$ oder $-\infty$.

- Andernfalls spricht man von unbestimmter Divergenz. Beispielsweise besitzt die alternierende Folge (S_m) mit

$$S_m = (-q)^m \quad \text{und} \quad q \geq 1$$

weder einen endlichen noch einen (bestimmten) unendlichen Grenzwert.

Hinweis 223. Die endliche geometrische Reihe wird in Aufgabe 210 behandelt.

Hinweis 224. Das Tilde-Zeichen wurde eingeführt, um den Grenzwert $\tilde{q}$ der Folge (q_n) mit

$$q_n = \left| \frac{a_{n+1}}{a_n} \right|$$

von der Basis q der geometrischen Reihe unterscheiden zu können. Beachten Sie, dass im Allgemeinen $q_n \neq q$ ist, und stellen Sie einen Zusammenhang zwischen q und $\tilde{q}$ her.

Aus der Kombination des Cauchy-Kriteriums (400) mit dem Satz über absolut konvergente Reihen (211) folgt die Aussage: Wenn die Ersatzreihe

$$\sum_{k=n_\varepsilon}^{\infty} |a_k|$$

konvergiert, dann ist auch die Reihe

$$\sum_{k=0}^{\infty} a_k$$

konvergent.

Hinweis 225. Die für das Quotientenkriterium vorgenommene Beweisführung lässt sich auf das Wurzelkriterium übertragen: Betrachten Sie die Folge (w_n) mit

$$w_n = \sqrt[n]{|a_n|} \,,$$

und stellen Sie eine Verbindung zwischen ihrem Grenzwert

$$w = \lim_{n \to \infty} w_n$$

und der geometrischen Reihe her.

Hinweis 226. Betrachten Sie das Beispiel:

$$\sum_{n=1}^{\infty} 3^{(-1)^n - n}$$

Hinweis 227. Zerlegen Sie die Folge der Partialsummen (S_m) in zwei Teilfolgen:

$$S_m = \sum_{n=0}^{m} (-1)^n \cdot a_n = a_0 - a_1 + a_2 - a_3 \pm \ldots \begin{cases} \geq S & \text{für } m \text{ gerade} \\ \leq S & \text{für } m \text{ ungerade} \end{cases}$$

Weisen Sie nach, dass die Teilfolgen (S_{2k}) und (S_{2k+1}) monoton und beschränkt sind und gegen denselben Grenzwert S konvergieren.

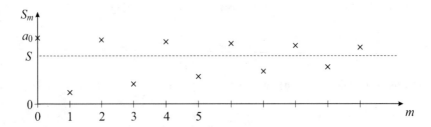

Hinweis 228. Partielle Integration:

$$f(x) = f(x_0) + \int_{x_0}^{x} f'(t) \, dt$$

$$= f(x_0) + \int_{x_0}^{x} f'(t) \cdot (x - t)^0 \, dt$$

$$= f(x_0) - \left[f'(t) \cdot (x - t)^1 \right]_{x_0}^{x} + \int_{x_0}^{x} f''(t) \cdot (x - t)^1 \, dt$$

$$= f(x_0) + f'(x_0) \cdot (x - x_0) + \int_{x_0}^{x} f''(t) \cdot (x - t)^1 \, dt$$

Hinweis 229. Setzen Sie die in Aufgabe 228 begonnene partielle Integration fort.

Hinweis 230. Benutzen Sie den in Aufgabe 166 bewiesenen erweiterten Mittelwertsatz der Integralrechnung.

Hinweis 231. Mittelwertsatz der Integralrechnung (162)

Hinweis 232. Behandeln Sie die Potenzreihe als (normale) Reihe:

$$\sum_{n=0}^{\infty} c_n x^n = \sum_{n=0}^{\infty} a_n$$

Hinweis 233. Siehe Aufgabe 232.

Hinweis 234. Substitution: $z = x - x_0$

Hinweis 235. Anwendung der Ketten- und Produktregel liefert die Ableitungen für $x \neq 0$:

$$f'(x) = \mathrm{e}^{-\frac{1}{x^2}} \cdot 2x^{-3}$$

$$f''(x) = \mathrm{e}^{-\frac{1}{x^2}} \cdot 4x^{-6} + \mathrm{e}^{-\frac{1}{x^2}} \cdot \left(-6x^{-4}\right) = \mathrm{e}^{-\frac{1}{x^2}} \left[4x^{-6} - 6x^{-4}\right]$$

$$f'''(x) = \mathrm{e}^{-\frac{1}{x^2}} \left[8x^{-9} - 12x^{-7}\right] + \mathrm{e}^{-\frac{1}{x^2}} \left[-24x^{-7} + 24x^{-5}\right] = \dots$$

Es wird empfohlen, auch noch die vierte Ableitung $f^{(4)}(x)$ zu berechnen. Ermitteln Sie anschließend durch Grenzwertbetrachtung das Bildungsgesetz für die Ableitungen an der Entwicklungsstelle $x_0 = 0$:

$$f^{(n)}(0) = \lim_{x \to 0} f^{(n)}(x) = \lim_{\substack{x \to 0 \\ x \leq 0}} f^{(n)}(x) = \lim_{\substack{x \to 0 \\ x \geq 0}} f^{(n)}(x)$$

Die Regel von L'Hospital muss mehrmals angewandt werden. Dafür kann auf eine Fallunterscheidung verzichtet werden, denn links- und rechtsseitiger Grenzwert sind gleich.

Hinweis 236. Zerlegen Sie die Reihe, um ihren Summenwert abschätzen zu können:

$$\sum_{n=1}^{\infty} \frac{1}{n} = \frac{1}{1} + \frac{1}{2} + \left[\frac{1}{3} + \frac{1}{4}\right] + \left[\frac{1}{5} + \frac{1}{6} + \frac{1}{7} + \frac{1}{8}\right] + \dots$$

Hinweis 237. Mit dem Leibniz-Kriterium aus Aufgabe 227 lässt sich die Konvergenz einer alternierenden Reihe nachweisen.

Hinweis 238. Minorantenkriterium (212)

Hinweis 239. Da die Folge der Partialsummen (S_m) mit

$$S_m = \sum_{n=1}^{m} \frac{1}{n^\alpha}$$

für $\alpha > 1$ monoton steigt, muss nur noch gezeigt werden, dass sie beschränkt ist:

$$S_m \le S_{2^m-1} = \frac{1}{1^\alpha} + \left[\frac{1}{2^\alpha} + \frac{1}{3^\alpha}\right] + \dots$$

Bei der abschließenden Abschätzung kommt die geometrische Reihe (213) zum Einsatz.

Hinweis 240. Die Entwicklungsstelle ist $x_0 = 0$, weshalb man die Taylorreihe auch als Mac Laurinsche Reihe bezeichnet.

Verwenden Sie die (allgemeine) Lagrangesche Darstellung des Restglieds (225).

Hinweis 241. Das Quotientenkriterium zur Bestimmung des Konvergenzradius (229) gilt sinngemäß auch dann, wenn nur ungerade Potenzen auftreten:

$$g(x) = \sum_{k=0}^{\infty} c_{2k+1} \cdot x^{2k+1} = x \cdot \underbrace{\sum_{k=0}^{\infty} c_{2k+1} \cdot z^k}_{= h(z)} \quad \text{mit} \quad z = x^2 \tag{314}$$

Besitzt die Ersatzreihe $h(z)$ einen Konvergenzradius von r_z, dann beträgt der Konvergenzradius von $g(x)$:

$$r = \sqrt{r_z} \tag{315}$$

Der Vorfaktor x hat keinen Einfluss auf den Konvergenzradius.

Da unterschiedliche Ableitungen auftreten, muss das Restglied $R_n(x)$ mithilfe des Limes superior (oberer Grenzwert) abgeschätzt werden.

Zusatzaufgabe: Visualisieren Sie das Konvergenzverhalten durch Vergleich der Ausgangsfunktion $f(x)$ mit ausgewählten Taylorpolynomen, z. B. T_1, T_3, T_5, T_7, T_9, T_{15} und T_{45}.

Hinweis 242. Der Nachweis der Restgliedkonvergenz erfordert eine Fallunterscheidung:

- Approximation nach Lagrange (224) für $x \in [0; 1]$
- Cauchy-Darstellung (226) für $x \in (-1; 0)$ bzw. $x \in (-1; 0]$

Hinweis 243. Durch Kombination der Logarithmenregeln (30) und (31) mit $c = -1$ erhält man die Logarithmenregel für Quotienten:

$$\log_a\left(\frac{x}{y}\right) = \log_a x - \log_a y \tag{316}$$

Hinweis 244. Wenden Sie die Potenzregel für die Differentiation (135) an:

$$f'(x) = n \cdot (1+x)^{n-1}$$
$$f''(x) = (n-1) \cdot n \cdot (1+x)^{n-2} \tag{317}$$
$$f'''(x) = (n-2) \cdot (n-1) \cdot n \cdot (1+x)^{n-3}$$

Hinweis 245. Zeigen Sie mithilfe der Integralform (223) des Restglieds, dass die Taylorreihe (242)

$$g(x) = \sum_{k=0}^{\infty} \binom{n}{k} x^k$$

gegen die Ausgangsfunktion $f(x) = (1+x)^n$ konvergiert. Die Restglieddarstellung nach Lagrange (224) erlaubt keine Aussage über das Konvergenzverhalten.

Es muss eine Fallunterscheidung vorgenommen werden:

1a) $x \in [0; 1)$ und $n \geq 0$

1b) $x \in [0; 1)$ und $n < 0$

2) $x \in (-1; 0)$

Hinweis 246. Wählen Sie $n = -1$.

Hinweis 247. Nehmen Sie eine Substitution vor: $x = \frac{b}{a}$

Hinweis 248. Schreiben Sie ein Programm, um die Konvergenzgeschwindigkeit der beiden Ansätze zu vergleichen.

Hinweis 249. Lösungsansätze für die sieben Teilschritte des direkten Beweises:

1. Zu Gleichung (246):

$$\frac{1}{n^2} = \frac{4}{3} \left(\frac{1}{n^2} - \frac{1}{(2n)^2} \right) \tag{318}$$

2. Zu Gleichung (247):

$$\int_0^1 y^{2n} \, dy = \left[\frac{1}{2n+1} y^{2n+1} \right]_0^1 = \frac{1}{2n+1} \quad \text{mit} \quad n \in \mathbb{N} \tag{319}$$

3. Die bei Gleichung (248) auftretende Taylorreihe (241) besitzt den Konvergenzbereich $|x| < 1$ und divergiert an der oberen Grenze $x = 1$ bestimmt gegen ∞.

4. Zur Verifikation von Gleichung (249) muss partiell integriert werden:

$$\int_0^1 \underbrace{\frac{1}{x}}_{=\,u'} \cdot \underbrace{\ln\frac{1+x}{1-x}}_{=\,v}\, dx = \underbrace{\left[\underbrace{\ln|x|}_{=\,u}\cdot \underbrace{\ln\frac{1+x}{1-x}}_{=\,v}\right]_0^1}_{=\,A\,=\,0} - \int_0^1 \underbrace{\ln|x|}_{=\,u}\cdot \underbrace{\frac{2}{1-x^2}}_{=\,v'}\, dx = 2\int_0^1 \frac{\ln x}{x^2-1}\, dx$$

$$(320)$$

Um zu zeigen, dass der Ausdruck A verschwindet, wird eine beidseitige Grenzwertbetrachtung durchgeführt:

$$A = \left[\ln x \cdot \ln\frac{1+x}{1-x}\right]_0^1 = \underbrace{\lim_{\substack{b\to 1 \\ b\le 1}}\left[\ln b \cdot \big[\ln(1+b) - \ln(1-b)\big]\right]}_{=\,B} - \underbrace{\lim_{\substack{a\to 0 \\ a\ge 0}}\left[\ln a \cdot \ln\frac{1+a}{1-a}\right]}_{=\,C}$$

mit

$$B = \underbrace{\ln(1)}_{=\,0}\cdot\ln(2) + \lim_{\substack{b\to 1 \\ b\le 1}}\frac{\ln(1-b)}{-\frac{1}{\ln b}}\overset{\text{„}\frac{\infty}{\infty}\text{“}}{=}\lim_{\substack{b\to 1 \\ b\le 1}}\frac{\frac{-1}{1-b}}{\frac{1}{b(\ln b)^2}} = \lim_{\substack{b\to 1 \\ b\le 1}}\frac{(\ln b)^2}{b-1}\overset{\text{„}\frac{0}{0}\text{“}}{=}\lim_{\substack{b\to 1 \\ b\le 1}}\frac{\frac{2\ln(b)}{b}}{1} = 0$$

und

$$C = \lim_{\substack{a\to 0 \\ a\ge 0}}\frac{\ln\frac{1+a}{1-a}}{\frac{1}{\ln a}}\overset{\text{„}\frac{0}{0}\text{“}}{=}\lim_{\substack{a\to 0 \\ a\ge 0}}\frac{\frac{1}{1+a}+\frac{1}{1-a}}{\frac{-1}{a(\ln a)^2}} = \lim_{\substack{a\to 0 \\ a\ge 0}}\frac{2(\ln a)^2}{-\frac{1}{a}}\overset{\text{„}\frac{\infty}{\infty}\text{“}}{=}\lim_{\substack{a\to 0 \\ a\ge 0}}\frac{4\ln(a)}{\frac{1}{a}}\overset{\text{„}\frac{\infty}{\infty}\text{“}}{=}\lim_{\substack{a\to 0 \\ a\ge 0}}\frac{\frac{4}{a}}{\frac{-1}{a^2}} = 0$$

Aus zwei- bzw. dreimaliger Anwendung von L'Hospital folgt die Behauptung, dass $A = B + C = 0$.

5. Das zu Gleichung (250) gehörige Integral lässt sich durch Partialbruchzerlegung lösen:

$$\int\frac{x}{(y^2x^2+1)(x^2+1)}\, dx = \int\frac{1}{y^2-1}\cdot\frac{y^2x-x}{(y^2x^2+1)(x^2+1)}\, dx$$

$$= \frac{1}{y^2-1}\int\frac{y^2x(x^2+1)-x(y^2x^2+1)}{(y^2x^2+1)(x^2+1)}\, dx$$

$$(321)$$

$$= \frac{1}{y^2-1}\int\frac{y^2x}{y^2x^2+1} - \frac{x}{x^2+1}\, dx$$

$$= \frac{1}{2}\cdot\frac{1}{y^2-1}\cdot\ln\frac{y^2x^2+1}{x^2+1}$$

Hinweis: Die gezeigten Umformschritte beweisen die Gültigkeit der Stammfunktion. Die (nicht gezeigte) Herleitung ist deutlich umfangreicher, weil das Nennerpolynom zwei konjugiert komplexe Nullstellen aufweist. Die zugehörigen Ansätze werden in Aufgabe 186 behandelt.

6. Zur Herleitung von Gleichung (251) benötigt man die zu den Grundintegralen zählende Stammfunktion:

$$\int \frac{a}{(a^2x^2+1)} \, dx = \arctan(ax) + C \tag{322}$$

Sie ergibt sich unter Berücksichtigung der inneren Ableitung (Kettenregel) durch Umkehrung der Ableitung des Arkustangens (150).

7. Integral (252) lässt sich durch Anwendung der Substitutionsregel für Produkte (174) lösen:

$$\int \frac{\arctan x}{x^2+1} \, dx = \frac{1}{2}(\arctan x)^2 + C \tag{323}$$

Komplexe Zahlen und Funktionen

Hinweis 250. Stellen Sie die komplexe Zahl $z = x + iy$ in der Gaußschen Zahlenebene dar.

Hinweis 251. Setzen Sie die komplexen Zahlen

$$a = p + iq \quad \text{und} \quad b = s + it$$

in die Betragsgleichung ein, und wenden Sie die Definition des Betrags an.

Hinweis 252. Stellen Sie zwei komplexe Zahlen a, b in der Gaußschen Zahlenebene dar.

Hinweis 253. In Aufgabe 43 wird die Dreiecksungleichung für reelle Zahlen hergeleitet. Übertragen Sie die Beweisführung auf komplexe Zahlen:

$$|\underbrace{p + iq}_{= a} + \underbrace{s + it}_{= b}| \leq |\underbrace{p + iq}_{= a}| + |\underbrace{s + it}_{= b}| \quad \Leftrightarrow \quad \ldots$$

Überlegen Sie, welche Voraussetzung erfüllt sein muss, damit es sich beim Wurzelziehen nicht um eine Implikation, sondern um eine Äquivalenzumformung handelt.

Hinweis 254. Wenden Sie die für zwei Summanden bewiesene Dreiecksungleichung (258) mehrmals an:

$$|a + \underbrace{b_1 + b_2}_{= b}| \leq |a| + \underbrace{|b_1 + b_2|}_{= |b| \leq |b_1| + |b_2|}$$

Hinweis 255. Beweisen Sie die Abschätzung:

$$\left| \sum_{n=0}^{\infty} c_n (z - z_0)^n \right| \leq \sum_{n=0}^{\infty} |c_n| \cdot |z - z_0|^n$$

Der Konvergenzradius kann exemplarisch aus dem Quotientenkriterium (214) hergeleitet werden, vgl. Aufgabe 232.

Hinweis 256. Es ist hilfreich, eine Skizze der Funktionen anzufertigen.

Hinweis 257. Benutzen Sie das Majorantenkriterium aus Aufgabe 255.

Hinweis 258. Differenzieren Sie die Taylorreihe der Sinusfunktion, um die Taylorreihe der Kosinusfunktion zu generieren.

Hinweis 259. Eulersche Formel

Hinweis 260. Geben Sie i in der Polardarstellung an.

Hinweis 261. In der kartesischen Form besitzt die komplexe Zahl

$$z = x + iy$$

einen Real- und einen Imaginärteil:

$$\text{Re}(z) = x \,, \quad \text{Im}(z) = y$$

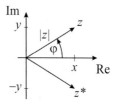

Überführen Sie z in die Polarform, und bilden Sie die konjugiert Komplexe z^*.

Hinweis 262. Beweisen Sie: Wenn $z_0 = re^{i\varphi}$ eine Nullstelle von $f(z)$ ist, dann muss auch die Konjugierte z_0^* eine Nullstelle sein.

Hinweis 263. Sie müssen zweimal partiell integrieren und die Rückwurftechnik anwenden.

Hinweis 264. Bei der komplexen Erweiterung wird eine Kosinus- oder Sinusfunktion mithilfe der Eulerschen Formel in eine (komplexe) Exponentialfunktion überführt:

$$f(\alpha) = \cos(\alpha) + i\sin(\alpha) = e^{i\alpha}$$

Eine komplexe Erweiterung lässt sich rückgängig machen, indem nur der Realteil (oder Imaginärteil) betrachtet wird:

$$\cos(\alpha) = \text{Re}\big(f(\alpha)\big)$$

Hinweis 265. Durch Einsetzen von $x = y$ in die allgemeinen Additionstheoreme (97) und (98) erhält man die Doppelwinkel-Additionstheoreme:

$$\sin(2x) = 2\sin x \cos x \tag{324}$$

$$\cos(2x) = \cos^2 x - \sin^2 x \tag{325}$$

Hinweis 266. Der binomische Lehrsatz (59) ist sehr nützlich.

Hinweis 267. Verwenden Sie die Eulersche Formel in Kombination mit dem binomischen Lehrsatz.

Hinweis 268. Setzen Sie die imaginäre Zahl $z = iy$ in die Hyperbelfunktionen (100) und (101) ein, und wenden Sie die Eulersche Formel an.

Hinweis 269. Hinweise:

- Bei der komplexen Erweiterung kommt die Eulersche Formel zum Einsatz:

$$f(\alpha) = \left[\cos(\alpha) + i\sin(\alpha)\right] = e^{i\alpha}$$

- Die geometrische Reihe (193) wird benötigt.
- Benutzen Sie Gleichung (265).

Hinweis 270. Wenden Sie den binomischen Lehrsatz (59) auf den kubischen Term an.

Hinweis 271. Setzen Sie

$$z^3 = (u + v)^3$$
$$= u^3 + 3u^2v + 3uv^2 + v^3$$
$$= u^3 + 3uv(u + v) + v^3$$
$$= u^3 + 3uvz + v^3$$

in die reduzierte kubische Gleichung ein, und nehmen Sie einen Koeffizientenvergleich vor.

Hinweis 272. Eine Kubikwurzel besitzt im Komplexen drei Lösungen:

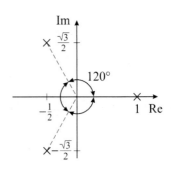

$$\sqrt[3]{1} = \sqrt[3]{e^{ik \cdot 2\pi}} = e^{ik \cdot \frac{2}{3}\pi} = \begin{cases} 1 & \text{für } k = 0 \\ -\frac{1}{2} + i\frac{\sqrt{3}}{2} & \text{für } k = 1 \\ -\frac{1}{2} - i\frac{\sqrt{3}}{2} & \text{für } k = 2 \end{cases}$$

$$(326)$$

Plusminus- und Minuspluszeichen heben sich auf:

$$\pm\alpha \mp \alpha = 0 \qquad (327)$$
$$\pm\alpha \cdot (\mp\alpha) = -\alpha^2 \qquad (328)$$

Hinweis 273. Überführen Sie kartesische Koordinaten in Polarkoordinaten, z. B.:

$$h = -\frac{q}{2} + \sqrt{D} = -\frac{q}{2} + i\sqrt{-D} = |h| \cdot e^{i\alpha}$$

Für den Winkel α gilt nicht nur

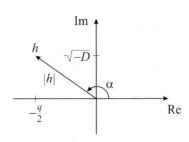

$$\tan\alpha = \frac{\sqrt{-D}}{-\frac{q}{2}} \quad ,$$

sondern auch:

$$\cos\alpha = \frac{-\frac{q}{2}}{|h|}$$

Hinweis 274. Verwenden Sie zum Testen folgende Parameterkombinationen:

1. $a = -1$, $b = +4$, $c = -4$
2. $a = -3$, $b = +3$, $c = -1$
3. $a = -1$, $b = -4$, $c = +4$

D Lösungen

Allgemeine Grundlagen

Lösung 1. Beweis (fast) ohne Worte:

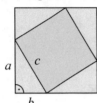

$$\underbrace{(a+b)^2}_{\text{großes Quadrat}} \overset{!}{=} 4\underbrace{\left(\frac{ab}{2}\right)}_{\text{Dreiecke}} + \underbrace{c^2}_{\text{kleines Quadrat}}$$

$$\Leftrightarrow \qquad a^2 + 2ab + b^2 = 2ab + c^2$$

$$\Leftrightarrow \qquad a^2 + b^2 = c^2 \qquad \blacksquare$$

Lösung 2. Ein Bild sagt mehr als tausend Worte:

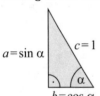

Setzt man die Definitionsgleichungen von Sinus (Gegenkathete durch Hypothenuse) und Kosinus (Ankathete durch Hypothenuse) in den Satz des Pythagoras $a^2 + b^2 = c^2$ ein, so erhält man den trigonometrischen Pythagoras:

$$\sin^2 \alpha + \cos^2 \alpha = 1 \qquad \blacksquare$$

Lösung 3. Hyperbelfunktionen (100) und (101), binomische Formeln und Kürzen:

$$\cosh^2 x - \sinh^2 x = \left[\frac{1}{2}\left(\mathrm{e}^x + \mathrm{e}^{-x}\right)\right]^2 - \left[\frac{1}{2}\left(\mathrm{e}^x - \mathrm{e}^{-x}\right)\right]^2 = \mathrm{e}^x \cdot \mathrm{e}^{-x} = 1$$

$$\blacksquare$$

Lösung 4. Multiplikation zweier Potenzen mit gleicher Basis (4):

$$x^k \cdot x^n = \underbrace{x \cdot x \cdot \ldots \cdot x}_{k\text{-mal}} \cdot \underbrace{x \cdot x \cdot \ldots \cdot x}_{n\text{-mal}} = \underbrace{x \cdot x \cdot \ldots \cdot x}_{(k+n)\text{-mal}} = x^{k+n} \quad \checkmark$$

Die Potenzregel für zwei Potenzen mit gleichem Exponenten (5) ergibt sich mithilfe von Kommutativ- und Assoziativgesetz:

$$x^k \cdot y^k = \underbrace{x \cdot x \cdot \ldots \cdot x}_{k\text{-mal}} \cdot \underbrace{y \cdot y \cdot \ldots \cdot y}_{k\text{-mal}} = \underbrace{(xy) \cdot (xy) \cdot \ldots \cdot (xy)}_{k\text{-mal}} = (xy)^k \quad \checkmark$$

Potenzieren einer Potenz (6):

$$(x^k)^n = \underbrace{\underbrace{x \cdot x \cdot \ldots \cdot x}_{k\text{-mal}} \cdot \underbrace{x \cdot x \cdot \ldots \cdot x}_{k\text{-mal}} \cdot \ldots \cdot \underbrace{x \cdot x \cdot \ldots \cdot x}_{k\text{-mal}}}_{n\text{-mal}} = \underbrace{x \cdot x \cdot \ldots \cdot x}_{(k \cdot n)\text{-mal}} = x^{kn} \quad \checkmark$$

$$\blacksquare$$

© Springer Fachmedien Wiesbaden GmbH, ein Teil von Springer Nature 2020
L. Nasdala, *Mathematik 1 Beweisaufgaben*,
https://doi.org/10.1007/978-3-658-30160-6_11

Lösung 5. Bei der Division zweier Potenzen mit gleicher Basis (7) sind drei Fälle zu unterscheiden:

$$\frac{x^k}{x^n} = \frac{\overbrace{x \cdot x \cdots \cdots x}^{k\text{-mal}}}{\underbrace{x \cdot x \cdots \cdots x}_{n\text{-mal}}} = \begin{cases} \underbrace{x \cdot x \cdots \cdots x}_{(k-n)\text{-mal}} = x^{k-n} & \text{falls } k > n \\[2ex] 1 & \text{falls } k = n \\[2ex] \dfrac{1}{\underbrace{x \cdot x \cdots \cdots x}_{(n-k)\text{-mal}}} = \dfrac{1}{x^{n-k}} = x^{-(n-k)} & \text{falls } k < n \end{cases}$$

$$= x^{k-n} \quad \text{mit} \quad k, n \in \mathbb{N}^*$$

Division zweier Potenzen mit gleichem Exponenten (8):

$$\frac{x^k}{y^k} = \frac{\overbrace{x \cdot x \cdots \cdots x}^{k\text{-mal}}}{\underbrace{y \cdot y \cdots \cdots y}_{k\text{-mal}}} = \underbrace{\frac{x}{y} \cdot \frac{x}{y} \cdots \cdots \frac{x}{y}}_{k\text{-mal}} = \left(\frac{x}{y}\right)^k \quad \text{mit} \quad k \in \mathbb{N}^*$$

∎

Lösung 6. Einsetzen von $n = k > 0$ in die Quotientenregel für gleiche Basen (7) führt zu der gesuchten Identität:

$$x^0 = x^{k-k} = \frac{x^k}{x^k} = 1$$

Weil man für $x = 0$ (mit $k \in \mathbb{N}^*$) den unbestimmten Ausdruck $\frac{0}{0}$ erhält, ist der Definitionsbereich (noch) eingeschränkt: $x \in \mathbb{R} \setminus \{0\}$.

∎

Lösung 7. Im Unterschied zu 0^0 sind die unbestimmten Ausdrücke

$$\frac{0}{0}, \frac{\infty}{\infty}, \infty^0, 1^\infty, \infty - \infty \text{ und } 0 \cdot \infty$$

nicht definierbar, weil dadurch grundlegende Rechenregeln verletzt würden. Beispielsweise würde die auf den ersten Blick plausibel erscheinende Definition $\frac{0}{0} = 1$ schnell zu einem Widerspruch führen:

$$1 = \frac{0}{0} = \frac{2 \cdot 0}{0} = 2 \cdot \frac{0}{0} = 2 \cdot 1 = 2$$

∎

Lösung 8. Bei den Quotientenregeln (7) und (8) muss der Definitionsbereich der Basis eingeschränkt werden, damit nicht durch null geteilt wird: $x, y \in \mathbb{R} \setminus \{0\}$.

Wegen $x^0 = 1$ (11) gelten die Potenzgesetze auch dann, wenn ein Exponent null ist, wovon man sich durch Einsetzen leicht überzeugen kann. Der für die Potenzregeln (4), (6) und (7) relevante Fall, dass beide Exponenten verschwinden, ergibt ebenfalls eine wahre Aussage.

∎

Lösung 9. Die Erweiterung des Definitionsbereichs auf ganzzahlige Exponenten erfordert eine Fallunterscheidung, damit auf die bereits bewiesenen Potenzgesetze (mit natürlichen Exponenten) zurückgegriffen werden kann:

1. Dass die Produktregel (4) für natürliche Exponenten ($k, n \in \mathbb{N}$) anwendbar ist, wurde im Rahmen der Aufgaben 4 und 8 gezeigt:

$$x^k x^n = x^{k+n} \quad \checkmark$$

   Die Produktregel gilt also auch dann, wenn ein Exponent verschwindet, z. B. $k = 0$ und $n \neq 0$:

$$\underbrace{x^0}_{=1} \cdot x^n = \underbrace{x^{0+n}}_{=x^n}$$

2. Der Fall, dass beide Exponenten ganzzahlig und negativ sind ($k, n \in \mathbb{Z} \setminus \mathbb{N}$), lässt sich auf die Produktregel (im Nenner) zurückführen:

$$x^k \cdot x^n = x^{-a} \cdot x^{-b} \qquad \text{Substitution: } a = -k > 0 \text{ und } b = -n > 0$$

$$= \frac{1}{x^a} \cdot \frac{1}{x^b} \qquad \text{Benutzung des Kehrwertes (14)}$$

$$= \frac{1}{x^a \cdot x^b}$$

$$= \frac{1}{x^{a+b}} \qquad \text{Anwendung der Produktregel (4)}$$

$$= x^{-(a+b)}$$

$$= x^{k+n} \quad \checkmark \qquad \text{Rücksubstitution}$$

   Die Substitution soll daran erinnern, dass die Produktregel bislang nur für natürliche Exponenten eingeführt worden ist — man hätte zugunsten einer etwas kürzeren Herleitung auf die Ersatzexponenten a und b verzichten können.

3. Bei einem nicht-negativen (natürlichen) und einem negativen Exponenten kommt die Quotientenregel zum Einsatz, z. B. $k \geq 0$ und $n < 0$ bzw. $k \in \mathbb{N}$ und $n \in \mathbb{Z} \setminus \mathbb{N}$:

$$x^k \cdot x^n = x^k \cdot x^{-b} \qquad \text{Substitution: } b = -n > 0$$

$$= \frac{x^k}{x^b} \qquad \text{Kehrwert}$$

$$= x^{k-b} \qquad \text{Quotientenregel (7)}$$

$$= x^{k+n} \quad \checkmark \qquad \text{Rücksubstitution}$$

   Es gilt das Kommutativgesetz (Vertauschung der Faktoren x^k und x^n), so dass der Fall $k = -a \in \mathbb{Z} \setminus \mathbb{N}$ und $n \in \mathbb{N}$ nicht gesondert betrachtet werden muss.

Somit wurde bewiesen, dass die Produktregel für gleiche Basen nicht nur für natürliche, sondern auch für ganzzahlige Exponenten Gültigkeit besitzt: $k, n \in \mathbb{Z} = \mathbb{N} \cup (\mathbb{Z} \setminus \mathbb{N})$.

∎

Lösung 10. Beweis, dass die Potenzgesetze auch für negative ganzzahlige Exponenten $k, n \in \mathbb{Z} \setminus \mathbb{N} = \{\ldots, -3, -2, -1\}$ anwendbar sind:

a) Produktregel für gleiche Exponenten:

$$x^k \cdot y^k = x^{-a} \cdot y^{-a} \qquad \text{Substitution: } a = -k > 0$$

$$= \frac{1}{x^a \cdot y^a} \qquad \text{Kehrwert}$$

$$= \frac{1}{(x \cdot y)^a} \qquad \text{Produktregel für natürliche Exponenten (5)}$$

$$= (x \cdot y)^{-a} \qquad \text{Kehrwert}$$

$$= (x \cdot y)^k \qquad \text{Rücksubstitution}$$

b) Alle Kombinationen führen über die Potenzregel für natürliche Exponenten (6):

- Für $k = -a < 0$ und $n \geq 0$ erhält man:

$$(x^k)^n = (x^{-a})^n = \left(\frac{1}{x^a}\right)^n = \frac{1}{(x^a)^n} = \frac{1}{x^{an}} = \frac{1}{x^{-kn}} = x^{kn}$$

- Für $k \geq 0$ und $n = -b < 0$ gilt:

$$(x^k)^n = (x^k)^{-b} = \frac{1}{(x^k)^b} = \frac{1}{x^{kb}} = x^{-kb} = x^{kn}$$

- Zwei negative Exponenten $k = -a < 0$ und $n = -b < 0$:

$$(x^k)^n = (x^{-a})^{-b} = \left(\frac{1}{x^a}\right)^{-b} = (x^a)^b = x^{ab} = x^{-k \cdot (-n)} = x^{kn}$$

c) Infolge der in Aufgabe 9 vollzogenen Erweiterung auf ganzzahlige Exponenten sind Produktregel (4) und Quotientenregel (7) ineinander überführbar:

$$x^k \cdot x^n = x^{k+n} \quad \Leftrightarrow \quad \frac{x^k}{x^b} = x^{k-b} \quad \text{für} \quad k, n = -b \in \mathbb{Z}$$

d) Quotientenregel (8) und die in Aufgabenteil a) behandelte Produktregel (5) sind äquivalent:

$$x^k \cdot y^k = (x \cdot y)^k \quad \Leftrightarrow \quad \frac{x^k}{z^k} = \left(\frac{x}{z}\right)^k \quad \text{für} \quad x, y = \frac{1}{z} \in \mathbb{R}, \; k \in \mathbb{Z}$$

Somit ist bewiesen, dass alle Potenzgesetze für ganzzahlige Exponenten gültig sind.

■

Lösung 11. Die kubische Parabel $f(x) = x^3$ steigt trotz Sattelpunkt streng monoton:

$$f(x + \varepsilon) > f(x) \qquad \text{für beliebige } \varepsilon > 0$$

$$\Leftrightarrow \qquad (x + \varepsilon)^3 > x^3$$

$$\Leftrightarrow \qquad x^3 + 3x^2\varepsilon + 3x\varepsilon^2 + \varepsilon^3 > x^3 \qquad \text{binomischer Lehrsatz (59) mit } n = 3$$

$$\Leftrightarrow \qquad \underbrace{3\varepsilon}_{>0} \cdot \left[x^2 + \varepsilon x + \frac{\varepsilon^2}{3} \right] > 0$$

$$\Leftrightarrow \quad x^2 + x\varepsilon + \left(\frac{\varepsilon}{2}\right)^2 - \left(\frac{\varepsilon}{2}\right)^2 + \frac{\varepsilon^2}{3} > 0 \qquad \text{quadratische Ergänzung}$$

$$\Leftrightarrow \qquad \underbrace{\left(x + \frac{\varepsilon}{2}\right)^2}_{\geq 0} + \underbrace{\frac{\varepsilon^2}{12}}_{> 0} > 0 \qquad \text{erste binomische Formel}$$

$$\Leftrightarrow \qquad 42 > 0 \qquad \text{für } x \in \mathbb{R}$$

Wegen der strengen Monotonie der kubischen Parabel ist auch die Kubikwurzel für alle reellen Zahlen $x \in \mathbb{R}$ definiert.

■

Lösung 12. Bei einer Potenzfunktion mit geradem Exponenten sind die Funktionswerte wegen $x^2 \geq 0$ entweder positiv oder null:

$$g(x) = x^{2n} = \left(x^2\right)^n \geq 0 \quad \text{mit} \quad n \in \mathbb{N}^*$$

Das Monotonieverhalten ähnelt dem der Normalparabel x^2 ($g(x)$ mit $n = 1$), d. h. $g(x)$ fällt streng monoton für negative Zahlen ($g'(x) < 0$ für $x < 0$) und steigt streng monoton für positive Zahlen ($g'(x) > 0$ für $x > 0$). Folglich beschränkt sich der Definitionsbereich der Umkehrfunktion auf nicht-negative Zahlen:

$$g^{-1}(x) = \sqrt[2n]{x} \quad \text{mit} \quad x \geq 0$$

Eine Potenzfunktion mit ungeradem Exponenten

$$f(x) = x^{2n+1} = x \cdot x^{2n} \quad \text{mit} \quad n \in \mathbb{N}$$

besitzt auch für negative Zahlen eine positive Steigung: $f'(x) > 0$ für $x \neq 0$. Zum Beweis, dass $f(x)$ sogar im Sattelpunkt ($f'(0) = 0$ an der Wendestelle $x = 0$) streng monoton steigt, muss die Definitionsgleichung (15) bemüht werden:

$$\underbrace{f(\varepsilon)}_{= \varepsilon^{2n+1}} > \underbrace{f(0)}_{= 0} > \underbrace{f(-\varepsilon)}_{= -\varepsilon^{2n+1}} \qquad \text{für beliebige } \varepsilon > 0$$

Somit ist es nicht erforderlich, den Definitionsbereich der zugehörigen Wurzelfunktion zu beschränken:

$$f^{-1}(x) = \sqrt[2n+1]{x} \quad \text{mit} \quad x \in \mathbb{R}$$

■

Lösung 13. Das Wurzelgesetz für Wurzeln ist äquivalent zum Potenzgesetz für Potenzen:

$$y^{kn} = \left(y^k\right)^n \qquad\qquad \text{Potenzregel (6) mit } k, n \in \mathbb{N}^*$$

$$\Leftrightarrow \qquad x = \left(\left(\sqrt[kn]{x}\right)^k\right)^n \qquad\qquad \text{Substitution: } x = y^{kn} \Leftrightarrow y = \sqrt[kn]{x}$$

$$\Leftrightarrow \qquad \sqrt[n]{x} = \left(\sqrt[kn]{x}\right)^k \qquad\qquad \text{n-te Wurzel (Umkehrfunktion zur n-ten Potenz)}$$

$$\Leftrightarrow \qquad \sqrt[k]{\sqrt[n]{x}} = \sqrt[kn]{x} \qquad\qquad \text{k-te Wurzel}$$

Damit die Potenzfunktion $x = y^{kn}$ auch für negative Zahlen y streng monoton steigt, müssen k und n beide ungerade sein (vgl. Aufgabe 11). Somit gilt zum Beispiel:

$$\sqrt[3]{\sqrt[5]{x}} = \sqrt[15]{x} \quad \text{für} \quad x \in (-\infty, \infty)$$

Ist hingegen ein Exponent (oder beide) gerade, dann muss der Definitionsbereich des Wurzelgesetzes auf nicht-negative Zahlen eingeschränkt werden. Beispiel:

$$\sqrt[2]{\sqrt[3]{x}} = \sqrt[6]{x} \quad \text{für} \quad x \in [0, \infty)$$

■

Lösung 14. Potenz mit reeller Basis $x \in \mathbb{R}$ und rationalem Exponenten:

a) Relevant wird das Kürzen des Exponenten, wenn die Basis negativ ist:

$$x^{\frac{n}{k}} = \sqrt[k]{x^n} \neq \sqrt[2k]{x^{2n}} = -x^{\frac{n}{k}} \quad \text{für} \quad x < 0 \text{ und } n, k \text{ ungerade}$$

Beispielsweise ergibt

$$(-8)^{\frac{10}{6}} = (-8)^{\frac{5}{3}} = \sqrt[3]{(-8)^5} = \sqrt[3]{-32768} = -32 = (-2)^5 = \left(\sqrt[3]{-8}\right)^5$$

nicht das Gleiche wie:

$$\sqrt[6]{(-8)^{10}} = \sqrt[3]{\sqrt[2]{\left((-8)^5\right)^2}} = 32$$

Außerdem beachte man, dass eine Vertauschung von Potenz- und Wurzelfunktion nur beim gekürzten Bruch möglich ist, denn $\sqrt[6]{-8}$ ist im Reellen nicht definiert.

b) Die Reihenfolge ist unerheblich, wenn beide Funktionen streng monoton steigen:

$$\sqrt[k]{x^n} = \left(\sqrt[k]{x}\right)^n$$

$$\Leftrightarrow \qquad \sqrt[n]{\sqrt[k]{x^n}} = \sqrt[n]{\left(\sqrt[k]{x}\right)^n} \qquad\qquad \text{n-te Wurzel}$$

$$\Leftrightarrow \qquad \underbrace{\sqrt[k]{\sqrt[n]{x^n}}}_{= \sqrt[k]{x}} = \sqrt[k]{x} \qquad\qquad \text{Wurzelgesetz (18) und Identität (293)}$$

Letztendlich muss vermieden werden, dass durch Quadrieren und anschließendes Wurzelziehen ein Vorzeichenfehler entsteht.

■

Lösung 15. Alle Wurzelgesetze lassen sich aus Potenzgesetzen herleiten:

a) Produktregel bei gleichem Radikanden:

$$y^{k+n} = y^n \cdot y^k \qquad\qquad \text{Produktregel (4) mit } k, n \in \mathbb{N}^*$$

$$\Leftrightarrow \quad \left(\sqrt[kn]{x}\right)^{k+n} = \big(\underbrace{\sqrt[kn]{x}}_{=\sqrt[nk]{x}}\big)^n \cdot \left(\sqrt[kn]{x}\right)^k \qquad \text{Substitution: } y = \sqrt[kn]{x}$$

$$= \left(\sqrt[n]{\sqrt[k]{x}}\right)^n \cdot \left(\sqrt[k]{\sqrt[n]{x}}\right)^k \qquad \text{Wurzelgesetz (18)}$$

$$= \sqrt[k]{x} \cdot \sqrt[n]{x} \qquad\qquad \text{Identität (293)}$$

$$\Leftrightarrow \quad \sqrt[kn]{x^{k+n}} = \sqrt[k]{x} \cdot \sqrt[n]{x} \qquad \text{Potenzieren vor Radizieren gemäß (19)}$$

b) Produktregel bei gleichem Wurzelexponenten:

$$(ab)^k = a^k \cdot b^k \qquad \text{Produktregel (5) mit } k \in \mathbb{N}^*$$

$$\Leftrightarrow \quad \left(\sqrt[k]{x} \cdot \sqrt[k]{y}\right)^k = x \cdot y \qquad \begin{array}{l}\text{Substitutionen:}\\ x = a^k \Leftrightarrow a = \sqrt[k]{x} \text{ und } y = b^k \Leftrightarrow b = \sqrt[k]{y}\end{array}$$

$$\Leftrightarrow \quad \sqrt[k]{x} \cdot \sqrt[k]{y} = \sqrt[k]{xy} \qquad \text{k-te Wurzel}$$

c) Quotientenregel bei gleichem Radikanden:

$$y^{n-k} = \frac{y^n}{y^k} \qquad\qquad \text{Quotientenregel (7) mit } k, n \in \mathbb{N}^*$$

$$\Leftrightarrow \quad \left(\sqrt[kn]{x}\right)^{n-k} = \frac{\left(\sqrt[kn]{x}\right)^n}{\left(\sqrt[kn]{x}\right)^k} \qquad \text{Substitution: } y = \sqrt[kn]{x}$$

$$= \frac{\sqrt[k]{x}}{\sqrt[n]{x}} \qquad\qquad \text{Wurzelgesetz (18) und Identität (293)}$$

$$\Leftrightarrow \quad \sqrt[kn]{x^{n-k}} = \frac{\sqrt[k]{x}}{\sqrt[n]{x}} \qquad \text{Potenzieren vor Radizieren gemäß (19)}$$

d) Quotientenregel bei gleichem Wurzelexponenten:

$$\left(\frac{a}{b}\right)^k = \frac{a^k}{b^k} \qquad \text{Quotientenregel (8) mit } k \in \mathbb{N}^*$$

$$\Leftrightarrow \quad \left(\frac{\sqrt[k]{x}}{\sqrt[k]{y}}\right)^k = \frac{x}{y} \qquad \begin{array}{l}\text{Substitutionen:}\\ x = a^k \Leftrightarrow a = \sqrt[k]{x} \text{ und } y = b^k \Leftrightarrow b = \sqrt[k]{y}\end{array}$$

$$\Leftrightarrow \quad \frac{\sqrt[k]{x}}{\sqrt[k]{y}} = \sqrt[k]{\frac{x}{y}} \qquad \text{k-te Wurzel}$$

Der maximale Definitionsbereich der beiden Radikanden x und y hängt von den Wurzel-exponenten k und n ab, wie in Aufgabe 12 erläutert.

∎

Lösung 16. Erweiterung der Potenzgesetze auf rationale Exponenten $u, v \in \mathbb{Q}$:

a) Produktregel für gleiche Basen:

$$x^u \cdot x^v = x^{\frac{a}{b}} \cdot x^{\frac{c}{d}}$$
  Substitution: $u = \frac{a}{b}$, $v = \frac{c}{d}$
  mit $a, c \in \mathbb{Z}$ und $b, d \in \mathbb{N}^*$

$$= x^{\frac{ad}{bd}} \cdot x^{\frac{bc}{bd}}$$
  Erweiterung auf Hauptnenner

$$= \left(\sqrt[bd]{x}\right)^{ad} \cdot \left(\sqrt[bd]{x}\right)^{bc}$$
  Wurzelschreibweise (19)

$$= \left(\sqrt[bd]{x}\right)^{ad+bc}$$
  Potenzgesetz (4) für ganzzahlige Exponenten

$$= x^{\frac{ad+bc}{bd}}$$
  Potenzschreibweise (19)

$$= x^{u+v}$$
  Rücksubstitution

Alternativ hätte man die Reihenfolge von Radizieren und Potenzieren auch umdrehen können. Allerdings ist dann ein kleiner Umweg über das Wurzelgesetz (21) erforderlich:

$$x^u \cdot x^v = x^{\frac{a}{b}} \cdot x^{\frac{c}{d}} = x^{\frac{ad}{bd}} \cdot x^{\frac{bc}{bd}} = \sqrt[bd]{x^{ad}} \cdot \sqrt[bd]{x^{bc}} = \sqrt[bd]{x^{ad} \cdot x^{bc}} = \sqrt[bd]{x^{ad+bc}} = x^{\frac{ad+bc}{bd}} = x^{u+v}$$

b) Produktregel für gleiche Exponenten:

$$x^u \cdot y^u = x^{\frac{a}{b}} \cdot y^{\frac{a}{b}}$$
  Substitution: $u = \frac{a}{b}$ mit $a \in \mathbb{Z}$, $b \in \mathbb{N}^*$

$$= \left(\sqrt[b]{x}\right)^a \cdot \left(\sqrt[b]{y}\right)^a$$

$$= \left(\sqrt[b]{x} \cdot \sqrt[b]{y}\right)^a$$
  Potenzgesetz (5) für ganzzahlige Exponenten

$$= \left(\sqrt[b]{xy}\right)^a$$
  Wurzelgesetz (21)

$$= (xy)^{\frac{a}{b}}$$

$$= (xy)^u$$

c) Potenzregel:

$$(x^u)^v = \left(x^{\frac{a}{b}}\right)^{\frac{c}{d}}$$
  Substitution: $u = \frac{a}{b}$, $v = \frac{c}{d}$
  mit $a, c \in \mathbb{Z}$ und $b, d \in \mathbb{N}^*$

$$= \sqrt[d]{\left[\left(\sqrt[b]{x}\right)^a\right]^c}$$

$$= \sqrt[d]{\left(\sqrt[b]{x}\right)^{ac}}$$
  Potenzgesetz (6) für ganzzahlige Exponenten

$$= \sqrt[d]{\sqrt[b]{x^{ac}}}$$
  Potenzieren vor Radizieren gemäß (19)

$$= \sqrt[bd]{x^{ac}}$$
  Wurzelgesetz (18)

$$= x^{\frac{ac}{bd}}$$

$$= x^{uv}$$

d) Quotientenregel für gleiche Basen $x \in \mathbb{R} \setminus \{0\}$:

$$x^u \cdot x^w = x^{u+w} \qquad \text{Produktregel (24)}$$

$$\Leftrightarrow \quad x^u \cdot x^{-v} = x^{u-v} \qquad \text{Substitution: } v = -w$$

$$\Leftrightarrow \quad \frac{x^u}{x^v} = x^{u-v} \qquad \text{Kehrwert (14)}$$

e) Quotientenregel für gleiche Exponenten:

$$x^u \cdot z^u = (x \cdot z)^u \qquad \text{Produktregel (25)}$$

$$\Leftrightarrow \quad x^u \cdot \left(\frac{1}{y}\right)^u = \left(x \cdot \frac{1}{y}\right)^u \qquad \text{Substitution: } y = \frac{1}{z} \in \mathbb{R} \setminus \{0\}$$

$$\Leftrightarrow \quad \frac{x^u}{y^u} = \left(\frac{x}{y}\right)^u$$

Bei Exponenten $u = \frac{a}{b}$, $v = \frac{c}{d}$ mit ungeraden Nennern b, d sind wegen der strengen Monotonie (vgl. Aufgabe 14) negative Basen erlaubt: $x, y \in \mathbb{R}$. Bei geraden Nennern müssen die Basen positiv (oder null) sein: $x, y \geq 0$.

∎

Lösung 17. Der irrationale Exponent u lässt sich durch rationale Zahlen annähern, z. B. mittels einer Folge (u_n), deren Laufindex die Anzahl Nachkommastellen angibt:

$$u_1 = 1{,}4 = \frac{14}{10}, \; u_2 = 1{,}41 = \frac{141}{100}, \; u_3 = 1{,}414 = \frac{1414}{1000}, \; u_4 = 1{,}4142 = \frac{14142}{10000}, \; \ldots$$

Wenn man die jeweils letzte Ziffer von Zähler und Nenner durch 1 ersetzt, erhält man eine Folge von Brüchen (a_n), deren Zähler und Nenner ungerade sind:

$$a_1 = \frac{11}{11}, \; a_2 = \frac{141}{101}, \; a_3 = \frac{1411}{1001}, \; a_4 = \frac{14141}{10001}, \; \ldots$$

Daran ändert auch ein eventuelles Kürzen nichts: $a_8 = \dfrac{141421351}{100000001} = \dfrac{8318903}{5882353}$.

Auf ähnliche Weise lässt sich eine Folge (b_n) mit geraden Zählern und ungeraden Nennern erzeugen:

$$b_1 = \frac{12}{11}, \; b_2 = \frac{142}{101}, \; b_3 = \frac{1412}{1001}, \; b_4 = \frac{14142}{10001}, \; \ldots$$

Obwohl alle Folgen gegen denselben irrationalen Exponenten

$$u = \lim_{n \to \infty} u_n = \lim_{n \to \infty} a_n = \lim_{n \to \infty} b_n = \sqrt{2} = 1{,}414213562373095\ldots$$

konvergieren und sowohl (a_n) als auch (b_n) als Brüche mit ungeraden Nennern darstellbar sind (vgl. Aufgabe 14), muss im Falle einer negativen Basis $x < 0$ die Potenz x^u undefiniert bleiben. Es darf nämlich nicht sein, dass deren Vorzeichen von der Folge abhängt, z. B. für $x = -1$:

$$(-1)^{a_n} = -1 \neq 1 = (-1)^{b_n}$$

∎

Lösung 18. Irrationale Zahlen $u \in \mathbb{R} \setminus \mathbb{Q}$ wie die Kreiszahl

$$\pi = 3{,}14159265358979\ldots$$

besitzen unendlich viele Nachkommastellen und lassen sich im Gegensatz zu rationalen Zahlen nicht als Bruch darstellen. Obwohl irrationale Zahlen somit nie exakt berechnet werden können, lassen sie sich zumindest beliebig genau durch rationale Zahlen annähern. Im Falle von $u = \pi$ bietet sich die folgende Folge (u_n) an:

$$u_1 = 3{,}1$$
$$u_2 = 3{,}14$$
$$u_3 = 3{,}141$$
$$u_4 = 3{,}1415$$
$$\vdots$$

Das Folgenglied u_n besitzt eine endliche Anzahl von n Nachkommastellen und ist daher eine rationale Zahl. Weil man den Grenzwert

$$u = \lim_{n \to \infty} u_n$$

durch eine beliebig genaue Annäherung u_n ersetzen kann, lässt sich auch für Potenzgesetze jede beliebige Genauigkeit erzielen — dies soll als Antwort genügen. Wer an einem exakten Beweis interessiert ist, muss zur Epsilontik greifen (Einführung in Aufgabe 192).

■

Lösung 19. Das Monotonieverhalten hängt von der Basis a ab:

- Für $a > 1$ sind Exponential- und Logarithmusfunktion streng monoton steigend.
- Für $a \in (0; 1)$ fallen beide Funktionen streng monoton.
- Der Grenzfall $a = 1$ liefert als Exponentialfunktion 1^x eine achsenparallele Gerade. Da die Steigung null ist, existiert keine Umkehrfunktion: $\log_1 x$ ist nicht definiert.
- Aus dem gleichen Grund gibt es auch zu $0^x = 0$ (mit $x > 0$) keine Umkehrfunktion.
- Außerdem beachte man, dass Potenzen mit negativer Basis $a < 0$ im Allgemeinen nicht definiert sind (Aufgabe 17).

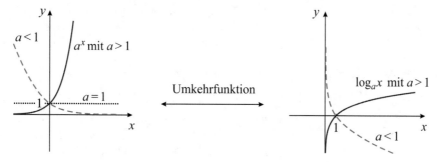

■

Lösung 20. Unter Verwendung der Definitionsgleichung des Logarithmus (29)

$$a^b = x \quad \Leftrightarrow \quad b = \log_a x$$

folgt durch Äquivalenzumformungen:

$$\log_a xy = \log_a x + \log_a y \qquad \text{Logarithmenregel (30)}$$

$$\Leftrightarrow \qquad a^{\log_a xy} = a^{\log_a x + \log_a y} \qquad \text{Anwendung der Exponentialfunktion } a^{(\ldots)}$$

$$\Leftrightarrow \qquad xy = a^{\log_a x + \log_a y} \qquad \text{Definitionsgleichung: } x = a^{\log_a x}$$

$$\Leftrightarrow \qquad a^u a^v = a^{u+v} \qquad \text{Substitution: } u = \log_a x, \ v = \log_a y$$

$$\Leftrightarrow \qquad z^u z^v = z^{u+v} \qquad \text{Potenzregel (24) mit beliebiger Basis } z > 0 \qquad \blacksquare$$

Lösung 21. Beweis der Äquivalenz von Logarithmenregel (31) und Potenzregel (26):

$$\log_a x^c = c \log_a x$$

$$\Leftrightarrow \qquad x^c = a^{c \log_a x} \qquad \text{Erhebung zur a-ten Potenz}$$

$$\Leftrightarrow \qquad (a^b)^c = a^{cb} \qquad \text{Substitution: } b = \log_a x \text{ bzw. } x = a^b \text{ (vgl. (29))}$$

$$\Leftrightarrow \qquad (a^b)^c = a^{bc} \qquad \blacksquare$$

Lösung 22. Auch der Basiswechselsatz (32) ist äquivalent zur Potenzregel (26):

$$\log_a x = \frac{\log_b x}{\log_b a}$$

$$\Leftrightarrow \qquad \log_a x \cdot \log_b a = \log_b x \qquad \text{Multiplikation mit Nenner}$$

$$\Leftrightarrow \qquad b^{\log_a x \cdot \log_b a} = x \qquad \text{Erhebung zur b-ten Potenz}$$

$$\Leftrightarrow \qquad b^{v \log_b a} = a^v \qquad \text{Substitution: } v = \log_a x$$

$$\Leftrightarrow \qquad b^{uv} = (b^u)^v \qquad \text{Substitution: } u = \log_b a \qquad \blacksquare$$

Lösung 23. Äquivalenz der beiden Logarithmengesetze:

$$\log_a x^c = c \log_a x \qquad \text{Logarithmenregel (31)}$$

$$\Leftrightarrow \qquad \log_a y = \log_x y \cdot \log_a x \qquad \text{Substitution: } c = \log_x y$$

$$\Leftrightarrow \qquad \frac{\log_a y}{\log_a x} = \log_x y \qquad \text{Logarithmenregel (32)}$$

Lösung 24. Es sei $k \in \mathbb{Z}$ eine ganze Zahl. Multiplikation mit 2 liefert eine beliebige gerade Zahl: $g = 2k$. Auch das Quadrat

$$g^2 = (2k)^2 = 4k^2$$

ist ein Vielfaches von 2 und somit eine gerade Zahl.

■

Lösung 25. Es sei $k \in \mathbb{Z}$. Dann ist $u = 2k + 1$ ungerade. Unter Anwendung der ersten binomischen Formel lässt sich leicht zeigen, dass das Quadrat

$$u^2 = (2k + 1)^2$$

$$= \underbrace{4k^2}_{\text{gerade}} + \underbrace{4k}_{\text{gerade}} + \underbrace{1}_{\text{ungerade}} \tag{329}$$

ebenfalls eine ungerade Zahl sein muss.

■

Lösung 26. Zu beweisende Implikation: m^2 gerade $\Rightarrow m$ gerade

Äquivalente Kontraposition: m ungerade $\Rightarrow m^2$ ungerade

Dass das Quadrieren einer ungeraden Zahl wieder eine ungerade Zahl ergibt, wurde bereits in Aufgabe 25 bewiesen.

■

Lösung 27. Aussage A: $\sqrt{2}$ ist irrational.

Gegenannahme (nicht A): $\sqrt{2}$ ist rational, lässt sich also als Bruch zweier teilerfremder natürlicher Zahlen p und q darstellen:

$$\sqrt{2} = \frac{p}{q} \qquad \text{gekürzter Bruch (unterschiedliche Primfaktoren)}$$

$$\Rightarrow \qquad 2 = \frac{p^2}{q^2}$$

$$\Rightarrow \qquad 2q^2 = p^2 \qquad \text{Erkenntnis: } p^2 \text{ muss gerade (durch 2 teilbar) sein.}$$
$$\text{Somit ist auch } p \text{ gerade (vgl. Aufgabe 26).}$$

$$\Rightarrow \qquad 2q^2 = (2r)^2 \qquad \text{Substitution: } p = 2r$$

$$\Rightarrow \qquad q^2 = 2r^2 \qquad \text{Erkenntnis: } q^2 \text{ gerade, somit auch } q \text{ gerade}$$

Sowohl p als auch q wären durch 2 teilbar, was im Widerspruch zur (Gegen-)Annahme (gekürzter Bruch) steht.

Aussage A ist folglich richtig: Die Wurzel aus 2 ist eine irrational Zahl.

■

Lösung 28. Zu beweisen: Es existieren unendlich viele Primzahlen p_i.

Gegenannahme: Es gibt endlich viele Primzahlen $p_i \in \{2, 3, 5, 7, 11, \ldots, p_N\}$.

Wie man sofort erkennt, ist das Produkt aller Primzahlen

$$q = \prod_{i=1}^{N} p_i = 2 \cdot 3 \cdot 5 \cdot 7 \cdot 11 \cdot \ldots \cdot p_N$$

keine Primzahl. Auf die Frage, ob die nächstgrößere Zahl $r = q + 1$ eine Primzahl ist, lassen sich zwei verschiedene Antworten geben:

A) Die Zahl r kann keine Primzahl sein, denn sie ist größer als die größte Primzahl:

$$r > p_N$$

B) Die Zahl r muss eine Primzahl sein, denn eine Primfaktorzerlegung gelingt nicht. Teilt man r durch eine beliebige Primzahl p_i, so erhält man immer 1 als Rest, z. B.:

$$\frac{r}{3} = \frac{q+1}{3} = 2 \cdot 5 \cdot 7 \cdot 11 \cdot \ldots \cdot p_N + \frac{1}{3}$$

Die Aussagen A und B widersprechen sich.

■

Lösung 29. Primfaktorzerlegung zweier natürlicher Zahlen (ohne null):

$$k = p_1 \cdot p_2 \cdot p_3 \cdot \ldots \cdot p_u \cdot q_1 \cdot q_2 \cdot q_3 \cdot \ldots \cdot q_v$$

$$n = p_1 \cdot p_2 \cdot p_3 \cdot \ldots \cdot p_u \cdot r_1 \cdot r_2 \cdot r_3 \cdot \ldots \cdot r_w$$

Multipliziert man gleiche Primfaktoren p_i, so erhält man den größten gemeinsamen Teiler:

$$\mathrm{ggT}(k, u) = p_1 \cdot p_2 \cdot p_3 \cdot \ldots \cdot p_u$$

Das Produkt aller Primfaktoren ergibt das kleinste gemeinsame Vielfache:

$$\mathrm{kgV}(k, u) = p_1 \cdot p_2 \cdot p_3 \cdot \ldots \cdot p_u \cdot q_1 \cdot q_2 \cdot q_3 \cdot \ldots \cdot q_v \cdot r_1 \cdot r_2 \cdot r_3 \cdot \ldots \cdot r_w$$

Somit gilt:

$$\mathrm{ggT}(k, u) \cdot \mathrm{kgV}(k, u) = p_1^2 \cdot p_2^2 \cdot p_3^2 \cdot \ldots \cdot p_u^2 \cdot q_1 \cdot q_2 \cdot q_3 \cdot \ldots \cdot q_v \cdot r_1 \cdot r_2 \cdot r_3 \cdot \ldots \cdot r_w = k \cdot n$$

■

Lösung 30. Mit (33) folgt für das kleinste gemeinsame Vielfache zweier Brüche:

$$\mathrm{kgV}\left(\frac{a}{b}, \frac{c}{d}\right) = \mathrm{kgV}\left(\frac{ad}{bd}, \frac{cb}{db}\right) = \frac{1}{bd} \cdot \mathrm{kgV}(ad, bc) = \frac{1}{bd} \cdot \frac{ad \cdot bc}{\mathrm{ggT}(ad, bc)} = \frac{ac}{\mathrm{ggT}(ad, bc)}$$

■

Lösung 31. Der klassische euklidische Algorithmus mit Dreieckstausch, programmiert in Python (siehe Anhang B):

```
# Berechnung des ggT der folgenden natuerlichen Zahlen:
m, n = 63, 168

while m != n:                      # Solange m ungleich n ...
    if m < n:                      # Vertauschung von m und n
        k = m                      # Hilfsvariable: k
        m = n
        n = k
    print("m=", m, ", n=",n)   # Kontrollausgabe
    m = m-n
print("ggT=", m)
```

Die jeweils kleinere Zahl wird solange von der größeren abgezogen, bis beide Zahlen gleich groß sind. Neben dem eigentlichen Ergebnis $\mathrm{ggT}(63, 168) = 21$ werden zu Kontrollzwecken auch die Zwischenschritte ausgegeben (Python Shell):

```
Python 3.5.0 (v3.5.0:374f501f4567, Sep 13 2015, 02:27:37) [MSC v.1900
Type "copyright", "credits" or "license()" for more information.
>>>
================== RESTART: C:\nasdala\Mathe_1\Beweise\euklid_1.py ==
m= 168 , n= 63
m= 105 , n= 63
m= 63 , n= 42
m= 42 , n= 21
ggT= 21
>>>
```

Für die in der Aufgabenstellung gegebenen Zahlenpaare erhält man:

a) $\mathrm{ggT}(546, 1764) = 42$

b) $\mathrm{ggT}(10\,000\,001, 100\,001) = 11$

∎

Anmerkungen zu Effizienz:

- Der euklidische Algorithmus ist deutlich effizienter als eine Primfaktorzerlegung:
$$\mathrm{ggT}(168, 63) = \mathrm{ggT}(2 \cdot 2 \cdot 2 \cdot 3 \cdot 7,\ 3 \cdot 3 \cdot 7) = 3 \cdot 7 = 21$$

- Aufwändig wird es, wenn eine Zahl viel kleiner als die andere ist:
$$10000001 - 100001 = 9900000$$
$$9900000 - 100001 = 9799999$$
$$9799999 - 100001 = 9699998$$
$$\vdots$$
$$199903 - 100001 =\quad 99902$$

Lösung 32. Die gesuchten größten gemeinsamen Teiler sind:

a) ggT($9\,283\,479$, $2\,089\,349\,234\,720\,389\,479$) $= 3$

b) ggT($10\,000\,000\,008\,200\,000\,001\,197$, $10\,000\,000\,002\,200\,000\,000\,057$) $= 100\,000\,000\,019$

Der klassische euklidische Algorithmus wird sehr aufwändig, wenn die kleinere Zahl n mehrfach von der größeren Zahl m abgezogen werden muss. Aus diesem Grund verwendet der moderne euklidische Algorithmus statt der Differenz $m - n$ eine Division mit Rest:

$$r = m \bmod n$$

Python-Quellcode:

```python
# Berechnung des ggT der folgenden natuerlichen Zahlen:
m, n = 9283479, 2089349234720389479

while m != n:
    if m < n:
        k = m
        m = n
        n = k
    print("m=", m, ", n=",n)
    r = m%n                        # Division mit Rest r
    if r == 0:
        m = n
    else:
        m = r
print("ggT=", m)
```

∎

Lösung 33. Fermatsche Primzahlen: $F_0 = 3$, $F_1 = 5$, $F_2 = 17$, $F_3 = 257$ und $F_4 = 65537$

Die Fermat-Zahl $F_5 = 4294967297$ hingegen ist keine Primzahl, denn sie ist durch 641 teilbar. Mit diesem Gegenbeispiel konnte Euler die Vermutung von Fermat widerlegen.

Python-Quellcode:

```python
# Untersuchung der Fermat-Zahlen auf Primzahlen
for n in range(7):
    f = 2**(2**n) +1
    print("F(",n,")=",f)
    for i in range(2,f):              # Brute-Force-Methode
        if f%i == 0:
            print("Teiler:",i)
            break
```

∎

Lösung 34. Herleitung der pq-Formel:

$$x^2 + px + q = 0$$

$$\Leftrightarrow \quad x^2 + px + \left(\frac{p}{2}\right)^2 - \left(\frac{p}{2}\right)^2 + q = 0 \qquad \text{quadratische Ergänzung}$$

$$\Leftrightarrow \quad \left(x + \frac{p}{2}\right)^2 = \left(\frac{p}{2}\right)^2 - q$$

$$\Leftrightarrow \quad x_{1,2} + \frac{p}{2} = \pm\sqrt{\left(\frac{p}{2}\right)^2 - q} \qquad \text{maximal zwei Lösungen}$$

$$\Leftrightarrow \quad x_{1,2} = -\frac{p}{2} \pm \sqrt{\left(\frac{p}{2}\right)^2 - q}$$

Die Anzahl Lösungen hängt von der Diskriminante

$$D = \left(\frac{p}{2}\right)^2 - q \tag{330}$$

ab:

  a) zwei (unterschiedliche) Lösungen x_1 und x_2 für $D > 0$ bzw. $\left(\frac{p}{2}\right)^2 > q$,

  b) eine Lösung $x_1 = x_2 = -\frac{p}{2}$ (doppelte Nullstelle) für $D = 0$,

  c) keine (reelle) Lösung für $D < 0$.

∎

Lösung 35. Herleitung der abc-Formel:

$$ax^2 + bx + c = 0$$

$$\Leftrightarrow \quad x^2 + \frac{b}{a}x + \frac{c}{a} = 0$$

$$\Leftrightarrow \quad x^2 + \frac{b}{a}x + \left(\frac{b}{2a}\right)^2 - \left(\frac{b}{2a}\right)^2 + \frac{c}{a} = 0$$

$$\Leftrightarrow \quad \left(x + \frac{b}{2a}\right)^2 = \left(\frac{b}{2a}\right)^2 - \frac{c}{a}$$

$$\Leftrightarrow \quad x_{1,2} + \frac{b}{2a} = \pm\sqrt{\left(\frac{b}{2a}\right)^2 - \frac{c}{a}}$$

$$\Leftrightarrow \quad x_{1,2} = -\frac{b}{2a} \pm \sqrt{\frac{b^2}{(2a)^2} - \frac{4ac}{(2a)^2}}$$

$$= \frac{-b \pm \sqrt{b^2 - 4ac}}{2a}$$

∎

Lösung 36. Unter Ausnutzung der 3. binomischen Formel erhält man:

$$a(x - x_1)(x - x_2) = a\left(x - \frac{-b - \sqrt{b^2 - 4ac}}{2a}\right)\left(x - \frac{-b + \sqrt{b^2 - 4ac}}{2a}\right)$$

$$= \frac{1}{4a}\left((2ax + b) + \sqrt{b^2 - 4ac}\right)\left((2ax + b) - \sqrt{b^2 - 4ac}\right)$$

$$= \frac{1}{4a}\left[(2ax + b)^2 - (b^2 - 4ac)\right]$$

$$= ax^2 + bx + c$$

■

Lösung 37. Gleichsetzen von (40) und (41) liefert den Scheitelpunkt:

$$x_0 = \frac{1}{2}(x_1 + x_2) \quad \text{und} \quad y_0 = a\left(x_1 x_2 - x_0^2\right) = -\frac{a}{4}(x_1 - x_2)^2 \qquad (331)$$

■

Lösung 38. Ein homogenes LGS besitzt immer dann unendlich viele Lösungen, wenn die Koeffizientenmatrix $\underline{A}$ singulär ist. Dies ist der Fall, wenn die Determinate verschwindet:

$$\det \underline{A} = 0 \quad \Rightarrow \quad \text{Lösungsschar} \qquad (332)$$

Im Falle einer regulären Matrix existiert nur eine einzige Lösung, die triviale:

$$\det \underline{A} \neq 0 \quad \Rightarrow \quad \underline{x} = \underline{0} \qquad (333)$$

Die für den Beweis benötigte Determinate ergibt sich bei einer zweireihigen Matrix zu:

$$\det \underline{A} = \det \begin{bmatrix} a & b \\ c & d \end{bmatrix} = ad - bc$$

Lösung eines homogenen 2×2-Gleichungssystems mittels Gauß-Verfahren:

$$\begin{aligned} ax + by &= 0 \qquad | \cdot d \\ cx + dy &= 0 \qquad | \cdot b \end{aligned} \Big] -$$

$$\overline{(ad - bc)\, x = 0}$$

$$= \det \underline{A}$$

Fallunterscheidung:

- Für $\det \underline{A} = ad - bc = 0$ kann x frei gewählt werden (bzw. y, falls $b = d = 0$):

$$x = \lambda \in \mathbb{R}$$

  Rückeinsetzen (z. B. in die erste Gleichung, falls $b \neq 0$):

$$y = -\frac{ax}{b} = -\frac{a}{b}\lambda$$

- Für $\det \underline{A} \neq 0$ muss $x = 0$ und somit auch $y = 0$ sein.

■

Lösung 39. Lösung eines inhomogenen 2×2-Gleichungssystems (mit $r^2 + s^2 \neq 0$):

$$
\begin{array}{ll}
ax + by = r & \quad | \cdot d \\
cx + dy = s & \quad | \cdot b
\end{array} \Bigg] -
$$

$$
\underbrace{(ad - bc)}_{= \det \underline{A}} x = \underbrace{dr - bs}_{= R}
$$

Fallunterscheidung:

a) Bei einer regulären Matrix mit $\det \underline{A} = ad - bc \neq 0$ erhält man eine eindeutige (nicht-triviale) Lösung:

$$
x = \frac{dr - bs}{ad - bc}
$$

und

$$
y = \frac{r - ax}{b}
$$

Sollte $b = 0$ sein, muss die zweite Gleichung verwendet werden: $y = \dfrac{s - cx}{d}$

b) Im Falle einer singulären Matrix ($\det \underline{A} = ad - bc = 0$) muss die rechte Seite R genauer untersucht werden. Ist $R = dr - bs \neq 0$, dann kann es keine Lösung geben.

c) Für $\det \underline{A} = ad - bc = 0$ und $R = dr - bs = 0$ existieren unendlich viele Lösungen:

$$
x = \lambda \in \mathbb{R}
$$

Die Variable y ergibt sich wie bei a) durch Rückeinsetzen von x in eine der beiden Ausgangsgleichungen bzw. kann für $b = d = 0$ ebenfalls frei gewählt werden.

∎

Lösung 40. Um eine Wurzelgleichung nach der gesuchten Lösung x freistellen zu können, muss quadriert werden. Da es sich bei einer Quadratur um keine Äquivalenzumformung, sondern eine Implikation handelt, muss das ermittelte Ergebnis immer in die Ausgangsgleichung eingesetzt werden, um etwaige Scheinlösungen herauszufiltern.

Beispiel:

$$
\sqrt{15 - 2x} = -x
$$

$$
\Rightarrow \qquad 15 - 2x = x^2 \qquad \text{Quadratur}
$$

$$
\Leftrightarrow \quad x^2 + 2x - 15 = 0
$$

$$
\Leftrightarrow \quad x_1 = 3 \quad \text{und} \quad x_2 = -5 \qquad \text{Zwei Lösungen?}
$$

Einsetzen von x_1: $\qquad \sqrt{15 - 2 \cdot 3} = 3 \neq -3 \qquad$ Scheinlösung

Einsetzen von x_2: $\quad \sqrt{15 - 2 \cdot (-5)} = 5 = -(-5)$ ✓

Ergebnis der Probe: Nur $x_2 = -5$ ist eine Lösung der Wurzelgleichung.

∎

Lösung 41. Beweis der Bernoulli-Ungleichung mittels Induktion:

1. Induktionsanfang:

$$(1+x)^0 \geq 1 + 0 \cdot x \qquad \text{Einsetzen von } n = 0$$

$$\Leftrightarrow \qquad 1 \geq 1 \quad \checkmark \qquad \text{Grenzwertbetrachtung: } \lim_{\substack{x \to -1 \\ x \geq -1}} (1+x)^0 = 1$$

2. Induktionsschluss:

$$(1+x)^n \geq 1 + nx \qquad\qquad \text{Induktionsannahme } A(n)$$

$$\Leftrightarrow \quad (1+x)^n \cdot (1+x) \geq (1+nx) \cdot (1+x) \qquad \text{Faktor } (1+x) \geq 0 \text{ für } x \geq -1$$

$$\Leftrightarrow \qquad (1+x)^{n+1} \geq 1 + (n+1)\,x + \underbrace{nx^2}_{\geq 0}$$

$$\Rightarrow \qquad (1+x)^{n+1} \geq 1 + (n+1)\,x \qquad \text{Induktionsbehauptung } A(n+1)$$

∎

Anmerkungen:

- Beim Induktionsschluss handelt es sich nicht um eine Äquivalenzumformung, sondern (lediglich) um eine Implikation — was für den Induktionsbeweis typisch ist.

- Die Bernoulli-Ungleichung gilt sogar für $x \geq -2$. Der Fall $x \in [-2; -1)$ lässt sich allerdings nicht mehr durch Induktion überprüfen, sondern erfordert den Einsatz von Ableitungen.

Lösung 42. Beweis der Ungleichung (45) durch vollständige Induktion:

1. Induktionsanfang:

$$2^4 \geq 4^2 \qquad\qquad \text{Einsetzen von } n = 4$$

$$\Leftrightarrow \quad 16 \geq 16 \quad \checkmark$$

2. Induktionsschritt:

$$2^n \geq n^2 \qquad\qquad \text{Induktionsvoraussetzung } A(n)$$

$$\Leftrightarrow \quad 2 \cdot 2^n \geq 2 \cdot n^2$$

$$\Leftrightarrow \quad 2^{n+1} \geq 2n^2 - (n+1)^2 + (n+1)^2$$

$$\Leftrightarrow \quad 2^{n+1} \geq \underbrace{(n-1)^2 - 2}_{\geq 0 \text{ für } n \geq 4} + (n+1)^2$$

$$\Rightarrow \quad 2^{n+1} \geq (n+1)^2 \qquad\qquad \text{Induktionsbehauptung } A(n+1)$$

Geometrische Interpretation: Eine Exponentialfunktion strebt deutlich schneller gegen unendlich als eine Potenzfunktion.

∎

Lösung 43. Direkter Beweis der Dreiecksungleichung (46):

$$|x + y| \ \leq\ |x| + |y|$$

$$\Leftrightarrow \qquad |x + y|^2 \ \leq\ \big(|x| + |y|\big)^2$$

$$\Leftrightarrow \qquad (x + y)^2 \ \leq\ |x|^2 + 2 \cdot |x| \cdot |y| + |y|^2$$

$$\Leftrightarrow \qquad x^2 + 2xy + y^2 \ \leq\ x^2 + 2 \cdot |xy| + y^2$$

$$\Leftrightarrow \qquad xy \ \leq\ |xy| \quad \checkmark$$

∎

Beide Seiten der Dreiecksungleichung sind nicht-negativ (positiv oder null), so dass das Quadrieren keine Implikation, sondern eine Äquivalenzumformung darstellt. Man hätte die Ungleichungen also auch in umgekehrter Reihenfolge aufschreiben können, denn bei einer Äquivalenzumformung gilt die Umkehrung ebenfalls.

Lösung 44. Variante der Dreiecksungleichung:

$$|x + y| \ \leq\ |x| + |y| \qquad\qquad \text{Ausgangsform (46)}$$

$$\Leftrightarrow \qquad |x| \ \geq\ |x + y| - |y|$$

$$\Leftrightarrow \qquad |z - y| \ \geq\ |z| - |y| \qquad\qquad \text{Substitution: } z = x + y$$

Wegen $x, y \in \mathbb{R}$ ist auch z eine beliebige reelle Zahl.

∎

Lösung 45. Der harmonische Mittelwert ist kleiner als der geometrische Mittelwert:

$$\overline{x}_{\mathrm{h}} < \overline{x}_{\mathrm{g}} \qquad\qquad \text{für } x_2 > x_1 > 0$$

$$\Leftrightarrow \qquad \underbrace{\frac{2x_1 x_2}{x_1 + x_2}}_{> 0} < \underbrace{\sqrt{x_1 x_2}}_{> 0} \qquad\qquad \text{Definitionsgleichungen (48) und (49)}$$

$$\Leftrightarrow \qquad \frac{4x_1^2 x_2^2}{(x_1 + x_2)^2} < x_1 x_2 \qquad\qquad \text{Quadrieren (hier: Äquivalenzumformung)}$$

$$\Leftrightarrow \qquad 4x_1^2 x_2^2 < x_1 x_2 \cdot (x_1 + x_2)^2$$

$$\Leftrightarrow \qquad 4x_1 x_2 < x_1^2 + 2x_1 x_2 + x_2^2 \qquad\qquad \text{erste binomische Formel}$$

$$\Leftrightarrow \qquad 0 < x_1^2 - 2x_1 x_2 + x_2^2$$

$$\Leftrightarrow \qquad 0 < (x_1 - x_2)^2 \quad \checkmark \qquad\qquad \text{zweite binomische Formel}$$

Die letzte Ungleichung stellt wegen $x_1 \neq x_2$ eine wahre Aussage dar.

∎

Lösung 46. Das geometrische Mittel ist kleiner als das arithmetische Mittel:

$$\underbrace{\sqrt{x_1 x_2}}_{\geq 0} \;<\; \underbrace{\frac{x_1 + x_2}{2}}_{>0} \qquad \text{für } x_2 > x_1 \geq 0$$

$$\Leftrightarrow \qquad 4x_1 x_2 \;<\; x_1^2 + 2x_1 x_2 + x_2^2 \qquad \text{Quadrieren}$$

$$\Leftrightarrow \qquad 0 \;<\; (x_1 - x_2)^2 \quad \checkmark$$

■

Lösung 47. Der arithmetische Mittelwert liegt unterhalb des quadratischen Mittelwerts:

$$\underbrace{\frac{x_1 + x_2}{2}}_{>0} \;<\; \underbrace{\sqrt{\frac{x_1^2 + x_2^2}{2}}}_{>0} \qquad \text{für } x_2 > x_1 \geq 0$$

$$\Leftrightarrow \qquad x_1^2 + 2x_1 x_2 + x_2^2 \;<\; 2x_1^2 + 2x_2^2 \qquad \text{Quadrieren}$$

$$\Leftrightarrow \qquad 0 \;<\; (x_1 - x_2)^2 \quad \checkmark$$

■

Lösung 48. Die erste Ungleichung ist ganz offensichtlich richtig (gleich viele Faktoren):

$$n^n = \underbrace{n \cdot n \cdot n \cdot \ldots \cdot n}_{n\text{-mal}} \geq \underbrace{1}_{\leq n} \cdot \underbrace{2}_{\leq n} \cdot \underbrace{3}_{\leq n} \cdot \ldots \cdot n = n!$$

Zum Beweis der zweiten Ungleichung wird eine Umsortierung vorgenommen:

$$\sqrt{n^n} = \left(\sqrt{n}\right)^n$$

$$= \underbrace{\sqrt{n} \cdot \sqrt{n} \cdot \sqrt{n} \cdot \ldots \cdot \sqrt{n}}_{n\text{-mal}}$$

$$= \begin{cases} \underbrace{n \cdot n \cdot \ldots \cdot n}_{\frac{n}{2}\text{-mal}} & \text{für } n \text{ gerade} \\[2ex] \underbrace{n \cdot n \cdot \ldots \cdot n}_{\frac{n-1}{2}\text{-mal}} \cdot \sqrt{n} & \text{für } n \text{ ungerade} \end{cases}$$

$$\leq n! = \begin{cases} [1 \cdot n] \cdot [2(n-1)] \cdot \ldots \cdot [k(n+1-k)] \cdot \ldots \cdot \left[\frac{n}{2} \cdot \frac{n+2}{2}\right] & \text{für } n \text{ gerade} \\[2ex] \underbrace{[1 \cdot n]}_{\geq n} \cdot \underbrace{[2(n-1)]}_{\geq n} \cdot \ldots \cdot \underbrace{[k(n+1-k)]}_{=(n-k)(k-1)+n\,\geq\, n} \cdot \ldots \cdot \underbrace{\left[\frac{n-1}{2} \cdot \frac{n+3}{2}\right]}_{\geq n} \underbrace{\frac{n+1}{2}}_{\geq \sqrt{n}} & \text{für } n \text{ ungerade} \end{cases}$$

Für ungerade n gilt die Abschätzung: $\frac{n+1}{2} \geq \sqrt{n} \Leftrightarrow (n+1)^2 \geq 4n \Leftrightarrow (n-1)^2 \geq 0$

■

Lösung 49. Mit jeder Reihe verdoppelt sich die Anzahl Wege, so dass man insgesamt 2^n Kombinationsmöglichkeiten erhält, die sich wie folgt aufteilen:

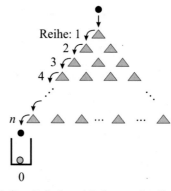

- Zu Topf 0 führt nur ein einziger Weg, denn die Kugel muss immer nach links verzweigen. Die Wahrscheinlichkeit, dass die Kugel ganz links landet, liegt somit lediglich bei:

$$p_0 = \frac{1}{2^n}$$

- Für Topf 1 gibt es immerhin n verschiedene Wege (L für „links" und R für „rechts"):

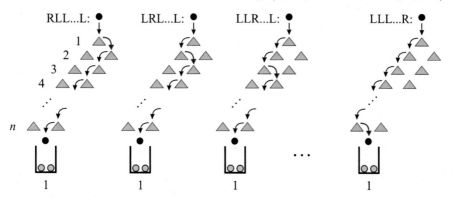

Somit ist die Wahrscheinlichkeit:

$$p_1 = \frac{n}{2^n}$$

- Um in Topf 2 zu landen, muss die Kugel zweimal nach rechts verzweigen, z. B. LRRLL...L (in Kurzschreibweise). Für das erste R existieren n Möglichkeiten, für das zweite R nur noch $(n-1)$. Die Reihenfolge der Rs ist beliebig (Wege $LR_1R_2LL...L$ und $LR_2R_1LL...L$ sind gleich), so dass man insgesamt $\frac{n \cdot (n-1)}{2}$ Wege erhält. Die Wahrscheinlichkeit, dass die Kugel in Topf 2 landet, beträgt:

$$p_2 = \frac{n \cdot (n-1)}{1 \cdot 2} \cdot \frac{1}{2^n}$$

- Bei Topf 3 sind es $n \cdot (n-1) \cdot (n-2)$ Kombinationsmöglichkeiten, von denen jeweils $2 \cdot 3 = 6$ zu den gleichen Wegen gehören, z. B.:

$$LR_1R_2R_3L...L = LR_1R_3R_2L...L = LR_2R_1R_3L...L =$$

$$LR_2R_3R_1L...L = LR_3R_1R_2L...L = LR_3R_2R_1L...L$$

Die Wahrscheinlichkeit für Topf 3 ergibt sich somit zu:

$$p_3 = \frac{n \cdot (n-1) \cdot (n-2)}{1 \cdot 2 \cdot 3} \cdot \frac{1}{2^n}$$

- Durch Rekursion kommt man zu dem Ergebnis, dass

$$m_k = \frac{n \cdot (n-1) \cdot (n-2) \cdot \ldots \cdot (n-k+1)}{1 \cdot 2 \cdot 3 \cdot \ldots \cdot k}$$

Wege zu Topf k führen. Eine Division durch die Gesamtzahl an Kombinations-möglichkeiten liefert die zu ermittelnde Wahrscheinlichkeit:

$$p_k = \frac{m_k}{2^n}$$

Dass es sich bei der Größe m_k um den Binomialkoeffizienten (56) handelt, wird spätestens beim Erweitern des Bruches offenkundig:

$$m_k = \frac{n \cdot (n-1) \cdot (n-2) \cdot \ldots \cdot (n-k+1)}{1 \cdot 2 \cdot 3 \cdot \ldots \cdot k} \cdot \frac{(n-k) \cdot (n-k-1) \cdot (n-k-2) \cdot \ldots \cdot 1}{(n-k) \cdot (n-k-1) \cdot (n-k-2) \cdot \ldots \cdot 1}$$

$$= \frac{n!}{k! \cdot (n-k)!}$$

$$= \binom{n}{k}$$

$\blacksquare$

Lösung 50. Symmetrieeigenschaft des Binomialkoeffizienten (56):

$$\binom{n}{n-k} = \frac{n!}{[n-(n-k)]! \cdot (n-k)!} = \frac{n!}{k! \cdot (n-k)!} = \frac{n!}{(n-k)! \cdot k!} = \binom{n}{k}$$

$\blacksquare$

Lösung 51. Einsetzen in die Definitionsgleichung (56) und Erweiterung auf gemeinsamen Hauptnenner:

$$\binom{n}{k-1} + \binom{n}{k} = \frac{n!}{[n-(k-1)]! \cdot (k-1)!} \cdot \frac{k}{k} + \frac{n!}{(n-k)! \cdot k!} \cdot \frac{n-(k-1)}{n-(k-1)}$$

$$= \frac{n! \cdot [k+n-(k-1)]}{[n-(k-1)]! \cdot k!}$$

$$= \frac{(n+1)!}{[(n+1)-k]! \cdot k!}$$

$$= \binom{n+1}{k}$$

$\blacksquare$

Lösung 52. Der binomische Lehrsatz lässt sich mittels Induktion beweisen. Mit der in Aufgabe 7 eingeführten Definition

$$0^0 = 1$$

und den Binomialkoeffizienten (56)

$$\binom{0}{0} = \binom{n}{0} = \binom{n}{n} = \binom{n+1}{0} = \binom{n+1}{n+1} = 1$$

erhält man:

1. Induktionsanfang für $n = 0$:

$$\underbrace{(a+b)^0}_{=\,1} = \sum_{k=0}^{0} \binom{0}{k} a^{0-k} b^k = \binom{0}{0} a^0 b^0 = \underbrace{a^0}_{=\,1} \underbrace{b^0}_{=\,1} \quad \checkmark$$

2. Induktionsschluss:

$$(a+b)^n = \sum_{k=0}^{n} \binom{n}{k} a^{n-k} b^k \qquad\qquad \text{Induktionsannahme } A(n)$$

$$\Rightarrow \quad (a+b)^{n+1} = \sum_{k=0}^{n} \binom{n}{k} a^{n-k} b^k \cdot (a+b) \qquad\qquad \text{Multiplikation mit } (a+b)$$

$$= \sum_{k=0}^{n} \binom{n}{k} a^{n+1-k} b^k + \sum_{k=0}^{n} \binom{n}{k} a^{n-k} b^{k+1}$$

$$= \binom{n}{0} a^{n+1} b^0 + \left[\sum_{k=1}^{n} \binom{n}{k} a^{n+1-k} b^k \right] +$$

$$+ \underbrace{\left[\sum_{k=0}^{n-1} \binom{n}{k} a^{n-k} b^{k+1} \right]}_{= \sum_{k=1}^{n} \binom{n}{k-1} a^{n-k+1} b^k} + \binom{n}{n} a^{n-n} b^{n+1}$$

$$\qquad\qquad\qquad\qquad\qquad \text{Verschiebung des Laufindex}$$

$$= a^{n+1} + b^{n+1} + \sum_{k=1}^{n} \underbrace{\left[\binom{n}{k} + \binom{n}{k-1} \right]}_{= \binom{n+1}{k} \text{ Rekursionsformel (58)}} a^{n+1-k} b^k$$

$$= \sum_{k=0}^{n+1} \binom{n+1}{k} a^{n+1-k} b^k \qquad\qquad \text{Induktionsbehauptung } A(n+1)$$

Bei der Aufteilung in zwei Summen mit anschließender Abspaltung des ersten bzw. letzten Glieds handelt es sich um eine Schlüsselstelle des Beweises. Ohne diese Umformung würde die Rekursionsformel (58) auf die nicht definierten Terme $\binom{n}{-1}$ und/oder $\binom{n}{n+1}$ führen (Verletzung der Forderung $0 \leq k \leq n$).

■

Lösung 53. Für $n \in \mathbb{N}$ vereinfacht sich der allgemeine Binomialkoeffizient zum (normalen) Binomialkoeffizienten:

$$\binom{n}{k} = \frac{n \cdot [n-1] \cdot [n-2] \cdot \ldots \cdot [n-k+1]}{k!} \cdot \frac{[n-k] \cdot [n-k-1] \cdot [n-k-2] \cdot \ldots \cdot 2 \cdot 1}{[n-k] \cdot [n-k-1] \cdot [n-k-2] \cdot \ldots \cdot 2 \cdot 1}$$

$$= \frac{n!}{k! \cdot (n-k)!}$$

$$= \frac{n!}{(n-k)! \cdot k!}$$

■

Es sei noch angemerkt, dass das Einsetzen von $k = 0$ den Grenzfall

$$\binom{n}{0} = \frac{n!}{(n-0)! \cdot 0!} = \frac{1}{0!} = 1$$

liefert — aber nur für $n \in \mathbb{N}$. Für $n \in \mathbb{R}$ wird $\binom{n}{0} = 1$ nicht hergeleitet, sondern definiert.

Lösung 54. Bei reellen Exponenten $n \in \mathbb{R}$ besitzt die binomische Reihe (243) unendlich viele Terme.

Bei natürlichen Exponenten $n \in \mathbb{N}$ verschwinden die meisten dieser Terme, denn dann befindet sich bei den Binomialkoeffizienten mit $k > n$ im Zähler der Faktor 0:

$$\binom{n}{n+1} = \frac{n \cdot (n-1) \cdot (n-2) \cdot \ldots \cdot (n-n)}{(n+1)!} = 0$$

$$\binom{n}{n+2} = \frac{n \cdot (n-1) \cdot (n-2) \cdot \ldots \cdot 0 \cdot (-1)}{(n+2)!} = 0$$

$$\binom{n}{n+3} = \frac{n \cdot (n-1) \cdot (n-2) \cdot \ldots \cdot 0 \cdot (-1) \cdot (-2)}{(n+3)!} = 0$$

$$\vdots$$

Dadurch vereinfacht sich die binomische Reihe zum binomischen Lehrsatz:

$$(a+b)^n = \sum_{k=0}^{\infty} \binom{n}{k} a^{n-k} b^k$$

$$= \sum_{k=0}^{n} \binom{n}{k} a^{n-k} b^k + \underbrace{\sum_{k=n+1}^{\infty} \binom{n}{k} a^{n-k} b^k}_{= 0}$$

$$= \sum_{k=0}^{n} \binom{n}{k} a^{n-k} b^k$$

■

Lösung 55. Abnehmen mit Mathe:

$$G = g + ü \qquad | \cdot (G - g)$$

$$\Leftrightarrow \qquad G \cdot (G - g) = (g + ü) \cdot (G - g) \qquad | \text{ Ausmultiplizieren}$$

$$\Leftrightarrow \qquad GG - Gg = gG - gg + üG - üg \qquad | - Gü$$

$$\Leftrightarrow \quad GG - Gg - Gü = gG - gg - üg \qquad | \text{ Ausklammern}$$

$$\Leftrightarrow \quad G \cdot (G - g - ü) = g \cdot (G - g - ü) \qquad | : (G - g - ü)$$

$$\Leftrightarrow \qquad\qquad G = g$$

Fazit: Jeder Mensch besitzt sein Idealgewicht (Übergewicht $ü = 0$).

■

Lösung 56. Vorzeichen sind unwichtig:

$$1 = (-1)^2 = \left[(-1)^2\right]^{\frac{1}{6}} = (-1)^{\frac{2}{6}} = (-1)^{\frac{1}{3}} = -1$$

Dass $1 = -1$ gilt, lässt sich auch mit komplexen Zahlen zeigen (siehe z. B. Aufgabe 61).

■

Lösung 57. Die Reihenfolge zweier Zahlen lässt sich umdrehen:

$$1 > 0 \qquad | : 8$$

$$\Leftrightarrow \qquad \frac{1}{8} > 0 \qquad | + \tfrac{1}{8}$$

$$\Leftrightarrow \qquad \frac{1}{4} > \frac{1}{8} \qquad | \text{ Darstellung als Potenz}$$

$$\Leftrightarrow \quad \left(\frac{1}{2}\right)^2 > \left(\frac{1}{2}\right)^3 \qquad | \log_{\frac{1}{2}}(\dots)$$

$$\Leftrightarrow \qquad 2 > 3 \qquad | - 2$$

$$\Leftrightarrow \qquad 0 > 1$$

Die Aussage $0 > 1$ stimmt mit der in Aufgabe 56 bewiesenen Tatsache überein, dass Vorzeichen austauschbar sind.

■

Lösung 58. Aus der partiellen Integration vom Kotangens

$$A = \int \cot x \, dx$$

$$= \int \underbrace{\frac{1}{\sin x}}_{= g} \cdot \underbrace{\cos x}_{= h'} \, dx$$

$$= \underbrace{\frac{1}{\sin x}}_{= g} \cdot \underbrace{\sin x}_{= h} - \int \underbrace{-\frac{\cos x}{\sin^2 x}}_{= g'} \cdot \underbrace{\sin x}_{= h} \, dx$$

$$= 1 + \underbrace{\int \cot x \, dx}_{= A}$$

folgt die zu beweisende Aussage, dass es auf einen mehr oder weniger nicht ankommt:

$$A = 1 + A$$

Durch Kürzen erhält man eine weitere interessante Aussage:

$$0 = 1$$

Fazit: Was nicht passt, wird passend gemacht.

■

Lösung 59. Damit nicht durch Null geteilt wird, muss $x \neq 0$ sein:

$$x^2 + \underbrace{x + 1}_{= -x^2} = 0 \qquad \Big| \cdot \frac{1}{x}$$

$$\Leftrightarrow \quad \underbrace{x + 1}_{= -x^2} + \frac{1}{x} = 0 \qquad \Big| \text{ Ersetzen von } x + 1$$

$$\Leftrightarrow \quad -x^2 + \frac{1}{x} = 0 \qquad \Big| + x^2$$

$$\Leftrightarrow \quad \frac{1}{x} = x^2 \qquad \Big| \cdot x$$

$$\Leftrightarrow \quad 1 = x^3 \qquad \Big| \sqrt[3]{\ldots}$$

$$\Leftrightarrow \quad x = 1 \qquad \Big| \text{ Einsetzen in Ausgangsgleichung}$$

$$\Rightarrow \quad 1^2 + 1 + 1 = 0 \qquad \Big| \cdot \frac{1}{3}$$

$$\Leftrightarrow \quad 1 = 0$$

■

Lösung 60. Summenwert der alternierenden harmonischen Reihe:

a) Das Ergebnis muss größer als 0,5 sein:

$$A = \underbrace{\frac{1}{1} - \frac{1}{2}}_{=\frac{1}{2}} + \underbrace{\frac{1}{3} - \frac{1}{4}}_{=\frac{1}{3\cdot4}>0} + \underbrace{\frac{1}{5} - \frac{1}{6}}_{>0} + \underbrace{\frac{1}{7} - \frac{1}{8}}_{>0} + \underbrace{\frac{1}{9} - \frac{1}{10}}_{>0} \pm \ldots > \frac{1}{2} \quad \checkmark$$

b) Eins ist eine obere Grenze:

$$A = \underbrace{\frac{1}{1}}_{=1} \underbrace{- \frac{1}{2} + \frac{1}{3}}_{<0} \underbrace{- \frac{1}{4} + \frac{1}{5}}_{<0} \underbrace{- \frac{1}{6} + \frac{1}{7}}_{<0} \underbrace{- \frac{1}{8} + \frac{1}{9}}_{<0} \mp \ldots < 1 \quad \checkmark$$

c) Umordnung der Reihenglieder:

$$A = \frac{1}{1} - \frac{1}{2} + \frac{1}{3} - \frac{1}{4} + \frac{1}{5} - \frac{1}{6} + \frac{1}{7} - \frac{1}{8} + \frac{1}{9} - \frac{1}{10} \pm \ldots$$

$$= \underbrace{\left[\frac{1}{1} - \frac{1}{2}\right]}_{=\frac{1}{2}} - \frac{1}{4} + \underbrace{\left[\frac{1}{3} - \frac{1}{6}\right]}_{=\frac{1}{6}} - \frac{1}{8} + \underbrace{\left[\frac{1}{5} - \frac{1}{10}\right]}_{=\frac{1}{10}} - \frac{1}{12} \pm \ldots$$

$$= \frac{1}{2} \cdot \underbrace{\left[\frac{1}{1} - \frac{1}{2} + \frac{1}{3} - \frac{1}{4} + \frac{1}{5} - \frac{1}{6} \pm \ldots\right]}_{= A}$$

Aus der Bedingung $A = \frac{A}{2}$ erhält man den Summenwert:

$$A = 0 \quad \checkmark$$

Aus a) und c) folgt die Erkenntnis, dass 0 größer als 0,5 ist:

$$0 > \frac{1}{2}$$

∎

Lösung 61. Es gilt:

$$1 = \sqrt{1}$$

$$= \sqrt{(-1)\cdot(-1)}$$

$$= \underbrace{\sqrt{-1}}_{=\,i} \cdot \underbrace{\sqrt{-1}}_{=\,i}$$

$$= i^2$$

$$= -1$$

∎

Lösung 62. Aus der Eulerschen Formel (261) für den Vollwinkel (360° bzw. 2π)

$$e^{i2\pi} = \cos(2\pi) + i\sin(2\pi) = 1$$

folgt, dass die komplexe Exponentialfunktion für jedes $\varphi \in \mathbb{R}$ gleich eins ist:

$$e^{i\varphi} = e^{i\varphi \cdot \frac{2\pi}{2\pi}}$$

$$= e^{i2\pi \cdot \frac{\varphi}{2\pi}}$$

$$= \left(e^{i2\pi}\right)^{\frac{\varphi}{2\pi}}$$

$$= 1^{\frac{\varphi}{2\pi}}$$

$$= 1$$

∎

Vektoralgebra

Lösung 63. Der Beweis des Höhensatzes von Euklid beginnt mit dem Satz des Pythagoras:

$$p^2 + h^2 = a^2$$

$$q^2 + h^2 = b^2$$

$$a^2 + b^2 = c^2$$

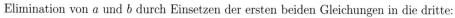

Außerdem gilt:

$$p + q = c$$

Elimination von a und b durch Einsetzen der ersten beiden Gleichungen in die dritte:

$$p^2 + h^2 + q^2 + h^2 = c^2$$

Um c eliminieren zu können, muss die vierte Gleichung quadriert werden:

$$(p + q)^2 = p^2 + 2h^2 + q^2$$

Kürzen:

$$pq = h^2$$

■

Lösung 64. Für die beiden rechtwinkligen Dreiecke gilt:

$$\sin \beta = \frac{h}{c}$$

$$\sin \gamma = \frac{h}{b}$$

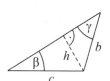

Elimination der Höhe h liefert das gewünschte Ergebnis:

$$\frac{b}{\sin \beta} = \frac{c}{\sin \gamma}$$

Der Sinussatz besitzt auch dann Gültigkeit, wenn der Lotfuß-punkt außerhalb des Dreiecks liegt. Bei der Aufstellung der zweiten Gleichung ist das Additionstheorem (97) nützlich:

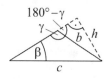

$$\frac{h}{b} = \sin(180° - \gamma) = \underbrace{\sin 180°}_{= 0} \cdot \cos \gamma - \underbrace{\cos 180°}_{= -1} \cdot \sin \gamma = \sin \gamma$$

Aus Symmetrieüberlegungen folgt analog:

$$\frac{a}{\sin \alpha} = \frac{b}{\sin \beta}$$

$$\frac{a}{\sin \alpha} = \frac{c}{\sin \gamma}$$

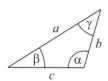

■

Lösung 65. In jedem Teildreieck gilt der Satz des Pythagoras (1):

$$c^2 = (a - d)^2 + h^2$$

$$b^2 = d^2 + h^2$$

Elimination von h (erste Gleichung minus zweite):

$$c^2 - b^2 = a^2 - 2ad$$

Elimination von d durch Kombination mit

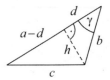

$$\cos\gamma = \frac{d}{b}$$

liefert den Kosinussatz:

$$c^2 = a^2 + b^2 - 2ab\cos\gamma$$

∎

Lösung 66. Der Betrag eines Vektors lässt sich als Länge der aus den Komponenten a_1, a_2 und a_3 gebildeten Raumdiagonalen veranschaulichen.

Die Berechnung des Betrags beginnt mit der zweimaligen Anwendung des Pythagoras:

$$d^2 = a_1^2 + a_2^2$$

$$a^2 = d^2 + a_3^2$$

Elimination der Flächendiagonalen d:

$$a^2 = a_1^2 + a_2^2 + a_3^2$$

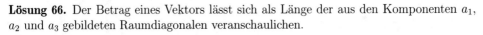

Wurzelziehen:

$$a = \sqrt{a_1^2 + a_2^2 + a_3^2}$$

Weil der Betrag $a = |\vec{a}|$ positiv sein muss, ist die negative Lösung $a = -\sqrt{a_1^2 + a_2^2 + a_3^2}$ irrelevant.

∎

Lösung 67. Das Kommutativgesetz der Vektoraddition lässt sich *ohne Worte* beweisen:

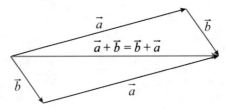

∎

Lösung 68. Die Vektoren $\vec{a}$ und $\vec{b}$ müssen so angeordnet werden, dass ihre Startpunkte übereinstimmen. Der Differenzvektor

$$\vec{c} = \vec{a} - \vec{b}$$

bildet die dritte Seite des Dreiecks und besitzt die Länge:

$$c = |\vec{c}| = |\vec{a} - \vec{b}|$$

Außerdem gilt $a = |\vec{a}|$ und $b = |\vec{b}|$, d. h. beide Varianten des Kosinussatzes sind äquivalent:

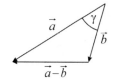

$$\underbrace{|\vec{a} - \vec{b}|^2}_{= c^2} = \underbrace{|\vec{a}|^2}_{= a^2} + \underbrace{|\vec{b}|^2}_{= b^2} - 2 \underbrace{|\vec{a}|}_{= a} \cdot \underbrace{|\vec{b}|}_{= b} \cos\gamma$$

Üblicherweise wird die Kurzschreibweise des Betrags a (ohne Pfeil und Betragsstriche) der ausführlichen Form $|\vec{a}|$ vorgezogen.

◼

Lösung 69. Die Kommutativität des Skalarprodukts lässt sich auf das Kommutativgesetz der Multiplikation zurückführen:

$$\vec{a} \cdot \vec{b} = \begin{pmatrix} a_1 \\ a_2 \\ a_3 \end{pmatrix} \cdot \begin{pmatrix} b_1 \\ b_2 \\ b_3 \end{pmatrix} = a_1 b_1 + a_2 b_2 + a_3 b_3 = b_1 a_1 + b_2 a_2 + b_3 a_3 = \begin{pmatrix} b_1 \\ b_2 \\ b_3 \end{pmatrix} \cdot \begin{pmatrix} a_1 \\ a_2 \\ a_3 \end{pmatrix} = \vec{b} \cdot \vec{a}$$

◼

Lösung 70. Das Skalarprodukt (70) eines Vektors mit sich selbst stimmt mit dem Quadrat des Betrags (67) überein:

$$\vec{a}^2 = \vec{a} \cdot \vec{a} = a_1 a_1 + a_2 a_2 + a_3 a_3 = a_1^2 + a_2^2 + a_3^2 = \left(\sqrt{a_1^2 + a_2^2 + a_3^2} \right)^2 = a^2$$

◼

Lösung 71. Herleitung des geometrischen Teils des Skalarprodukts:

$$|\vec{a}|^2 + |\vec{b}|^2 - 2\,|\vec{a}|\,|\vec{b}|\,\cos\gamma = |\vec{a} - \vec{b}|^2 \qquad \text{erweiterter Kosinussatz (69)}$$

$$= \left(\vec{a} - \vec{b} \right)^2 \qquad \text{Gleichungen (66) und (72)}$$

$$= \vec{a} \cdot \vec{a} - 2\,\vec{a} \cdot \vec{b} + \vec{b} \cdot \vec{b} \qquad \text{zweite binomische Formel}$$

$$= |\vec{a}|^2 + |\vec{b}|^2 - 2\,\vec{a} \cdot \vec{b} \qquad \text{Gleichungen (66) und (72)}$$

$$\Leftrightarrow \qquad \vec{a} \cdot \vec{b} = |\vec{a}|\,|\vec{b}|\,\cos\gamma \qquad \text{Kürzen}$$

◼

Lösung 72. Einsetzen von $\gamma = \frac{\pi}{2}$ in das Skalarprodukt (73) liefert:

$$\vec{a} \cdot \vec{b} = |\vec{a}| \, |\vec{b}| \, \underbrace{\cos\left(\frac{\pi}{2}\right)}_{= \, 0} = 0$$

∎

Lösung 73. Division des Skalarprodukts (73) durch $a = |\vec{a}|$:

$$\underbrace{\frac{1}{a} \, \vec{a} \cdot \vec{b}}_{= \, \vec{e}_a} = \underbrace{|\vec{b}| \, \cos\gamma}_{= \, p}$$

Bei $\vec{e}_a$ handelt es sich um den Einheitsvektor von $\vec{a}$.

∎

Lösung 74. Projektion mittels Skalarprodukt (75):

$$p = \frac{1}{a} \, \vec{a} \cdot \vec{b}$$

Höhe aus Pythagoras:

$$h = \sqrt{b^2 - p^2}$$

Fläche als Produkt aus Grundseite und Höhe:

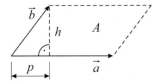

$$A = ah = a\sqrt{b^2 - p^2} = \sqrt{(ab)^2 - \left(\vec{a} \cdot \vec{b}\right)^2}$$

∎

Lösung 75. Referenzlösung aus Aufgabe 74:

$$A_{\text{Ref}} = \sqrt{(ab)^2 - \left(\vec{a} \cdot \vec{b}\right)^2}$$

$$= \sqrt{(a_1^2 + a_2^2 + a_3^2) \cdot (b_1^2 + b_2^2 + b_3^2) - (a_1b_1 + a_2b_2 + a_3b_3)^2}$$

$$= \sqrt{a_1^2b_2^2 + a_1^2b_3^2 + a_2^2b_1^2 + a_2^2b_3^2 + a_3^2b_1^2 + a_3^2b_2^2 - 2\,(a_1a_2b_1b_2 + a_1a_3b_1b_3 + a_2a_3b_2b_3)}$$

Berechnung der Fläche über das Kreuzprodukt:

$$A = |\vec{a} \times \vec{b}|$$

$$= \sqrt{(a_2b_3 - a_3b_2)^2 + (a_3b_1 - a_1b_3)^2 + (a_1b_2 - a_2b_1)^2}$$

$$= \sqrt{a_2^2b_3^2 - 2a_2a_3b_2b_3 + a_3^2b_2^2 + a_3^2b_1^2 - 2a_1a_3b_1b_3 + a_1^2b_3^2 + a_1^2b_2^2 - 2a_1a_2b_1b_2 + a_2^2b_1^2}$$

$$= A_{\text{Ref}}$$

∎

Lösung 76. Die Teilflächen bilden ein Rechteck:

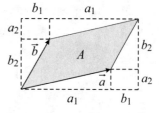

$$A + 2 \cdot \left(b_1 a_2 + \frac{a_1 a_2}{2} + \frac{b_1 b_2}{2} \right) \stackrel{!}{=} (a_1 + b_1)(a_2 + b_2)$$

Ausmultiplizieren und Kürzen:

$$A = a_1 b_2 - a_2 b_1$$

Zur Vermeidung negativer Flächen kann man Betragsstriche ergänzen: $A = |a_1 b_2 - a_2 b_1|$.

∎

Lösung 77. Grundseite mal Höhe:

$$A = |\vec{a}| \cdot h = ab \sin \alpha$$

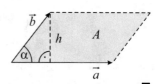

Meist wird mit dieser Formel nicht die Fläche A, sondern der Winkel α berechnet.

∎

Lösung 78. Vektoren sind orthogonal, wenn das Skalarprodukt (74) verschwindet:

$$\vec{a} \cdot \left(\vec{a} \times \vec{b} \right) = \begin{pmatrix} a_1 \\ a_2 \\ a_3 \end{pmatrix} \cdot \left[\begin{pmatrix} a_1 \\ a_2 \\ a_3 \end{pmatrix} \times \begin{pmatrix} b_1 \\ b_2 \\ b_3 \end{pmatrix} \right]$$

$$= a_1 \left(a_2 b_3 - a_3 b_2 \right) + a_2 \left(a_3 b_1 - a_1 b_3 \right) + a_3 \left(a_1 b_2 - a_2 b_1 \right)$$

$$= 0$$

$$\vec{b} \cdot \left(\vec{a} \times \vec{b} \right) = b_1 \left(a_2 b_3 - a_3 b_2 \right) + b_2 \left(a_3 b_1 - a_1 b_3 \right) + b_3 \left(a_1 b_2 - a_2 b_1 \right)$$

$$= 0$$

∎

Lösung 79. Ein Rechtssystem liegt vor, wenn der Richtungssinn mit der Rechten-Hand-Regel übereinstimmt. Der Vektor $\vec{a}$ möge in Richtung der x-Achse zeigen und Vektor $\vec{b}$ im 1. oder 2. Quadranten der xy-Ebene liegen:

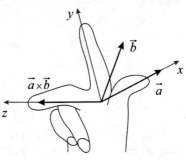

$$\vec{a} = \begin{pmatrix} a_1 \\ 0 \\ 0 \end{pmatrix}, \quad \vec{b} = \begin{pmatrix} b_1 \\ b_2 \\ 0 \end{pmatrix} \quad \text{mit} \quad a_1 > 0, \; b_2 > 0$$

Das Kreuzprodukt weist in Richtung der z-Achse:

$$\vec{c} = \vec{a} \times \vec{b} = \begin{pmatrix} 0 \\ 0 \\ a_1 b_2 \end{pmatrix}$$

Der Richtungssinn kann auch mithilfe der Korkenzieherregel überprüft werden: Rechter Daumen in Richtung von $\vec{c}$, die restlichen Finger drehen von $\vec{a}$ nach $\vec{b}$.

∎

Lösung 80. Alle Varianten des Spatprodukts

$$S_1 = \vec{a} \cdot (\vec{b} \times \vec{c})$$

$$= \begin{pmatrix} a_1 \\ a_2 \\ a_3 \end{pmatrix} \cdot \left[\begin{pmatrix} b_1 \\ b_2 \\ b_3 \end{pmatrix} \times \begin{pmatrix} c_1 \\ c_2 \\ c_3 \end{pmatrix} \right]$$

$$= a_1 (b_2 c_3 - b_3 c_2) + a_2 (b_3 c_1 - b_1 c_3) + a_3 (b_1 c_2 - b_2 c_1)$$

$$S_2 = \vec{b} \cdot (\vec{c} \times \vec{a})$$

$$= b_1 (c_2 a_3 - c_3 a_2) + b_2 (c_3 a_1 - c_1 a_3) + b_3 (c_1 a_2 - c_2 a_1)$$

$$S_3 = \vec{c} \cdot (\vec{a} \times \vec{b})$$

$$= c_1 (a_2 b_3 - a_3 b_2) + c_2 (a_3 b_1 - a_1 b_3) + c_3 (a_1 b_2 - a_2 b_1)$$

liefern das gleiche Ergebnis:

$$S_1 = S_2 = S_3 = a_1 b_2 c_3 + a_2 b_3 c_1 + a_3 b_1 c_2 - (a_1 b_3 c_2 + a_2 b_1 c_3 + a_3 b_2 c_1)$$

Die zyklische Vertauschung kann man sich als Drehung (im oder gegen den Uhrzeigersinn) vorstellen:

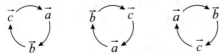

Bei nicht-zyklischer Vertauschung kommt es zu einem Vorzeichenwechsel:

$$\vec{a} \cdot (\vec{c} \times \vec{b}) = -S_1$$

Der Vollständigkeit halber sei erwähnt, dass die Kommutativität des Skalarprodukts (71) weiterhin Bestand hat: $\vec{a} \cdot (\vec{b} \times \vec{c}) = (\vec{b} \times \vec{c}) \cdot \vec{a}$.

∎

Lösung 81. Grundfläche (78) des Spats:

$$A = |\vec{a} \times \vec{b}|$$

Die Höhe erhält man durch Projektion (75) von $\vec{c}$ auf das Kreuzprodukt $\vec{a} \times \vec{b}$:

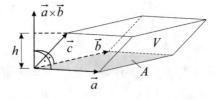

$$h = \left| \frac{\vec{a} \times \vec{b}}{|\vec{a} \times \vec{b}|} \cdot \vec{c} \right| = \frac{1}{|\vec{a} \times \vec{b}|} |\vec{c} \cdot (\vec{a} \times \vec{b})|$$

Beim Skalarprodukt wurden Betragsstriche ergänzt, um negative Höhen zu vermeiden. Somit ist auch das Volumen positiv:

$$V = Ah = |\vec{c} \cdot (\vec{a} \times \vec{b})|$$

∎

Lösung 82. Darstellungsarten einer Ebene:

a) Der Stützvektor $\vec{a}$ weist auf einen beliebigen Punkt
   innerhalb der Ebene.

   Die Richtungsvektoren $\vec{b}$ und $\vec{c}$ liegen in der Ebene.
   Um eine Ebene aufspannen zu können, müssen sie in
   unterschiedliche Richtungen zeigen, d. h. sie dürfen
   nicht kollinear sein.

b) Ein Normalenvektor steht senkrecht (engl.: normal)
   zur Ebene. Somit ergibt das Kreuzprodukt aus den
   Richtungsvektoren einen Normalenvektor:

$$\vec{n} = \vec{b} \times \vec{c} \tag{334}$$

Hinter der Normalenform verbirgt sich ein rechter Winkel (zwischen Normalenvektor
und Differenzvektor $\vec{d}$):

$$\vec{r} \cdot \vec{n} = \vec{a} \cdot \vec{n}$$

$$\Leftrightarrow \quad \vec{r} \cdot \vec{n} - \vec{a} \cdot \vec{n} = 0$$

$$\Leftrightarrow \quad \underbrace{(\vec{r} - \vec{a})}_{=\, \vec{d}} \cdot \vec{n} = 0$$

Randnotiz: Im Falle eines normierten Normalenvektors $\vec{e}_n = \frac{\vec{n}}{n}$ spricht man von der
Hesse-Normalform:

$$\vec{r} \cdot \vec{e}_n = \underbrace{\vec{a} \cdot \vec{e}_n}_{=\, p} \tag{335}$$

Der Parameter p (bzw. ggf. dessen Betrag) gibt den Abstand zwischen Ebene und
Ursprung an (vgl. Aufgabe 73).

c) Durch Ausmultiplizieren der Normalenform (84) erhält man die Koordinatenform:

$$\underbrace{kx + ly + mz}_{=\, \vec{r} \cdot \vec{n}} = q$$

Die Koordinaten gehören zum Ortsvektor:

$$\vec{r} = \begin{pmatrix} x \\ y \\ z \end{pmatrix}$$

Die Parameter k, l und m bilden den Normalenvektor:

$$\vec{n} = \begin{pmatrix} k \\ l \\ m \end{pmatrix}$$

Vergleich der rechten Seiten liefert den gesuchten Parameter:

$$q = \vec{a} \cdot \vec{n}$$

∎

Lösung 83. Jeder Ortsvektor setzt sich aus drei Koordinaten zusammen:

$$\vec{r}_A = \begin{pmatrix} a_1 \\ a_2 \\ a_3 \end{pmatrix} \quad \text{und} \quad \vec{r}_B = \begin{pmatrix} b_1 \\ b_2 \\ b_3 \end{pmatrix}$$

Bildung des Differenzvektors:

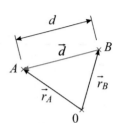

$$\vec{d} = \vec{r}_A - \vec{r}_B = \begin{pmatrix} a_1 - b_1 \\ a_2 - b_2 \\ a_3 - b_3 \end{pmatrix}$$

Seine Länge gibt den Abstand zwischen beiden Punkten an:

$$d = |\vec{d}| = \sqrt{(a_1 - b_1)^2 + (a_2 - b_2)^2 + (a_3 - b_3)} \qquad (336)$$

Da der Betrag immer positiv ist, hätte man auch $\vec{d} = \vec{r}_B - \vec{r}_A$ als Differenzvektor einführen können.

■

Lösung 84. Der Flächeninhalt des aufgespannten Parallelogramms lässt sich auf zwei Wegen berechnen:

1. Verwendung des Kreuzproduktes (78):

$$A = \left| (\vec{a} - \vec{p}) \times \vec{b} \right|$$

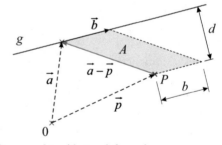

2. Grundseite mal Höhe:

$$A = \underbrace{|\vec{b}|}_{= b} \cdot d$$

Durch Gleichsetzen und Umstellen erhält man die gesuchte Abstandsformel:

$$d = \frac{\left| (\vec{a} - \vec{p}) \times \vec{b} \right|}{b}$$

Der Vorfaktor $\frac{1}{b}$ ist immer positiv und kann daher in den Betrag reingezogen werden. Dort bewirkt er eine Normierung des Richtungsvektors $\vec{b}$. Der Abstand

$$d = \left| (\vec{a} - \vec{p}) \times \underbrace{\left(\frac{1}{b} \vec{b} \right)}_{= \vec{e}_b} \right|$$

ist somit unabhängig von der Länge des Richtungsvektors.

■

Lösung 85. Der Richtungsvektor $\vec{b}$ der Geraden schließt mit dem Abstandsvektor

$$\vec{d} = \vec{a} - \vec{p} + \lambda_L \vec{b} \qquad (337)$$

einen rechten Winkel ein (Orthogonalitätsbedingung):

$$\vec{d} \cdot \vec{b} = (\vec{a} - \vec{p}) \cdot \vec{b} + \lambda_L \vec{b} \cdot \vec{b} \stackrel{!}{=} 0$$

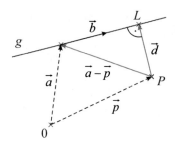

Umstellung nach dem unbekannten Parameter unter Berücksichtigung von $\vec{b} \cdot \vec{b} = b \cdot b$ gemäß (72):

$$\lambda_L = -\frac{(\vec{a} - \vec{p}) \cdot \vec{b}}{b^2}$$

Einsetzen in (337) und Normierung des Richtungsvektors liefert den Abstandsvektor:

$$\vec{d} = \vec{a} - \vec{p} - \frac{(\vec{a} - \vec{p}) \cdot \vec{b}}{b \cdot b} \vec{b}$$

$$= \vec{a} - \vec{p} - \big((\vec{a} - \vec{p}) \cdot \vec{e}_b\big) \vec{e}_b$$

Abschließend muss noch der Betrag gebildet werden:

$$d = \big| \vec{a} - \vec{p} - \big((\vec{a} - \vec{p}) \cdot \vec{e}_b\big) \vec{e}_b \big|$$

■

Lösung 86. Der Differenzvektor

$$\vec{b} = \vec{a} - \vec{p}$$

weist von Punkt P auf den Punkt A der Ebene. Durch Projektion (75) auf den normierten Normalenvektor erhält man den gesuchten Abstand:

$$d = \big| \vec{e}_n \cdot \vec{b} \big|$$

$$= \left| \frac{\vec{n}}{n} \cdot \vec{b} \right|$$

$$= \frac{1}{n} \big| \vec{n} \cdot (\vec{a} - \vec{p}) \big|$$

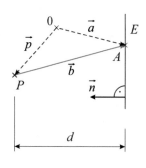

Die Einführung der Betragsstriche stellt eine Vorsichtsmaßnahme für den Fall dar, dass das Skalarprodukt einen negativen Werte annimmt. Beispielsweise könnte man bei $\vec{n}$ oder $\vec{b}$ den Richtungssinn ändern, was zu einem Vorzeichenwechsel beim Skalarprodukt führen würde.

Beachten Sie den Unterschied zu Aufgabe 85, wo die Betragsstriche beim Abstandsvektor zwingend erforderlich sind. Wer beim Skalarprodukt die Betragsstriche weglässt, läuft lediglich Gefahr, nachträglich das Vorzeichen korrigieren zu müssen.

■

Lösung 87. Aus den Orts- und Richtungsvektoren der windschiefen Geraden lässt sich ein Parallelepiped konstruieren, dessen Volumen auf zwei Wegen berechnet werden kann:

1. Grundfläche mal Höhe:

$$V = \underbrace{\left| \vec{b}_1 \times \vec{b}_2 \right|}_{= A} \cdot d$$

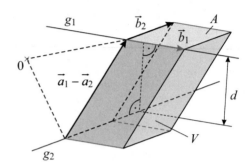

Der Flächeninhalt A des von den Richtungsvektoren aufgespannten Parallelogramms entspricht dem Betrag des Kreuzprodukts (78).

2. Betrag des Spatprodukts (82):

$$V = \left| (\vec{a}_1 - \vec{a}_2) \cdot (\vec{b}_1 \times \vec{b}_2) \right|$$

Gleichsetzen und Auflösen nach der Höhe bzw. dem Abstand der Geraden:

$$d = \frac{V}{A} = \frac{\left| (\vec{a}_1 - \vec{a}_2) \cdot (\vec{b}_1 \times \vec{b}_2) \right|}{\left| \vec{b}_1 \times \vec{b}_2 \right|}$$

■

Lösung 88. Der Abstandsvektor

$$\vec{d} = -\lambda_M \vec{b}_2 - \vec{a}_2 + \vec{a}_1 + \lambda_L \vec{b}_1 \tag{338}$$

schließt mit beiden Richtungsvektoren einen rechten Winkel (74) ein. Einsetzen von $\vec{d}$ in die Orthogonalitätsbedingungen

$$\vec{d} \cdot \vec{b}_1 \overset{!}{=} 0 \quad \text{und} \quad \vec{d} \cdot \vec{b}_2 \overset{!}{=} 0 \tag{339}$$

liefert die unbekannten Parameter λ_L und λ_M. Abschließend muss noch der Betrag gebildet werden: $d = |\vec{d}|$.

■

Lösung 89. Der Flächeninhalt des Parallelogramms lässt sich auf zwei Wegen ermitteln:

$$A = \underbrace{\left| \vec{b}_1 \right|}_{= b_1} \cdot d \overset{!}{=} \left| (\vec{a}_1 - \vec{a}_2) \times \vec{b}_1 \right|$$

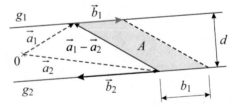

Auflösen nach dem gesuchten Abstand:

$$d = \frac{1}{b_1} \left| (\vec{a}_1 - \vec{a}_2) \times \vec{b}_1 \right| \tag{340}$$

Wegen der Parallelität $\vec{b}_2 = k\vec{b}_1$ ist es egal, welcher Richtungsvektor verwendet wird.

■

Lösung 90. Schnittwinkel zweier Geraden:

a) In den Aufgaben 71 bis 73 wird gezeigt, dass das Skalarprodukt als Projektion zweier Vektoren gedeutet werden kann. Umstellung von Gleichung (73) nach dem Kosinus:

$$\cos\alpha = \frac{\vec{b}_1 \cdot \vec{b}_2}{|\vec{b}_1| \cdot |\vec{b}_2|} \in [-1; 1]$$

Daraus folgt:

$$\alpha = \arccos\left(\frac{\vec{b}_1 \cdot \vec{b}_2}{|\vec{b}_1| \cdot |\vec{b}_2|}\right) \in [0°, 180°] \tag{341}$$

In Abhängigkeit vom Richtungssinn der Richtungsvektoren erhält man entweder einen spitzen oder einen stumpfen Winkel:

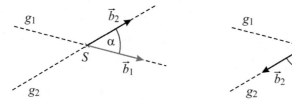

b) Das Kreuzprodukt kann zur Berechnung von Flächeninhalten eingesetzt werden, wie in Aufgabe 75 erläutert. Gleichsetzen von (78) und (80) liefert:

$$\sin\alpha = \frac{|\vec{b}_1 \times \vec{b}_2|}{|\vec{b}_1| \cdot |\vec{b}_2|} \in [0; 1]$$

Wegen der Beträge kann der Sinus keinen negativen Wert annehmen. Dies führt zu einer Einschränkung des Wertebereichs beim Schnittwinkel:

$$\alpha = \arcsin\left(\frac{|\vec{b}_1 \times \vec{b}_2|}{|\vec{b}_1| \cdot |\vec{b}_2|}\right) \in [0°, 90°] \tag{342}$$

Um mit (341) vergleichen zu können, muss α ggf. durch den Nebenwinkel

$$\beta = 180° - \alpha \tag{343}$$

ersetzt werden:

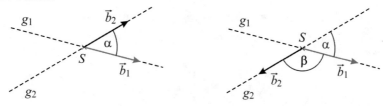

Fazit: Nur wenn der von $\vec{b}_1$ und $\vec{b}_2$ eingeschlossene Winkel zwischen 0° und 90° liegt, liefern die Formeln (341) und (342) den gleichen Winkel α.

Das Skalarprodukt berücksichtigt den Richtungssinn der Richtungsvektoren, das Kreuzprodukt bzw. dessen Betrag tut dies nicht — beide Ergebnisse sind richtig.

■

Lösung 91. Damit die Gerade g parallel zur Ebene E verläuft, müssen Richtungsvektor $\vec{b}$ und Normalenvektor $\vec{n}$ einen rechten Winkel (74) bilden:

$$\vec{b} \cdot \vec{n} = 0 \qquad (344)$$

Durch Projektion (75) des Differenzvektors $\vec{a} - \vec{p}$ auf den normierten Normalenvektor erhält man den Abstand:

$$d = \left| \frac{\vec{n}}{n} \cdot (\vec{a} - \vec{p}) \right| = \frac{|\vec{n} \cdot (\vec{a} - \vec{p})|}{n} \qquad (345)$$

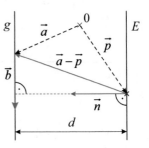

Die Betragsstriche stellen sicher, dass das Ergebnis auch dann positiv ist, wenn ein um 180° gedrehter Normalenvektor benutzt wird.   ∎

Lösung 92. Zwei Fälle können auftreten:

1. Spitzer Winkel zwischen Normalenvektor $\vec{n} = \vec{n}_1$ und Richtungsvektor $\vec{b}$:

$$\alpha \in [0°, 90°]$$

2. Stumpfer Winkel zwischen $\vec{n} = \vec{n}_2$ und $\vec{b}$:

$$\beta \in [90°, 180°]$$

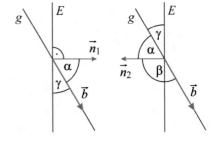

Dann ist α der Nebenwinkel (343) von β.

Gesucht ist der Komplementärwinkel von α:

$$\gamma = 90° - \alpha \qquad (346)$$

Für Komplementärwinkel gelten die trigonometrischen Beziehungen (297) und (298).

a) Bei Berechnung des Schnittwinkels γ zwischen g und E mittels Kreuzprodukt (94)

$$\cos \gamma = \sin \alpha = \frac{|\vec{b} \times \vec{n}|}{|\vec{b}| \cdot |\vec{n}|} \geq 0$$

führt der Arkussinus bzw. Arkuskosinus automatisch zum richtigen (spitzen) Winkel.

b) Bei Berechnung mittels Skalarprodukt (93) muss dieses mit Betragsstrichen versehen werden:

$$\sin \gamma = \cos \alpha = \frac{|\vec{b} \cdot \vec{n}|}{|\vec{b}| \cdot |\vec{n}|} = \begin{cases} \dfrac{\vec{b} \cdot \vec{n}_1}{|\vec{b}| \cdot |\vec{n}_1|} \geq 0 & \text{Fall 1} \\[3mm] -\cos \beta = -\dfrac{\vec{b} \cdot \vec{n}_2}{|\vec{b}| \cdot |\vec{n}_2|} \geq 0 & \text{Fall 2} \end{cases}$$

Andernfalls würde ein negatives Skalarprodukt anstelle von α den stumpfen Nebenwinkel β liefern, was einen negativen Schnittwinkel γ zur Folge hätte.

∎

Lösung 93. Zwei Ebenen sind parallel, wenn ihre Normalenvektoren $\vec{n}_1$ und $\vec{n}_2$ in die gleiche Richtung weisen.

a) Man muss zeigen, dass es sich bei $\vec{n}_1$ und $\vec{n}_2$ um kollineare Vektoren handelt:

$$\vec{n}_2 = k \cdot \vec{n}_1 \qquad (347)$$

Der Richtungssinn ist beliebig, d. h. $k \in \mathbb{R} \setminus \{0\}$.

b) Projektion (75) des Differenzvektors $\vec{p}_1 - \vec{p}_2$ auf den Einheitsvektor von $\vec{n}_1$ liefert den Abstand:

$$d = \left| \frac{\vec{n}_1}{|\vec{n}_1|} \cdot (\vec{p}_1 - \vec{p}_2) \right| = \frac{|\vec{n}_1 \cdot (\vec{p}_1 - \vec{p}_2)|}{|\vec{n}_1|} \qquad (348)$$

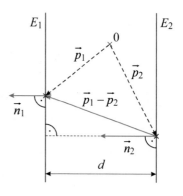

Die Betragsstriche beim Skalarprodukt sind als Vorsichtsmaßnahme zu verstehen, damit $d \geq 0$. Statt $\vec{n}_1$ kann auch $\vec{n}_2$ benutzt werden.

■

Lösung 94. Die Normalenvektoren $\vec{n}_1$ und $\vec{n}_2$ stehen senkrecht zu ihren Ebenen E_1 und E_2. Deshalb befindet sich der Schnittwinkel α von E_1 und E_2 auch zwischen $\vec{n}_1$ und $\vec{n}_2$.

a) Schnittwinkel mittels Skalarprodukt (93):

$$\cos \alpha = \frac{|\vec{n}_1 \cdot \vec{n}_2|}{|\vec{n}_1| \cdot |\vec{n}_2|} \qquad (349)$$

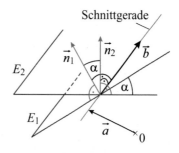

Die Betragsstriche im Zähler sind nötig, um den Winkel auf 90° zu begrenzen (vgl. Aufgabe 92).

Bestimmung mithilfe des Kreuzprodukts (94):

$$\sin \alpha = \frac{|\vec{n}_1 \times \vec{n}_2|}{|\vec{n}_1| \cdot |\vec{n}_2|} \qquad (350)$$

b) Der Richtungsvektor der Schnittgeraden steht senkrecht zu den Normalenvektoren. Deshalb kann man ihn am einfachsten mithilfe des Kreuzprodukts (77) berechnen:

$$\vec{b} = \vec{n}_1 \times \vec{n}_2 \qquad (351)$$

Alternative: Differenzvektor zweier Punkte der Schnittgeraden.

c) Der Stützvektor $\vec{a}$ muss beide Ebenengleichungen erfüllen:

$$\vec{a} \cdot \vec{n}_1 = \vec{p}_1 \cdot \vec{n}_1 \qquad (352)$$

$$\vec{a} \cdot \vec{n}_2 = \vec{p}_2 \cdot \vec{n}_2 \qquad (353)$$

Den zwei Gleichungen stehen drei Unbekannte gegenüber (Koordinaten x, y und z), weshalb eine Koordinate vorgegeben werden muss, z. B. $x = 0$.

■

Funktionen und Kurven

Lösung 95. Für die drei rechtwinkligen Dreiecke gilt:

$$\sin(\alpha + \beta) = a + b$$

$$= c \sin \alpha + d \cos \alpha$$

$$= \sin \alpha \, \cos \beta + \cos \alpha \, \sin \beta$$

Erweiterung für negative Winkel (Substitution: $\beta \to -\beta$):

$$\sin(\alpha - \beta) = \sin \alpha \, \cos(-\beta) + \cos \alpha \, \sin(-\beta)$$

$$= \sin \alpha \, \cos \beta - \cos \alpha \, \sin \beta$$

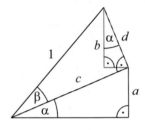

■

Lösung 96. Additionstheorem für den Kosinus:

$$\cos(\alpha + \beta) = e - f$$

$$= c \cos \alpha - d \sin \alpha$$

$$= \cos \alpha \, \cos \beta - \sin \alpha \, \sin \beta$$

Berücksichtigung negativer Winkel ($\beta \to -\beta$):

$$\cos(\alpha - \beta) = \cos \alpha \, \cos(-\beta) - \sin \alpha \, \sin(-\beta)$$

$$= \cos \alpha \, \cos \beta + \sin \alpha \, \sin \beta$$

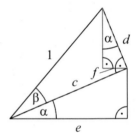

■

Lösung 97. Aus den in den Aufgaben 95 und 96 hergeleiteten Additionstheoremen für Sinus und Kosinus folgt unmittelbar das Additionstheorem für den Tangens:

$$\tan(x \pm y) = \frac{\sin(x \pm y)}{\cos(x \pm y)}$$

$$= \frac{\left[\sin x \, \cos y \pm \cos x \, \sin y \right] \cdot \dfrac{1}{\cos x \, \cos y}}{\left[\cos x \, \cos y \mp \sin x \, \sin y \right] \cdot \dfrac{1}{\cos x \, \cos y}}$$

$$= \frac{\tan x \pm \tan y}{1 \mp \tan x \, \tan y}$$

Beachten Sie den Unterschied zwischen einem Plusminuszeichen ($\pm$) und einem Minuspluszeichen ($\mp$). Es existieren jeweils zwei Varianten der Additionstheoreme: Entweder gelten die oberen Zeichen oder die unteren.

■

Lösung 98. Der Kosinus Hyperbolicus ist eine gerade Funktion, weist also eine Spiegelsymmetrie bezüglich der Ordinate (y-Achse) auf:

$$\cosh(-x) = \frac{1}{2}\left(e^{-x} + e^{-(-x)}\right)$$

$$= \frac{1}{2}\left(e^x + e^{-x}\right)$$

$$= \cosh x$$

Beim Sinus Hyperbolicus handelt es sich um eine ungerade Funktion, d. h. es gibt eine Punktsymmetrie zum Ursprung:

$$-\sinh(-x) = -\frac{1}{2}\left(e^{-x} - e^{-(-x)}\right)$$

$$= \frac{1}{2}\left(e^x - e^{-x}\right)$$

$$= \sinh x$$

Durch Addition beider Hyperbelfunktionen erhält man die Exponentialfunktion:

$$\cosh x + \sinh x = e^x \tag{354}$$

∎

Lösung 99. Um zwischen verschiedenen Koordinatensystemen unterscheiden zu können, ersetzt man bei der allgemeinen Hyperbelgleichung (102) die Variablen x und y durch X und Y:

$$\left(\frac{X - X_0}{a}\right)^2 - \left(\frac{Y - Y_0}{b}\right)^2 = 1$$

Ohne Verschiebung des Mittelpunkts $(X_0, Y_0) = (0,0)$ und mit Halbachsen $a = b = \sqrt{2}$ vereinfacht sich die Hyperbelgleichung zu:

$$X^2 - Y^2 = 2$$

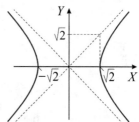

Koordinatentransformation bei Drehung um 45°

$$X = \frac{\sqrt{2}}{2}(x + y) \quad \text{und} \quad Y = \frac{\sqrt{2}}{2}(-x + y)$$

liefert die gesuchte Hyperbel:

$$\frac{1}{2}(x + y)^2 - \frac{1}{2}(-x + y)^2 = 2$$

$$\Leftrightarrow \qquad\qquad y = \frac{1}{x}$$

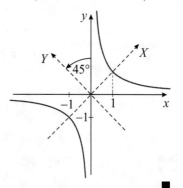

∎

Lösung 100. Explizite Darstellung (Auflösen nach y) der Einheitshyperbel:

$$y = \pm\sqrt{x^2 - 1} \qquad (355)$$

Integration in x-Richtung:

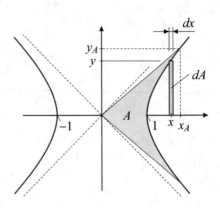

$$A = 2 \cdot \frac{1}{2} x_A \underbrace{\sqrt{x_A^2 - 1}}_{= y_A} - 2 \int_1^{x_A} y\, dx$$

$$= \underbrace{x_A\, y_A}_{\text{Dreieck}} - \underbrace{2 \int_1^{x_A} \sqrt{x^2 - 1}\, dx}_{\text{Hyperbelsegment}}$$

Nebenrechnung zur Bestimmung der Stammfunktion für das Hyperbelsegment:

$$B = \int \sqrt{x^2 - 1}\, dx \qquad\qquad\qquad \text{mit } |x| \geq 1$$

$$= \int 1 \cdot \sqrt{x^2 - 1}\, dx \qquad\qquad \text{Erzeugung eines 2. Faktors}$$

$$= x \cdot \sqrt{x^2 - 1} - \int x \cdot \frac{2x}{2\sqrt{x^2 - 1}}\, dx \qquad \text{partielle Integration}$$

$$= x\sqrt{x^2 - 1} - \int \frac{x^2 - 1}{\sqrt{x^2 - 1}}\, dx - \underbrace{\int \frac{1}{\sqrt{x^2 - 1}}\, dx}_{= \operatorname{arcosh}(x) \text{ gemäß } (155)} \qquad \text{Erweiterung}$$

$$= \underbrace{x\sqrt{x^2 - 1} - \operatorname{arcosh} x}_{= D} - \underbrace{\int \sqrt{x^2 - 1}\, dx}_{= B} + 2C \qquad \begin{array}{l}\text{Ergänzung der Integrations-}\\\text{konstanten } C \text{ bzw. } 2C\end{array}$$

$$= \frac{1}{2}\left[x\sqrt{x^2 - 1} - \operatorname{arcosh} x\right] + C \qquad \begin{array}{l}\text{Rückwurftechnik:}\\ B = D - B + 2C\\ \Leftrightarrow\ B = \frac{1}{2}D + C\end{array}$$

Fortsetzung der Hauptrechnung (ohne Konstante C wegen bestimmter Integration):

$$A = x_A\, y_A - \left[x\sqrt{x^2 - 1} - \operatorname{arcosh} x\right]_1^{x_A}$$

$$= x_A\, y_A - x_A\, y_A + \operatorname{arcosh} x_A - \operatorname{arcosh} 1$$

$$= \operatorname{arcosh} x_A$$

Anwendung der Umkehrfunktion liefert die erste der beiden gesuchten Koordinaten:

$$x_A = \cosh A \qquad (356)$$

Analog die Integration in y-Richtung:

$$A = x_A y_A - 2 \int_0^{y_A} x_A - x \, dy$$

$$= x_A y_A - 2 x_A y_A + 2 \underbrace{\int_0^{y_A} \sqrt{y^2 + 1} \, dy}_{= E}$$

$$= -x_A y_A + 2 y_A \sqrt{y_A^2 + 1} - 2 \int_0^{y_A} \frac{y^2}{\sqrt{y^2 + 1}} \, dy$$

$$= x_A y_A - 2 \int_0^{y_A} \frac{y^2 + 1}{\sqrt{y^2 + 1}} - \frac{1}{\sqrt{y^2 + 1}} \, dy$$

$$= x_A y_A - 2 \underbrace{\int_0^{y_A} \sqrt{y^2 + 1} \, dy}_{= E} + 2 \underbrace{\operatorname{arsinh} y_A}_{\text{siehe (154)}}$$

$$= \operatorname{arsinh} y_A$$

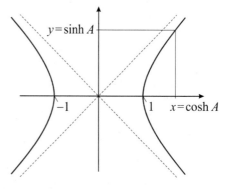

Auflösen nach der zweiten gesuchten Koordinate:

$$y_A = \sinh A \tag{357}$$

Einsetzen von (356) und (357) in die Kegelschnittgleichung der Einheitshyperbel (104) führt auf den Pythagoras für Hyperbelfunktionen (3):

$$x^2 - y^2 = \cosh^2 A - \sinh^2 A = 1$$

∎

Anmerkungen:

- Der Koordinatenindex A kann bei der Ergebnisdarstellung weggelassen werden. Er wurde eingeführt, um bei der Integration zwischen Laufvariablen x, y und Grenzen x_A, y_A zu unterscheiden.

- Weil die Fläche A (Area) als Parameter verwendet wird, heißen die Funktionen arcosh und arsinh Areafunktionen.

- Bei den Arkusfunktionen arccos und arcsin ist der Bogen (Winkel in Bogenmaß) namensgebend.

Lösung 101. Allgemeine Kegelschnittgleichung:

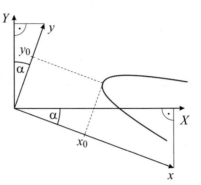

$$AX^2 + BXY + CY^2 + DX + EY + F = 0$$

Koordinatendrehung:

$$X = +x \cos \alpha + y \sin \alpha$$
$$Y = -x \sin \alpha + y \cos \alpha$$

(358)

X, Y: Allgemeines Koordinatensystem
x, y: Hauptachsen, parallel zu Symmetrieachse(n)
x_0, y_0: Mittelpunkt oder Scheitelpunkt (Parabel)
α: Gesuchter Hauptachsenwinkel

Einsetzen und Ausmultiplizieren:

$$A \left[x^2 \cos^2 \alpha + 2xy \cos \alpha \sin \alpha + y^2 \sin^2 \alpha\right]$$
$$+B \left[-x^2 \cos \alpha \sin \alpha + xy(\cos^2 \alpha - \sin^2 \alpha) + y^2 \sin \alpha \cos \alpha\right]$$
$$+C \left[x^2 \sin^2 \alpha - 2xy \sin \alpha \cos \alpha + y^2 \cos^2 \alpha\right]$$
$$+D \left[x \cos \alpha + y \sin \alpha\right]$$
$$+E \left[-x \sin \alpha + y \cos \alpha\right]$$
$$+F = 0$$

Umsortieren:

$$x^2 \left[A \cos^2 \alpha - B \cos \alpha \sin \alpha + C \sin^2 \alpha\right]$$
$$+xy \underbrace{\left[2A \cos \alpha \sin \alpha + B(\cos^2 \alpha - \sin^2 \alpha) - 2C \sin \alpha \cos \alpha\right]}_{\overset{!}{=}\, 0}$$
$$+y^2 \left[A \sin^2 \alpha + B \sin \alpha \cos \alpha + C \cos^2 \alpha\right]$$
$$+x \left[D \cos \alpha - E \sin \alpha\right]$$
$$+y \left[D \sin \alpha + E \cos \alpha\right]$$
$$+F = 0$$

Elimination des gemischten Terms unter Berücksichtigung der Additionstheoreme (97) und (98) (mit $x = y = \alpha$)

$$(A - C)\underbrace{2 \sin \alpha \cos \alpha}_{=\, \sin(2\alpha)} + B\underbrace{(\cos^2 \alpha - \sin^2 \alpha)}_{=\, \cos(2\alpha)} = 0$$

liefert den Hauptachsenwinkel:

$$\alpha = \frac{1}{2} \arctan\left(\frac{B}{C - A}\right)$$

(359)

∎

Lösung 102. Quadratische Ergänzungen für den Fall der Ellipse ($A \cdot B > 0$):

$$Ax^2 + By^2 + Cx + \frac{1}{A}\left(\frac{C}{2}\right)^2 + Dy + \frac{1}{B}\left(\frac{D}{2}\right)^2 + E = \frac{1}{A}\left(\frac{C}{2}\right)^2 + \frac{1}{B}\left(\frac{D}{2}\right)^2$$

$$\Leftrightarrow \qquad A\left[x + \frac{C}{2A}\right]^2 + B\left[y + \frac{D}{2B}\right]^2 = \frac{1}{A}\left(\frac{C}{2}\right)^2 + \frac{1}{B}\left(\frac{D}{2}\right)^2 - E$$

$$\Leftrightarrow \quad 4A^2B\left[x - \left(-\frac{C}{2A}\right)\right]^2 + 4AB^2\left[y - \left(-\frac{D}{2B}\right)\right]^2 = BC^2 + AD^2 - 4ABE$$

Vergleich mit der Mittelpunktsform

$$\left[\frac{x - x_0}{a}\right]^2 + \left[\frac{y - y_0}{b}\right]^2 = 1$$

liefert den Mittelpunkt

$$x_0 = -\frac{C}{2A}$$

$$y_0 = -\frac{D}{2B}$$

und die Halbachsen:

$$a = \frac{1}{2}\sqrt{\frac{BC^2 + AD^2 - 4ABE}{A^2B}}$$

$$b = \frac{1}{2}\sqrt{\frac{BC^2 + AD^2 - 4ABE}{AB^2}} = \sqrt{\frac{A}{B}}\,a$$

∎

Anmerkungen:

- Erlaubte Parameterkombinationen ergeben sich aus der Forderung, dass die beiden Radikanden nicht negativ sein dürfen:

$$ABC^2 + A^2D^2 \overset{!}{\geq} 4A^2BE$$

- Es existieren 4 unabhängige Parameter:

    - x_0, y_0, a und b

    - Von den 5 Parametern A bis E kann einer frei gewählt werden, z. B. $A = 1$.

- Einheitskreis als Sonderfall: $A = B = 1$, $C = D = 0$ und $E = -1$

- Parameter A und B können auch beide negativ sein: $A = B = -1$, $C = D = 0$ und $E = 1$ führt ebenfalls auf den Einheitskreis.

Lösung 103. Kegelschnittgleichung:
$$Ax^2 + By^2 + Cx + Dy + E = 0$$

Sonderfälle:

- Punkt (aus Ellipse) mit $C = D = E = 0$:
$$Ax^2 + By^2 = 0 \quad \text{für} \quad A \cdot B > 0$$
$$\Rightarrow \quad x = y = 0 \tag{360}$$

- Zwei sich schneidende Geraden (aus Hyperbel) mit $C = D = E = 0$:
$$Ax^2 + By^2 = 0 \quad \text{für} \quad A \cdot B < 0$$
$$\Rightarrow \quad y = \pm\sqrt{-\frac{A}{B}}\, x \tag{361}$$

- Gerade (aus Parabel) mit $A = B = 0$:
$$Cx + Dy + E = 0$$
$$\Rightarrow \quad y = -\frac{C}{D}x - \frac{E}{D} \tag{362}$$

$\blacksquare$

Lösung 104. Beispiele:

- Zwei parallele Geraden:
$$y^2 + E = 0 \quad \text{mit} \quad E = -1$$
$$\Rightarrow \quad y = \pm 1 \tag{363}$$

- Keine Lösung:
$$y^2 = -1 \tag{364}$$

$\blacksquare$

Lösung 105. Es gilt:
$$f(x) = \cos(x) = \cos(-x) = \sin\left(x + \frac{\pi}{2}\right) = \sin\left(-x + \frac{\pi}{2}\right) \quad \text{für} \quad x \in [0, \pi]$$

Der Definitionsbereich muss eingeschränkt werden, weil die Umkehrfunktion vom Kosinus nur für den streng monoton fallenden Kurvenabschnitt der ersten Halbperiode definiert ist. Berücksichtigt man außerdem, dass sich die Umkehrfunktion vom Sinus auf das Intervall $\left[-\frac{\pi}{2}, \frac{\pi}{2}\right]$ beschränkt, dann lässt sich die Umkehrfunktion $g(x) = f^{-1}(x)$ durch Vertauschung der Achsen bilden:
$$x = \cos(g) = \sin\left(-g + \frac{\pi}{2}\right)$$

Auflösung nach g:
$$g = \arccos(x) = \frac{\pi}{2} - \arcsin(x)$$

$\blacksquare$

Lösung 106. Der trigonometrische Pythagoras, kombiniert mit dem Tangens (303):

$$1 = \sin^2 z + \cos^2 z = \sqrt{\sin^2 z + \cos^2 z} = \sqrt{\sin^2 z + \frac{\sin^2 z}{\tan^2 z}} = \sin z \cdot \sqrt{\frac{\tan^2 z + 1}{\tan^2 z}}$$

Division durch die Wurzel und Anwendung des Arkussinus:

$$z = \arcsin \frac{\tan z}{\sqrt{\tan^2 z + 1}}$$

Substitution $x = \tan z$ bzw. $z = \arctan x$:

$$\arctan x = \arcsin \frac{x}{\sqrt{x^2 + 1}}$$

■

Lösung 107. Mit dem aus Aufgabe 105 bekannten Zusammenhang

$$\cos x = \cos(-x) = \sin\left(x + \frac{\pi}{2}\right) = \sin\left(-x + \frac{\pi}{2}\right)$$

und der sich daraus ergebenden Beziehung

$$\sin x = \cos\left(x - \frac{\pi}{2}\right) = \cos\left(-x + \frac{\pi}{2}\right)$$

folgt für den Kotangens:

$$y = \cot x = \frac{1}{\tan x} = \frac{\cos x}{\sin x} = \frac{\sin\left(-x + \frac{\pi}{2}\right)}{\cos\left(-x + \frac{\pi}{2}\right)} = \tan\left(-x + \frac{\pi}{2}\right) \quad \text{für} \quad x \in (0, \pi)$$

Bildung der Umkehrfunktion durch Vertauschung der Achsen:

$$x = \cot g = \tan\left(-g + \frac{\pi}{2}\right)$$

Auflösen nach g:

$$g = \operatorname{arccot} x = \frac{\pi}{2} - \arctan x$$

Anmerkungen:

- Die Umkehrfunktion erfordert eine strenge Monotonie, weshalb der Kotangens auf das Intervall $x \in (0, \pi)$ eingeschränkt werden muss.

- Die zugehörige Tangensfunktion $\tan(z) = \tan\left(-x + \frac{\pi}{2}\right)$ besitzt den Definitionsbereich $z \in \left(-\frac{\pi}{2}, \frac{\pi}{2}\right)$.

- Obwohl der Tangens eine Periode von π besitzt, darf die Umkehrfunktion nur von $\tan\left(-x + \frac{\pi}{2}\right)$ und nicht von z. B. $\tan\left(-x - \frac{\pi}{2}\right)$ oder $\tan\left(-x + \frac{7\pi}{2}\right)$ gebildet werden.

■

Lösung 108. Definition des Sinus Hyperbolicus:

$$x = \sinh y = \frac{e^y - e^{-y}}{2} = \frac{1}{2}\left(z - \frac{1}{z}\right) \quad \text{mit} \quad z = e^y > 0$$

Nach Multiplikation mit z erhält man die quadratische Gleichung:

$$z^2 - 2xz - 1 = 0$$

Wegen der Forderung $z > 0$ existiert nur eine zulässige Lösung:

$$z = x + \sqrt{x^2 + 1}$$

Rücksubstitution $y = \ln z$:

$$y = \operatorname{arsinh} x = \ln\left(x + \sqrt{x^2 + 1}\right)$$

∎

Lösung 109. Kosinus Hyperbolicus:

$$x = \cosh y = \frac{e^y + e^{-y}}{2} = \frac{1}{2}\left(z + \frac{1}{z}\right) \quad \text{mit} \quad z = e^y > 0$$

Multiplikation mit z liefert die quadratische Gleichung:

$$z^2 - 2xz + 1 = 0$$

Für $x \geq 1$ erfüllen beide Lösungen die Bedingung $z > 0$:

$$z_1 = x + \sqrt{x^2 - 1} \in [1; \infty) \quad \text{und} \quad z_2 = x - \sqrt{x^2 - 1} \in (0; 1]$$

Allerdings ist die Umkehrfunktion nur für den streng monoton steigenden Bereich des Kosinus Hyperbolicus definiert. Die Forderung $y = \ln z \geq 0$ erfüllt nur die erste Lösung:

$$y = \operatorname{arcosh} x = \ln\left(x + \sqrt{x^2 - 1}\right)$$

∎

Lösung 110. Tangens Hyperbolicus mit (100) und (101):

$$x = \tanh y = \frac{\sinh y}{\cosh y} = \frac{e^y - e^{-y}}{e^y + e^{-y}} \in (-1; 1) \tag{365}$$

Auflösen nach y:

$$x\left(e^y + e^{-y}\right) = e^y - e^{-y}$$

$$\Leftrightarrow \quad e^y(x - 1) = e^{-y}(-x - 1)$$

$$\Leftrightarrow \quad e^{2y} = \frac{1 + x}{1 - x}$$

$$\Leftrightarrow \quad y = \operatorname{artanh} x = \frac{1}{2}\ln\left(\frac{1 + x}{1 - x}\right)$$

∎

Lösung 111. Der Beweis erfolgt analog zu Aufgabe 110:

$$x = \coth y = \frac{\cosh y}{\sinh y} = \frac{e^y + e^{-y}}{e^y - e^{-y}} \in \mathbb{R} \setminus [-1; 1] \tag{366}$$

Die Umkehrfunktion des Kotangens Hyperbolicus, den Areakotangens Hyperbolicus, erhält man durch Umstellen nach y:

$$x\left(e^y - e^{-y}\right) = e^y + e^{-y}$$

$$\Leftrightarrow \quad e^y(x-1) = e^{-y}(x+1)$$

$$\Leftrightarrow \quad e^{2y} = \frac{x+1}{x-1}$$

$$\Leftrightarrow \quad y = \text{arcoth}\, x = \frac{1}{2} \ln\left(\frac{x+1}{x-1}\right)$$

$\blacksquare$

Lösung 112. Logarithmierung der allgemeinen Exponentialfunktion:

$$\underbrace{\log(y)}_{=Y} = \log(c \cdot a^x) = \log(c) + \log(a) \cdot x \tag{367}$$

Die Gerade schneidet die Ordinate bei $\log(c)$ und besitzt die Steigung $\log(a)$.

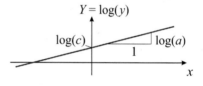

$\blacksquare$

Lösung 113. Das Logarithmieren einer Potenzfunktion

$$\underbrace{\log(y)}_{=Y} = \log(c \cdot x^b) = \log(c) + b \cdot \underbrace{\log(x)}_{=X} \tag{368}$$

liefert eine Gerade mit der Steigung b und dem Ordinatenabschnitt $\log(c)$.

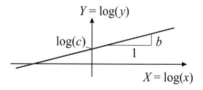

$\blacksquare$

Lösung 114. Es ist im Allgemeinen nicht möglich, zusammengesetzte Funktionen durch Logarithmieren in eine Gerade zu überführen, wie die Gegenbeispiele demonstrieren:

x	$\log(2^x)$	$\log(3^x)$	$\log(2^x + 3^x)$
0	0	0	$0{,}301\dots$
1	$0{,}301\dots$	$0{,}477\dots$	$0{,}698\dots$
2	$0{,}602\dots$	$0{,}954\dots$	$1{,}113\dots$
	Gerade	Gerade	keine Gerade

x	$\log(x)$	$\log(x^2)$	$\log(x^3)$	$\log(x^2 + x^3)$
1	0	0	0	$0{,}301\dots$
10	1	2	3	$3{,}041\dots$
100	2	4	6	$6{,}004\dots$
X		Gerade	Gerade	keine Gerade

$\blacksquare$

Differentialrechnung

Lösung 115. Mittels Grenzwertbetrachtung lässt sich der Differenzenquotient $\frac{\Delta f(x)}{\Delta x}$ in den Differentialquotienten $\frac{df(x)}{dx}$ überführen:

$$f'(x_0) = \lim_{x \to x_0} \frac{f(x) - f(x_0)}{x - x_0} = \lim_{h \to 0} \frac{f(x_0 + h) - f(x_0)}{h}$$

Weil sich die Ableitung auch an anderen Stellen x_0 bilden lässt, kann der Index entfallen:

$$f'(x) = \frac{df(x)}{dx} = \lim_{h \to 0} \frac{f(x + h) - f(x)}{h} \qquad (369)$$

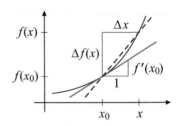

Grafische Interpretation: Tangente statt Sekante

■

Lösung 116. Mithilfe des in Gleichung (369) definierten Differentialquotientens erhält man die Ableitung der Funktion $f(x) = c \cdot g(x)$:

$$f'(x) = \lim_{h \to 0} \frac{f(x + h) - f(x)}{h}$$

$$= \lim_{h \to 0} \frac{c \cdot g(x + h) - c \cdot g(x)}{h}$$

$$= c \cdot \lim_{h \to 0} \frac{g(x + h) - g(x)}{h}$$

$$= c \cdot g'(x)$$

Dass der Faktor c aus dem Grenzwert herausgezogen werden darf, wird in Aufgabe 217 gezeigt.

■

Lösung 117. Eine zusammengesetzte Funktion $f(x) = u(x) + v(x)$ lässt sich gliedweise differenzieren:

$$f'(x) = \lim_{h \to 0} \frac{f(x + h) - f(x)}{h}$$

$$= \lim_{h \to 0} \frac{[u(x + h) + v(x + h)] - [u(x) + v(x)]}{h}$$

$$= \lim_{h \to 0} \frac{u(x + h) - u(x)}{h} + \lim_{h \to 0} \frac{v(x + h) - v(x)}{h}$$

$$= u'(x) + v'(x)$$

Gemäß dem Grenzwertsatz für die Addition (200) ist eine Aufteilung in zwei oder auch mehrere Terme möglich, sofern die Grenzwerte existieren.

■

Lösung 118. Eine in Produktform vorliegende Funktion $f(x) = u(x) \cdot v(x)$ kann wie folgt abgeleitet werden:

$$f'(x) = \lim_{h \to 0} \frac{f(x+h) - f(x)}{h}$$

$$= \lim_{h \to 0} \frac{u(x+h) \cdot v(x+h) - u(x) \cdot v(x)}{h}$$

$$= \lim_{h \to 0} \frac{u(x+h) \cdot v(x+h) - u(x) \cdot v(x+h) + u(x) \cdot v(x+h) - u(x) \cdot v(x)}{h}$$

$$= \lim_{h \to 0} \frac{u(x+h) - u(x)}{h} \cdot v(x+h) + \lim_{h \to 0} u(x) \cdot \frac{v(x+h) - v(x)}{h}$$

$$= u'(x) \cdot v(x) + u(x) \cdot v'(x)$$

■

Lösung 119. Wenn man die Funktion $f(x) = \frac{u(x)}{v(x)}$ nach $u(x) = f(x) \cdot v(x)$ umstellt, kann die bereits bewiesene Produktregel (120) angewandt werden:

$$u'(x) = f'(x) \cdot v(x) + f(x) \cdot v'(x)$$

Auflösen nach der gesuchten Ableitung:

$$f'(x) = \frac{u'(x) - f(x) \cdot v'(x)}{v(x)} = \frac{u'(x) \cdot v(x) - u(x) \cdot v'(x)}{v^2(x)}$$

■

Lösung 120. Die Funktion $f(x) = g(u(x))$ lässt sich mittels Kettenregel differenzieren:

$$f'(x) = \lim_{h \to 0} \frac{f(x+h) - f(x)}{h}$$

$$= \lim_{h \to 0} \frac{g\big(u(x+h)\big) - g\big(u(x)\big)}{h}$$

$$= \lim_{h \to 0} \frac{g\big(u(x+h)\big) - g\big(u(x)\big)}{u(x+h) - u(x)} \cdot \frac{u(x+h) - u(x)}{h}$$

$$= \lim_{h \to 0} \frac{g\big(u(x+h)\big) - g\big(u(x)\big)}{u(x+h) - u(x)} \cdot \lim_{h \to 0} \frac{u(x+h) - u(x)}{h}$$

$$= \frac{dg}{du} \cdot \frac{du}{dx}$$

Bei der Aufteilung in zwei Faktoren kommt der Grenzwertsatz für die Multiplikation (201) zum Einsatz.

■

Lösung 121. Da man eine Umkehrfunktion durch Spiegelung an der Winkelhalbierenden $y = x$ erhält, kehrt sich die Steigung um, wie man anhand der Steigungsdreiecke erkennt:

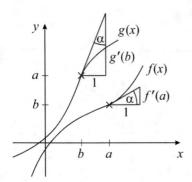

$$\tan\alpha = \frac{f'(a)}{1} = \frac{1}{g'(b)}$$

Die Ableitung der Ausgangsfunktion $f(x)$ an der Stelle a lässt sich also indirekt über die Ableitung der Umkehrfunktion $g(x) = f^{-1}(x)$ an der Stelle

$$b = f(a)$$

bestimmen:

$$f'(a) = \frac{1}{g'\big(f(a)\big)}$$

∎

Lösung 122. Hinter der Kurzschreibweise $f'(x) = \frac{1}{g'(f(x))}$ versteckt sich folgendes Problem: Im Gegensatz zu a und $f(a)$ sind x und $f(x)$ keine Konstanten, sondern Variablen. Anstatt $f(x)$ in die bereits abgeleitete Funktion g' einzusetzen, wird man quasi zum Ableiten aufgefordert:

$$g'\big(f(x)\big) = \Big[g\big(f(x)\big)\Big]' = \Big[f^{-1}\big(f(x)\big)\Big]' = [x]' = 1$$

Als Beispiel betrachte man die fünfte Wurzel $f(x) = \sqrt[5]{x}$, die mithilfe der Umkehrfunktion $g(x) = x^5$ abgeleitet werden soll:

- Richtige Schreibweise:

$$f'(a) = \frac{1}{g'(b)} = \frac{1}{g'\big(f(a)\big)}$$

Mit der Ableitung der Umkehrfunktion $g'(x) = 5x^4$ folgt:

$$f'(a) = \frac{1}{5b^4} = \frac{1}{5\big(\sqrt[5]{a}\big)^4} = \frac{1}{5}a^{-\frac{4}{5}}$$

Abschließend darf a durch x ersetzt werden:

$$f'(x) = \frac{1}{5}x^{-\frac{4}{5}} \quad\checkmark$$

- Falsche Schreibweise:

$$f'(x) = \frac{1}{g'\big(f(x)\big)} = \frac{1}{\big[g\big(f(x)\big)\big]'}$$

Einsetzen:

$$f'(x) = \frac{1}{\big[\big(\sqrt[5]{x}\big)^5\big]'} = \frac{1}{x'} = \frac{1}{1} = 1 \neq \frac{1}{5}x^{-\frac{4}{5}}$$

Da sich Funktion und Umkehrfunktion aufheben, erhält man ein falsches Ergebnis.

∎

Lösung 123. Die logarithmische Differentiation einer Funktion $y = f(x) > 0$ erfolgt in drei Schritten:

1. Logarithmieren:
$$\ln(y) = \ln\big(f(x)\big)$$

2. Ableitung mittels Kettenregel:
$$\underbrace{\big[\ln(y)\big]'}_{= \frac{1}{y} \cdot y'} = \Big[\ln\big(f(x)\big)\Big]'$$

3. Auflösen nach der gesuchten Ableitung:
$$y' = f(x) \cdot \Big[\ln\big(f(x)\big)\Big]'$$

Bei Funktionen vom Typ $f(x) = g(x)^{h(x)}$ vereinfacht sich der Term $[\ln(f(x))]'$ dank der Logarithmenregel (31) zu einem Produkt zweier Funktionen, so dass sich die Produktregel (120) anwenden lässt:

$$\Big[\ln\big(f(x)\big)\Big]' = \Big[h(x) \cdot \ln\big(g(x)\big)\Big]' = h'(x) \cdot \ln\big(g(x)\big) + h(x) \cdot \frac{g'(x)}{g(x)}$$

■

Lösung 124. Man betrachte den allgemeinen Fall, dass sich die Funktion $x(t)$ nur abschnittsweise umkehren lässt. Die Umkehrfunktionen $u_i(x)$ können statt des Parameters t in die Funktion $y(t)$ eingesetzt werden:

$$y = \begin{cases} y_1(x) & \text{für } t \in [a; t_1] \\ y_2(x) & \text{für } t \in (t_1; t_2] \\ y_3(x) & \text{für } t \in (t_2; t_3] \\ \vdots & \vdots \\ y_i(x) & \text{für } t \in (t_{i-1}; t_i] \\ \vdots & \vdots \\ y_{n+1}(x) & \text{für } t \in (t_n; b] \end{cases}$$

Es gibt keine explizite Darstellung $y = y(x)$ der Gesamtfunktion. Dank Fallunterscheidung lassen sich aber zumindest Teilfunktionen ermitteln, die über die Umkehrfunktionen $u_i(x)$ von x abhängen:

$$y_i = y_i(x) = y\big(u_i(x)\big)$$

Ableitung der Teilfunktionen:

$$y_i' = \frac{dy_i}{dx} \qquad\qquad \text{Quotient aus Differentialen}$$

$$= \lim_{h \to 0} \frac{y\big(u_i(x+h)\big) - y\big(u_i(x)\big)}{h} \qquad\qquad \text{Limes des Differenzenquotienten}$$

$$= \lim_{x \to x_0} \frac{y\big(u_i(x)\big) - y\big(u_i(x_0)\big)}{x - x_0} \qquad\qquad \text{Äquivalente Schreibweise}$$

$$= \lim_{x \to x_0} \frac{\dfrac{y\big(u_i(x)\big) - y\big(u_i(x_0)\big)}{t(x) - t(x_0)}}{\dfrac{x - x_0}{t(x) - t(x_0)}} \qquad\qquad \text{Erweiterung (nicht erlaubt bei Differentialen)}$$

$$= \frac{\displaystyle\lim_{x \to x_0} \frac{y\big(u_i(x)\big) - y\big(u_i(x_0)\big)}{t(x) - t(x_0)}}{\displaystyle\lim_{x \to x_0} \frac{x - x_0}{t(x) - t(x_0)}} \qquad\qquad \text{Grenzwertsatz für die Division (203)}$$

$$= \frac{\dfrac{dy_i}{dt}}{\dfrac{dx}{dt}} \qquad\qquad \text{für } t = u_i \in (t_{i-1}; t_i]$$

$$= \frac{\dot{y}_i}{\dot{x}}$$

Die Ableitungen der Teilfunktionen können auf zwei Arten dargestellt werden:

1. Als Funktion von x:
$$y_i' = y_i'(x)$$

   Die Variable x bezeichnet häufig eine Raumkoordinate.

2. Als Funktion von t:
$$y_i' = y_i'(t)$$

   In der Regel handelt es sich um eine Zeitangabe.

Bei der zweiten Variante sind die einzelnen Ableitungen über den Parameter t eindeutig zuordenbar und können zu einer Gesamtableitung zusammengefügt werden:

$$y' = \frac{dy}{dx} = \frac{\dot{y}}{\dot{x}} = \frac{\dot{y}}{\dot{x}}(t) \quad \text{für} \quad t \in [a; b]$$

Das heißt, bei einer Parameterdarstellung ist eine Fallunterscheidung obsolet. Die Intervallgrenzen a und b können frei gewählt werden, z. B. $a = -\infty$ und $b = +\infty$.

■

Lösung 125. In der Nähe der Nullstelle x_0 können die Funktionen $f(x)$ und $g(x)$ durch ihre jeweiligen Tangenten ersetzt werden, welche man durch Linearisierung erhält:

$$\lim_{x \to x_0} f(x) = f'(x_0) \cdot (x - x_0)$$

$$\lim_{x \to x_0} g(x) = g'(x_0) \cdot (x - x_0)$$

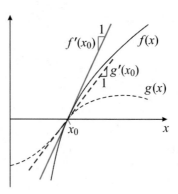

Bildung des Quotienten und Kürzen:

$$\lim_{x \to x_0} \frac{f(x)}{g(x)} \overset{\text{„}\frac{0}{0}\text{“}}{=} \lim_{x \to x_0} \frac{f'(x_0) \cdot (x - x_0)}{g'(x_0) \cdot (x - x_0)} = \lim_{x \to x_0} \frac{f'(x)}{g'(x)}$$

Heute weiß man, dass der Marquis de L'Hospital die nach ihm benannte Regel nicht entdeckt, sondern vom Schweizer Mathematiker Johann Bernoulli übernommen hat.   ∎

Lösung 126. Quotient der Funktionen $f(x)$ und $g(x)$ an der Stelle x_0:

$$Q = \lim_{x \to x_0} \frac{f(x)}{g(x)} \qquad \text{Unbestimmter Ausdruck vom Typ } \frac{\infty}{\infty}$$

$$= \lim_{x \to x_0} \frac{\frac{1}{g(x)}}{\frac{1}{f(x)}} \qquad \text{Doppelter Kehrwert}$$

$$\overset{\text{„}\frac{0}{0}\text{“}}{=} \lim_{x \to x_0} \frac{\left[\frac{1}{g(x)}\right]'}{\left[\frac{1}{f(x)}\right]'} \qquad \text{Regel von L'Hospital (127) für den Typ } \frac{0}{0}$$

$$= \lim_{x \to x_0} \frac{-\frac{g'(x)}{g^2(x)}}{-\frac{f'(x)}{f^2(x)}} \qquad \text{Anwendung der Quotienten- oder Potenzregel}$$

$$= \lim_{x \to x_0} \frac{g'(x) \cdot f^2(x)}{f'(x) \cdot g^2(x)} \qquad \text{Auflösung des Doppelbruchs}$$

$$= \underbrace{\lim_{x \to x_0} \frac{g'(x)}{f'(x)}}_{= A} \cdot \underbrace{\lim_{x \to x_0} \frac{f^2(x)}{g^2(x)}}_{= Q^2} \qquad \text{Grenzwertsatz für die Multiplikation (201)}$$

Der zu berechnende Grenzwert Q befindet sich ebenfalls auf der rechten Seite und muss daher auf die linke Seite „zurückgeworfen" werden. Aus $Q = A \cdot Q^2$ folgt $Q = \frac{1}{A}$ und somit:

$$\lim_{x \to x_0} \frac{f(x)}{g(x)} \overset{\text{„}\frac{\infty}{\infty}\text{“}}{=} \lim_{x \to x_0} \frac{f'(x)}{g'(x)}$$

∎

Lösung 127. Gesucht ist die Nullstelle x_N der (nichtlinearen) Funktion $y = f(x)$.

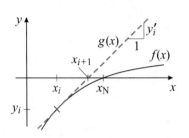

Die Tangente an der Stelle x_i (Näherungslösung)

$$g(x) = y_i + y_i' \cdot (x - x_i)$$

schneidet die Abszisse (x-Achse) an der Stelle x_{i+1}:

$$g(x_{i+1}) = y_i + y_i' \cdot (x_{i+1} - x_i) \overset{!}{=} 0$$

Umstellung nach der neuen Näherungslösung:

$$x_{i+1} = x_i - \frac{y_i}{y_i'}$$

Das Konvergenzverhalten ist sehr gut, d. h. es genügen wenige Iterationen ($x_4 \approx x_N$):

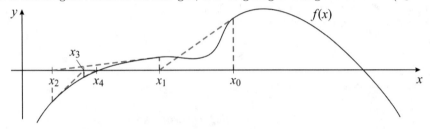

Einschränkend muss ergänzt werden, dass der Startwert x_0 nicht zu weit von der Lösung x_N entfernt sein sollte. Andernfalls kann es passieren, dass das Newton-Verfahren divergiert (numerische Probleme) oder eine falsche Lösung ermittelt wird:

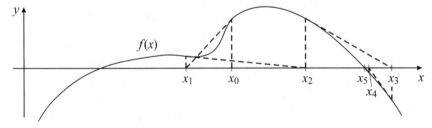

■

Lösung 128. Ableitung einer konstanten Funktion $f(x) = c$:

$$f'(x) = \lim_{h \to 0} \frac{f(x+h) - f(x)}{h} = \lim_{h \to 0} \frac{c - c}{h} = \lim_{h \to 0} \frac{0}{h} = 0$$

■

Anmerkung zur Grenzwertbildung: Der letzte Schritt $\lim_{h \to 0} \frac{0}{h} = 0$ mag sich einem intuitiv erschließen, ist aber nicht ganz trivial, denn es handelt sich um einen unbestimmten Ausdruck vom Typ $\frac{0}{0}$. Durch Ableitung von Zähler und Nenner nach h gemäß der Regel von L'Hospital (127) erhält man erwartungsgemäß:

$$\lim_{h \to 0} \frac{0}{h} \overset{\text{,,}\frac{0}{0}\text{''}}{=} \lim_{h \to 0} \frac{0}{1} = 0$$

Lösung 129. Ableitung der natürlichen Exponentialfunktion $f(x) = \mathrm{e}^x$:

$$f'(x) = \lim_{h \to 0} \frac{\mathrm{e}^{x+h} - \mathrm{e}^x}{h} = \underbrace{\mathrm{e}^x}_{=f(x)} \cdot \underbrace{\lim_{h \to 0} \frac{\mathrm{e}^h - 1}{h}}_{=k}$$

Aus der Forderung, dass die Exponentialfunktion gleich ihrer Ableitung ist, folgt:

$$1 = \lim_{h \to 0} \frac{\mathrm{e}^h - 1}{h} \qquad\qquad \text{Bedingung } k = 1, \text{ o.B.d.A. sei } h > 0.$$

$$= \lim_{u \to 0} \frac{u}{\ln(u+1)} \qquad\qquad \text{Erste Substitution: } u = \mathrm{e}^h - 1 \;\Leftrightarrow\; h = \ln(u+1)$$

$$= \lim_{u \to 0} \frac{1}{\ln(u+1)^{\frac{1}{u}}} \qquad\qquad \text{Erweiterung mit } \tfrac{1}{u} \text{ und Logarithmenregel (31)}$$

$$= \frac{1}{\ln\left(\lim\limits_{u \to 0}(u+1)^{\frac{1}{u}}\right)} \qquad\qquad \text{Grenzwertsatz (206)}$$

$$= \frac{1}{\ln\left(\lim\limits_{n \to \infty}\left(1+\frac{1}{n}\right)^n\right)} \qquad\qquad \text{Zweite Substitution: } n = \tfrac{1}{u} \text{ für } u > 0$$

Wegen $\ln(\mathrm{e}) = 1$ muss es sich im Nenner beim Argument vom natürlichen Logarithmus um die gesuchte Eulersche Zahl handeln:

$$\mathrm{e} = \lim_{n \to \infty} \left(1 + \frac{1}{n}\right)^n$$

Beachten Sie, dass der Beweis umkehrbar ist: Aus der Kenntnis der Eulerschen Zahl folgt, dass die natürliche Exponentialfunktion gleich ihrer Ableitung ist.

∎

Lösung 130. Ableitung einer Potenzfunktion $f(x) = x^n$ mit $n \in \mathbb{N}^* = \{1, 2, 3, \dots\}$:

$$f'(x) = \lim_{h \to 0} \frac{(x+h)^n - x^n}{h} \qquad\qquad \text{Differentialquotient}$$

$$= \lim_{h \to 0} \frac{\left[\sum\limits_{k=0}^{n}\binom{n}{k} x^{n-k} h^k\right] - x^n}{h} \qquad\qquad \text{Binomischer Lehrsatz (59)}$$

$$= \lim_{h \to 0} \frac{x^n + n \cdot x^{n-1} h + \left[\sum\limits_{k=2}^{n}\binom{n}{k} x^{n-k} h^k\right] - x^n}{h} \qquad\qquad \text{Abspaltung zweier Terme}$$

$$= n \cdot x^{n-1} + \lim_{h \to 0}\left[\sum\limits_{k=2}^{n}\binom{n}{k} x^{n-k} h^{k-1}\right] \qquad\qquad \text{Kürzen}$$

$$= n \cdot x^{n-1} \qquad\qquad \text{Grenzwertbildung}$$

∎

Lösung 131. Beweis der Potenzregel durch vollständige Induktion:

1. Für den Induktionsanfang $n = 1$ ist die Potenzregel $A(1)$ offensichtlich richtig. Die Winkelhalbierende $f(x) = x^1 = x$ besitzt eine Steigung von eins: $f'(x) = 1 \cdot x^0 = 1$.

2. Induktionsschritt:

$$[x^n]' = n \cdot x^{n-1} \qquad \text{Induktionsannahme } A(n)$$

$$\Rightarrow \qquad [x^n]' \cdot x = n \cdot x^n \qquad \text{Multiplikation mit } x$$

$$\Leftrightarrow \qquad [x^n]' \cdot x + x^n = (n+1) \cdot x^n \qquad \text{Addition von } x^n$$

$$\Leftrightarrow \qquad [x^n \cdot x]' = (n+1) \cdot x^n \qquad \text{Produktregel mit } x' = 1 \text{ gemäß } A(1)$$

$$\Leftrightarrow \qquad [x^{n+1}]' = (n+1) \cdot x^n \qquad \text{Induktionsbehauptung } A(n+1)$$

∎

Lösung 132. Der Beweis der Potenzregel für ganzzahlige Exponenten $n \in \mathbb{Z}$ erfordert eine Fallunterscheidung:

1. Für positive Exponenten $n \in \mathbb{N}^*$ siehe Aufgabe 130 oder 131.

2. Für $n = 0$ gilt die in Aufgabe 128 bewiesene Konstantenregel:

$$\left[x^0\right]' = [1]' = 0$$

3. Für negative Exponenten $n \in \mathbb{Z} \setminus \mathbb{N} = \{\ldots, -3, -2, -1\}$ kann der Kehrwert mittels Ketten- und Potenzregel (für positive Exponenten $-n > 0$) abgeleitet werden:

$$[x^n]' = \left[\frac{1}{x^{-n}}\right]' = -\frac{1}{\left(x^{-n}\right)^2} \cdot [x^{-n}]' = -\frac{1}{x^{-2n}} \cdot (-n) \cdot x^{-n-1} = n \cdot x^{n-1}$$

Eine alternative Beweismöglichkeit ist die Induktion in negative Richtung.

∎

Lösung 133. Die Wurzelfunktion $f(x) = \sqrt[n]{x}$ kann mithilfe ihrer Umkehrfunktion

$$g(x) = x^n$$

differenziert werden:

$$f'(a) = \frac{1}{g'(f(a))} = \frac{1}{n \cdot \left(\sqrt[n]{a}\right)^{n-1}} = \frac{1}{n} \cdot \left(\sqrt[n]{a}\right)^{1-n}$$

Und somit:

$$f'(x) = \frac{1}{n} \cdot \left(\sqrt[n]{x}\right)^{1-n}$$

Der Definitionsbereich hängt vom Wurzelexponenten n ab. Für ungerade n gilt $x \in \mathbb{R}$, wie in Aufgabe 12 erläutert.

∎

Lösung 134. Eine Potenzfunktion mit rationalem Exponenten

$$f(x) = x^r = x^{\frac{n}{k}} = \left(\sqrt[k]{x}\right)^n \quad \text{mit} \quad n \in \mathbb{Z},\ k \in \mathbb{N}^*$$

kann mittels Kettenregel (122) und den bereits bewiesenen Potenzregeln (Aufgaben 132 und 133) differenziert werden:

$$f'(x) = n \cdot \left(\sqrt[k]{x}\right)^{n-1} \cdot \frac{1}{k} \cdot \left(\sqrt[k]{x}\right)^{1-k} = \frac{n}{k} \cdot \left(\sqrt[k]{x}\right)^{n-k} = r \cdot x^{r-1}$$

Bei Exponenten mit ungeraden Nennern ($k = 2m - 1$ mit $m \in \mathbb{N}^*$) ist $x \in \mathbb{R}$, bei geraden Nennern muss der Definitionsbereich auf $x \geq 0$ eingeschränkt werden (Aufgabe 14).

◼

Lösung 135. Die Potenzregel (135) gilt auch für irrationale Exponenten $r \in \mathbb{R} \setminus \mathbb{Q}$, denn man kann sie durch rationale Zahlen beliebig genau annähern (siehe Aufgabe 18).

◼

Lösung 136. Umkehrfunktion der natürlichen Logarithmusfunktion $f(x) = \ln(x)$ ist die natürliche Exponentialfunktion $g(x) = f^{-1}(x) = \mathrm{e}^x$. Mit $g'(x) = \mathrm{e}^x$ (siehe Aufgabe 129 für die Herleitung) erhält man die Ableitung an der Stelle a:

$$f'(a) = \frac{1}{g'\big(f(a)\big)} = \frac{1}{\mathrm{e}^{f(a)}} = \frac{1}{\mathrm{e}^{\ln a}} = \frac{1}{a}$$

Somit gilt auch allgemein:

$$f'(x) = \frac{1}{x}$$

In Aufgabe 122 wird erläutert, warum die Herleitung mittels Umkehrfunktion den Einsatz einer Konstanten a erfordert.

◼

Lösung 137. Herleitung der Potenzregel mittels logarithmischer Ableitung:

$$f(x) = x^r \qquad \text{für } x > 0 \text{ und } r \in \mathbb{R}$$

$$\Leftrightarrow \quad \ln\big(f(x)\big) = \ln(x^r) \qquad \text{Anwendung des natürlichen Logarithmus}$$

$$= r \cdot \ln(x) \qquad \text{Logarithmenregel (31)}$$

$$\Rightarrow \quad \frac{1}{f(x)} \cdot f'(x) = r \cdot \frac{1}{x} \qquad \text{Ableitung mittels Kettenregel}$$

$$\Leftrightarrow \quad f'(x) = r \cdot x^{r-1} \qquad \text{Umstellen nach der gesuchten Ableitung}$$

◼

Lösung 138. Der Flächeninhalt des Kreisausschnitts liegt zwischen denen der Dreiecke:

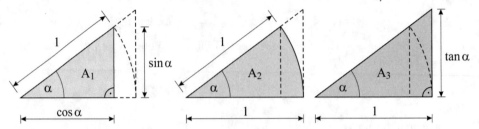

Für einen Radius von 1 erhält man somit die folgenden Ungleichungen:

$$\underbrace{\frac{1}{2}\sin\alpha\cdot\cos\alpha}_{=\,A_1} \leq \underbrace{\frac{1}{2}\alpha}_{=\,A_2} \leq \underbrace{\frac{1}{2}\tan\alpha}_{=\,A_3}$$

$$\Leftrightarrow \qquad \cos\alpha \leq \frac{\alpha}{\sin\alpha} \leq \frac{1}{\cos\alpha} \qquad \text{Multiplikation mit } \frac{2}{\sin\alpha}$$

$$\Leftrightarrow \qquad \frac{1}{\cos\alpha} \geq \frac{\sin\alpha}{\alpha} \geq \cos\alpha \qquad \text{Kehrwert}$$

$$\Rightarrow \qquad \underbrace{\lim_{\alpha\to0}\frac{1}{\cos\alpha}}_{=\,1} \geq \lim_{\alpha\to0}\frac{\sin\alpha}{\alpha} \geq \underbrace{\lim_{\alpha\to0}\cos\alpha}_{=\,1} \qquad \text{Grenzwertbetrachtung}$$

Damit beide Ungleichungen erfüllt sind, muss für den gesuchten Grenzwert gelten:

$$\lim_{\alpha\to0}\frac{\sin\alpha}{\alpha} = 1$$

∎

Lösung 139. Aus dem Kosinus-Additionstheorem $\cos(x+y) = \cos x\,\cos y - \sin x\,\sin y$ mit $x = y = \frac{\alpha}{2}$ und dem trigonometrischen Pythagoras (2) folgt zunächst die Hilfsgleichung:

$$\cos\alpha = \cos^2\left(\frac{\alpha}{2}\right) - \sin^2\left(\frac{\alpha}{2}\right) = 1 - 2\sin^2\left(\frac{\alpha}{2}\right)$$

Einsetzen in den zu berechnenden Grenzwert und Anwendung des Grenzwertsatzes (201):

$$\lim_{\alpha\to0}\frac{\cos\alpha - 1}{\alpha} = \lim_{\alpha\to0}\frac{1 - 2\sin^2\left(\frac{\alpha}{2}\right) - 1}{\alpha}$$

$$= \lim_{\alpha\to0}\frac{-\sin^2\left(\frac{\alpha}{2}\right)}{\frac{\alpha}{2}}$$

$$= -\underbrace{\lim_{\alpha\to0}\sin\left(\frac{\alpha}{2}\right)}_{=\,0} \cdot \underbrace{\lim_{\alpha\to0}\frac{\sin\left(\frac{\alpha}{2}\right)}{\frac{\alpha}{2}}}_{=\,1\text{ gemäß (137)}}$$

$$= 0$$

∎

Lösung 140. Ableitung der Sinusfunktion $f(x) = \sin x$ mittels Differentialquotient:

$$f'(x) = \lim_{h \to 0} \frac{f(x+h) - f(x)}{h}$$

$$= \lim_{h \to 0} \frac{\sin(x+h) - \sin(x)}{h}$$

$$= \lim_{h \to 0} \frac{\sin x \cos h + \cos x \sin h - \sin x}{h} \qquad \text{Sinus-Additionstheorem (97)}$$

$$= \sin x \cdot \underbrace{\lim_{h \to 0} \frac{\cos h - 1}{h}}_{= \, 0 \text{ gemäß (138)}} + \cos x \cdot \underbrace{\lim_{h \to 0} \frac{\sin h}{h}}_{= \, 1 \text{ gemäß (137)}} \qquad \text{Grenzwertsatz für die Addition}$$

$$= \cos x$$

∎

Lösung 141. Multiplikation der Additionstheoreme (98) und (97):

$$\cos(a+b) \cdot \sin(a-b) = [\cos a \cos b - \sin a \sin b] \cdot [\sin a \cos b - \cos a \sin b]$$

$$= \sin a \cos a \left[\sin^2 b + \cos^2 b\right] - \sin b \cos b \left[\sin^2 a + \cos^2 a\right]$$

$$= \frac{1}{2} \sin(2a) - \frac{1}{2} \sin(2b)$$

Bei der Vereinfachung kommen der trigonometrische Pythagoras $\sin^2 a + \cos^2 a = 1$ und die aus dem Sinus-Additionstheorem (97) herleitbare Gleichung $\sin(2a) = 2 \sin a \cos a$ zum Einsatz. Durch Substitution $x = 2a$ und $y = 2b$ erhält man die Hilfsgleichung (140):

$$\sin x - \sin y = 2 \cos \frac{x+y}{2} \cdot \sin \frac{x-y}{2}$$

Einsetzen in den Differenzenquotienten und Anwendung des Grenzwertsatzes für die Multiplikation:

$$f'(x) = \lim_{h \to 0} \frac{\sin(x+h) - \sin(x)}{h}$$

$$= \lim_{h \to 0} \frac{2 \cos \frac{2x+h}{2} \cdot \sin \frac{h}{2}}{h}$$

$$= \underbrace{\lim_{h \to 0} \cos \frac{2x+h}{2}}_{= \, \cos x} \cdot \underbrace{\lim_{h \to 0} \frac{\sin \frac{h}{2}}{\frac{h}{2}}}_{= \, 1 \text{ gemäß (137)}}$$

$$= \cos x$$

Der Unterschied zu der in Aufgabe 140 gezeigten Herleitung besteht in der Vermeidung des Grenzwertes (138). Ob dies ein Vorteil ist, möge jeder für sich selbst entscheiden.

∎

Lösung 142. Aus dem trigonometrischen Pythagoras (2) folgt:

$$f(x) = \cos x$$

$$= \begin{cases} +\sqrt{1 - \sin^2 x} & \text{für } x \in \mathbb{D}_1 = \bigcup_{k \in \mathbb{Z}} \left[2k\pi - \frac{\pi}{2}, 2k\pi + \frac{\pi}{2} \right] \\ -\sqrt{1 - \sin^2 x} & \text{für } x \in \mathbb{D}_2 = \bigcup_{k \in \mathbb{Z}} \left[2k\pi + \frac{\pi}{2}, 2k\pi + \frac{3\pi}{2} \right] \end{cases}$$

Ableitung nach der Kettenregel:

$$f'(x) = \begin{cases} -\dfrac{\sin x \, \cos x}{\sqrt{1 - \sin^2 x}} & \text{für } x \in \mathbb{D}_1 \\ +\dfrac{\sin x \, \cos x}{\sqrt{1 - \sin^2 x}} & \text{für } x \in \mathbb{D}_2 \end{cases}$$

$$= -\frac{\sin x \, \cos x}{\cos x}$$

$$= -\sin x$$

Äußere und mittlere Ableitung erfolgen gemäß Potenzregel (135). Die innere Ableitung macht Gebrauch von der bereits bewiesenen Ableitungsregel für den Sinus (139).

■

Lösung 143. Der Kosinus lässt sich mittels Sinus-Ableitungsregel (139) differenzieren, wenn man die Phasenverschiebung von $\frac{\pi}{2}$ bzw. $-\frac{\pi}{2}$ beachtet:

$$[\cos x]' = \left[\sin \left(x + \frac{\pi}{2} \right) \right]' = \cos \left(x + \frac{\pi}{2} \right) = \sin \left(x + \pi \right) = -\sin x$$

■

Lösung 144. Die Kosinus-Ableitungsregel kann analog zu der in Aufgabe 140 behandelten Sinus-Ableitungsregel mithilfe des Differentialquotienten hergeleitet werden:

$$f'(x) = \lim_{h \to 0} \frac{f(x + h) - f(x)}{h}$$

$$= \lim_{h \to 0} \frac{\cos(x + h) - \cos(x)}{h}$$

$$= \lim_{h \to 0} \frac{\cos x \cos h - \sin x \sin h - \cos x}{h} \qquad \text{Kosinus-Additionstheorem (98)}$$

$$= \cos x \cdot \underbrace{\lim_{h \to 0} \frac{\cos h - 1}{h}}_{= \, 0 \text{ gemäß (138)}} - \sin x \cdot \underbrace{\lim_{h \to 0} \frac{\sin h}{h}}_{= \, 1 \text{ gemäß (137)}} \qquad \text{Grenzwertsätze (200) und (202)}$$

$$= -\sin x$$

■

Lösung 145. Die Winkelgeschwindigkeit wurde zu $\omega = 1$ gewählt, damit der Winkel durch die Zeit t ersetzt werden kann:

$$\alpha = \omega \cdot t = t$$

Für den Punkt P gilt:

a) Der Betrag des Ortsvektors $|\vec{s}| = r = 1$ entspricht der Hypothenuse eines rechtwinkligen Dreiecks. Die Katheten bilden die Komponenten des Ortsvektors:

$$\vec{s} = \begin{pmatrix} \cos t \\ \sin t \end{pmatrix}$$

b) Der Geschwindigkeitsvektor

$$\vec{v} = \begin{pmatrix} -\sin t \\ \cos t \end{pmatrix}$$

besitzt den gleichen Betrag: $|\vec{v}| = \omega \cdot r = 1$.

c) Der Zusammenhang lautet:

$$\frac{d\vec{s}}{dt} = \vec{v}$$

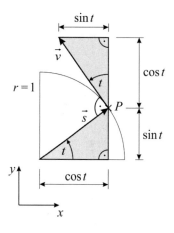

Einsetzen und Vergleich der Komponenten liefert die gewünschten Ableitungsregeln:

$$\frac{d(\cos t)}{dt} = -\sin t \qquad \text{und} \qquad \frac{d(\sin t)}{dt} = \cos t$$

■

Lösung 146. Der Sinus Hyperbolicus

$$f(x) = \sinh x = \frac{1}{2}\left(e^x - e^{-x}\right)$$

kann mithilfe der in Aufgabe 129 bewiesenen Ableitungsregel für die Exponentialfunktion differenziert werden:

$$f'(x) = \frac{1}{2}\left(e^x + e^{-x}\right) = \cosh x$$

■

Lösung 147. Die Ableitung des Kosinus Hyperbolicus

$$f(x) = \cosh x = \frac{1}{2}\left(e^x + e^{-x}\right)$$

liefert den Sinus Hyperbolicus:

$$f'(x) = \frac{1}{2}\left(e^x - e^{-x}\right) = \sinh x$$

■

Lösung 148. Mit der in Aufgabe 123 eingeführten logarithmischen Differentiationsregel lässt sich die allgemeine Exponentialfunktion $f(x) = a^x$ ableiten:

$$f'(x) = f(x) \cdot \big[\ln f(x)\big]'$$

$$= a^x \cdot [x \cdot \ln a]' \qquad \text{Logarithmengesetz (31)}$$

$$= \ln a \cdot a^x \qquad \text{Faktorregel (118) und Potenzregel } x' = 1$$

$\blacksquare$

Lösung 149. Ableitung der Funktion $f(x) = \log_a |x|$ durch Fallunterscheidung:

- Für $x > 0$ fallen die Betragsstriche weg, und es kann mittels Logarithmenregel (32) ein Basiswechsel vorgenommen werden:

$$f(x) = \log_a x = \frac{\log_e x}{\log_e a} = \frac{1}{\ln a} \cdot \ln x$$

Mit der Ableitungsregel für den natürlichen Logarithmus (136) folgt:

$$f'(x) = \frac{1}{\ln a} \cdot \frac{1}{x}$$

- Für $x < 0$ kann substituiert werden:

$$f(x) = \log_a(-x) = \frac{1}{\ln a} \cdot \ln(-x)$$

$$= \frac{1}{\ln a} \cdot \ln u$$

$$= g\big(u(x)\big) \quad \text{mit} \quad u = -x > 0$$

Kettenregel und Rücksubstitution:

$$f'(x) = \underbrace{\frac{1}{\ln a} \cdot \frac{1}{u}}_{= \frac{dg}{du}} \cdot \underbrace{(-1)}_{= \frac{du}{dx}} = \frac{1}{\ln a} \cdot \frac{1}{x}$$

$\blacksquare$

Lösung 150. Ableitung des Tangens $f(x) = \tan x = \frac{\sin x}{\cos x}$ mittels Quotientenregel und trigonometrischem Pythagoras (2):

$$f'(x) = \frac{\cos x \cdot \cos x - \sin x \cdot (-\sin x)}{\cos^2 x} = \frac{1}{\cos^2 x}$$

$\blacksquare$

Lösung 151. Der Kotangens lässt sich als Kehrwert vom Tangens ausdrücken

$$f(x) = \cot x = \frac{\cos x}{\sin x} = [\tan x]^{-1}$$

und mithilfe von Ketten- und Potenzregel differenzieren:

$$f'(x) = -[\tan x]^{-2} \cdot \frac{1}{\cos^2 x} = -\frac{1}{\sin^2 x}$$

Selbstverständlich kann alternativ auch die Quotientenregel benutzt werden.

■

Lösung 152. Als Umkehrfunktion vom Arkussinus

$$f(x) = \arcsin x$$

ist die Sinusfunktion

$$g(x) = f^{-1}(x) = \sin x$$

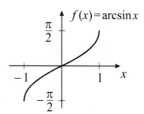

auf das Intervall $\left[-\frac{\pi}{2}, \frac{\pi}{2}\right]$ beschränkt. Unter Verwendung des trigonometrischen Pythagoras lässt sich ihre Ableitung wie folgt schreiben:

$$g'(x) = \cos x = +\sqrt{1 - \sin^2 x}$$

Die negative Wurzel kommt nicht in Betracht, weil der Kosinus nicht negativ werden kann:

$$\cos x \geq 0 \quad \text{für} \quad x \in \left[-\frac{\pi}{2}, \frac{\pi}{2}\right]$$

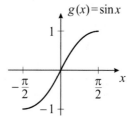

Durch Anwendung der Umkehrregel (123) erhält man die Ableitung an der Stelle a:

$$f'(a) = \frac{1}{g'(f(a))}$$

$$= \frac{1}{\sqrt{1 - \sin^2(\arcsin a)}}$$

$$= \frac{1}{\sqrt{1 - a^2}}$$

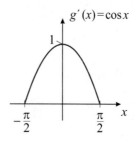

Und schließlich:

$$f'(x) = \frac{1}{\sqrt{1 - x^2}}$$

■

Lösung 153. Es kommen zwei Methoden in Frage:

1. Anwendung der Umkehrregel analog zu Aufgabe 152.

2. Ausnutzung des in Aufgabe 105 bewiesenen Zusammenhangs zwischen den Arkusfunktionen:

$$\arccos x = \frac{\pi}{2} - \arcsin x$$

Die zweite Möglichkeit ist deutlich einfacher, denn man kann die Ableitungsregel für den Arkussinus (148) benutzen:

$$[\arccos x]' = \left[\frac{\pi}{2} - \arcsin x\right]' = -[\arcsin x]' = -\frac{1}{\sqrt{1 - x^2}}$$

∎

Lösung 154. Umkehrfunktion vom Arkustangens $f(x) = \arctan x$ ist der Tangens:

$$g(x) = f^{-1}(x) = \tan x$$

Seine Ableitung (146) kann mithilfe des trigonometrischen Pythagoras folgendermaßen geschrieben werden:

$$g'(x) = \frac{1}{\cos^2 x} = \tan^2 x + 1$$

Umkehrregel:

$$f'(a) = \frac{1}{g'\big(f(a)\big)}$$

$$= \frac{1}{\tan^2(\arctan a) + 1}$$

$$= \frac{1}{a^2 + 1}$$

Austausch vom a durch x:

$$f'(x) = \frac{1}{1 + x^2}$$

∎

Lösung 155. Der Arkuskotangens lässt sich mit Gleichung (111) als Funktion vom Arkustangens ausdrücken, dessen Ableitung (150) bekannt ist:

$$[\text{arccot}\, x]' = \left[\frac{\pi}{2} - \arctan x\right]' = -[\arctan x]' = -\frac{1}{1 + x^2}$$

∎

Lösung 156. Der Tangens Hyperbolicus

$$f(x) = \tanh x = \frac{\sinh x}{\cosh x}$$

kann mittels Quotientenregel und hyperbolischem Pythagoras (3) differenziert werden:

$$f'(x) = \frac{\cosh x \cdot \cosh x - \sinh x \cdot \sinh x}{\cosh^2 x} = \frac{1}{\cosh^2 x}$$

∎

Lösung 157. Als Kehrwert vom Tangens Hyperbolicus lässt sich der Kotangens Hyperbolicus

$$f(x) = \coth x = \frac{\cosh x}{\sinh x} = [\tanh x]^{-1}$$

entweder mithilfe der Quotientenregel oder mittels Ketten- und Potenzregel ableiten:

$$f'(x) = -[\tanh x]^{-2} \cdot \frac{1}{\cosh^2 x} = -\frac{1}{\sinh^2 x}$$

∎

Lösung 158. Umkehrfunktion vom Areasinus Hyperbolicus $f(x) = \operatorname{arsinh} x$ ist der Sinus Hyperbolicus:

$$g(x) = \sinh x$$

Seine Ableitung lautet unter Verwendung des hyperbolischen Pythagoras (3):

$$g'(x) = \underbrace{\cosh x}_{> 0} = +\sqrt{1 + \sinh^2 x}$$

Umkehrregel:

$$f'(a) = \frac{1}{g'(f(a))}$$

$$= \frac{1}{\sqrt{1 + \sinh^2(\operatorname{arsinh} a)}}$$

$$= \frac{1}{\sqrt{1 + a^2}}$$

Die Ableitungsregel gilt an jeder Stelle x:

$$f'(x) = \frac{1}{\sqrt{x^2 + 1}}$$

∎

Lösung 159. Mit Gleichung (113) und der Kettenregel folgt:

$$\left[\operatorname{arcosh}(x)\right]' = \left[\ln\left(x + \sqrt{x^2 - 1}\right)\right]'$$

$$= \frac{1}{x + \sqrt{x^2 - 1}} \cdot \left(1 + \frac{2x}{2\sqrt{x^2 - 1}}\right)$$

$$= \frac{1}{x + \sqrt{x^2 - 1}} \cdot \frac{\sqrt{x^2 - 1} + x}{\sqrt{x^2 - 1}}$$

$$= \frac{1}{\sqrt{x^2 - 1}}$$

∎

Lösung 160. Umkehrfunktion vom Areatangens Hyperbolicus $f(x) = \operatorname{artanh} x$:

$$g(x) = \tanh x$$

Anwendung des hyperbolischen Pythagoras (3) auf die Ableitung (152):

$$g'(x) = \frac{1}{\cosh^2 x} = 1 - \tanh^2 x$$

Umkehrregel:

$$f'(a) = \frac{1}{g'(f(a))}$$

$$= \frac{1}{1 - \tanh^2(\operatorname{artanh} a)}$$

$$= \frac{1}{1 - a^2}$$

Somit gilt:

$$f'(x) = \frac{1}{1 - x^2}$$

∎

Lösung 161. Anwendung von Gleichung (115) und Differentiation mithilfe von Ketten- und Quotientenregel:

$$\left[\operatorname{arcoth}(x)\right]' = \left[\frac{1}{2}\ln\left(\frac{1+x}{x-1}\right)\right]'$$

$$= \frac{1}{2} \cdot \frac{1}{\frac{1+x}{x-1}} \cdot \frac{(x-1) - (1+x)}{(x-1)^2}$$

$$= \frac{1}{1 - x^2}$$

∎

Integralrechnung

Lösung 162. Einschachtelung nach Darboux:

- Obersumme:

$$O_n = \sum_{i=1}^{n} \sup \left\{ f(x) | x \in [x_{i-1}, x_i] \right\} \cdot (x_i - x_{i-1}) \tag{370}$$

Weil es sein kann, dass kein Maximum existiert, wird aus formalen Gründen für die Höhe eines Rechtecks das Supremum (kleinste obere Schranke) verwendet. Beispielsweise besitzt die nach unten geöffnete Parabel $f(x) = 4 - \frac{x^3}{x}$ wegen der (hebbaren) Definitionslücke kein Maximum, sondern nur ein Supremum: $\sup(f(x)) = 4$.

- Untersumme:

$$U_n = \sum_{i=1}^{n} \inf \left\{ f(x) | x \in [x_{i-1}, x_i] \right\} \cdot (x_i - x_{i-1}) \tag{371}$$

Bei einem Infimum handelt es sich um die größte untere Schranke.

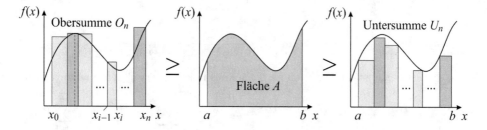

Im Grenzfall sind Ober- und Untersumme gleich dem gesuchten Flächeninhalt:

$$\lim_{n \to \infty} O_n = A = \lim_{n \to \infty} U_n \tag{372}$$

∎

Anmerkungen:

- Die von Darboux entwickelte Einschachtelungsmethode ist äquivalent zur Riemannschen Zwischensumme.

- Die Integralrechnung wurde weder von Darboux (1842-1917) noch von Riemann (1826-1866) eingeführt, sondern geht zurück auf die Arbeiten von Isaac Newton (1643-1727) und Gottfried Wilhelm Leibniz (1646-1716).

- Die große Leistung von Riemann besteht in der mathematisch exakten Definition des Flächenbegriffs, weshalb man ihm zu Ehren den Grenzwert (372) als Riemann-Integral bezeichnet:

$$A = \int_a^b f(x) \, dx \tag{373}$$

Das von Leibniz eingeführte Integralzeichen $\int$ steht als lang gezogenes „S" für eine (unendliche) Summe. Das Differential dx symbolisiert die Streifenbreite.

Lösung 163. Die Exponentialfunktion $f(x) = 2^x$ steigt monoton, so dass zur Berechnung der Obersumme die (konstante) Breite

$$\Delta x = \frac{b-a}{n}$$

mit dem Funktionswert an der jeweils rechten Intervallgrenze (größter Wert als Höhe) multipliziert werden muss:

$$O_n = \sum_{i=1}^{n} \Delta x \cdot f(x_i) = \Delta x \cdot \sum_{i=1}^{n} 2^{a+i\cdot\Delta x} = \Delta x \cdot 2^a \sum_{i=1}^{n} \underbrace{\left(2^{\Delta x}\right)}_{= q}{}^{i}$$

Summation unter Verwendung der endlichen geometrischen Reihe (193)

$$\sum_{i=1}^{n} q^i = \left[\sum_{i=0}^{n} q^i\right] - q^0 = \frac{1-q^{n+1}}{1-q} - \frac{1-q}{1-q} = \frac{q - q^{n+1}}{1-q} = \frac{1-q^n}{q^{-1}-1} = \frac{1-2^{b-a}}{2^{-\Delta x}-1}$$

und Bildung des Grenzwerts mit L'Hospital (127):

$$\lim_{n\to\infty} O_n = \lim_{n\to\infty} 2^a \frac{1-2^{b-a}}{2^{-\Delta x}-1}\Delta x = \lim_{\Delta x\to 0} \frac{\left(2^b - 2^a\right)\Delta x}{1-2^{-\Delta x}} \overset{\text{„}\frac{0}{0}\text{“}}{=} \lim_{\Delta x\to 0} \frac{2^b - 2^a}{\ln(2)\cdot 2^{-\Delta x}} = \frac{2^b - 2^a}{\ln 2}$$

Bei der Untersumme ist die Funktion an der jeweils linken Intervallgrenze auszuwerten:

$$U_n = \sum_{i=1}^{n} \Delta x \cdot f(x_{i-1}) = \Delta x \cdot \sum_{i=1}^{n} 2^{a+(i-1)\cdot\Delta x} = \Delta x \cdot 2^a \sum_{i=1}^{n} \underbrace{\left(2^{\Delta x}\right)}_{= q}{}^{i-1} = \frac{1}{q}\underbrace{\Delta x \cdot 2^a \sum_{i=1}^{n}\left(2^{\Delta x}\right)^i}_{= O_n}$$

Beim Grenzübergang ($\Delta x \to 0$) verschwindet der Vorfaktor ($\frac{1}{q} = 2^{-\Delta x} \to 1$), womit der Beweis erbracht ist, dass beide Summen gegen die Lösung konvergieren:

$$A = \lim_{n\to\infty} O_n = \lim_{n\to\infty} U_n = \frac{2^b - 2^a}{\ln 2}$$

∎

Lösung 164. Ermittlung der Obersumme mithilfe von Gleichung (192):

$$O_n = \sum_{i=1}^{n} \Delta x \cdot f(x_i) = \Delta x \cdot \sum_{i=1}^{n} [i\cdot\Delta x]^2 = (\Delta x)^3 \cdot \sum_{i=1}^{n} i^2 = \frac{n(n+1)(2n+1)}{6}(\Delta x)^3$$

Einsetzen der Rechteckbreite $\Delta x = \frac{b}{n}$ und Grenzwertbetrachtung:

$$\lim_{n\to\infty} O_n = \lim_{n\to\infty} \frac{n(n+1)(2n+1)}{6}\left(\frac{b}{n}\right)^3 = \lim_{n\to\infty} \frac{\left(1+\frac{1}{n}\right)\left(2+\frac{1}{n}\right)}{6} b^3 = \frac{b^3}{3} = A$$

∎

Lösung 165. Der Mittelwertsatz der Integralrechnung bedeutet anschaulich, dass die Fläche unter der Funktion $f(x)$ durch ein flächengleiches Rechteck der Breite $(b-a)$ ersetzt werden kann. Bei der Höhe $f(\xi)$ handelt es sich um den sogenannten integralen Mittelwert.

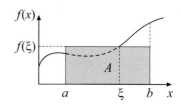

Erläuterungen:

- Die Stelle ξ fungiert gewissermaßen als Schieberegler. In der falschen Position führt er zu einem zu kleinen $(f(\xi_u) < f(\xi))$ oder zu großen $(f(\xi_o) > f(\xi))$ Rechteck:

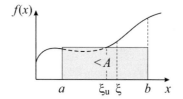
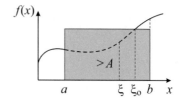

- Die Eindeutigkeit der Stelle ξ ist vom Funktionsverlauf abhängig, d. h. es besteht die Möglichkeit, dass zwei (oder mehr) Stellen mit gleichem Funktionswert existieren:

$$f(\xi_1) = f(\xi_2)$$

- Das folgende Beispiel einer Sprungfunktion demonstriert die Forderung nach einem stetigen Funktionsverlauf. Durch Aufteilung in zwei Teilgebiete ist der Flächeninhalt bestimmbar, die Bildung eines flächengleichen Rechtecks scheitert am fehlenden Funktionswert:

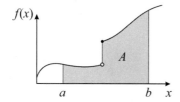
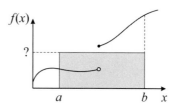

- Funktionswerte dürfen auch negativ sein. Zur Veranschaulichung betrachte man die unter- und oberhalb des integralen Mittelwerts $f(\xi)$ befindlichen Teilflächen ΔA_1 und ΔA_2. Die Forderung nach einem flächengleichen Rechteck ist äquivalent zu der Bedingung, dass die Teilflächen gleich groß sind:

$$\Delta A_1 = \Delta A_2$$

Da ξ, ΔA_1 und ΔA_2 unabhängig von der Lage der x-Achse sind, ist eine Einschränkung des Wertebereichs nicht erforderlich:

$$f : [a, b] \to \mathbb{R}$$

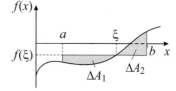

■

Lösung 166. Der erweiterte Mittelwertsatz der Integralrechnung lässt sich auf direktem Wege beweisen. Es seien

$$m = \inf\{f(x)|x \in [a,b]\}$$

das Infimum von $f(x)$ auf dem Intervall $[a,b]$ mit $b \geq a$ und

$$M = \sup\{f(x)|x \in [a,b]\}$$

das Supremum von $f(x)$. Dann gilt:

$$m \qquad \leq \qquad f(x) \qquad \leq \qquad M$$

$$\Rightarrow \quad m \cdot g(x) \quad \leq \quad f(x) \cdot g(x) \quad \leq \quad M \cdot g(x) \qquad \text{mit } g(x) \geq 0$$

$$\Rightarrow \quad \int_a^b m \cdot g(x)\,dx \leq \int_a^b f(x) \cdot g(x)\,dx \leq \int_a^b M \cdot g(x)\,dx \qquad \text{gemäß (374)}$$

$$\Leftrightarrow \quad m \cdot \int_a^b g(x)\,dx \leq \underbrace{\int_a^b f(x) \cdot g(x)\,dx}_{= \eta \cdot \int_a^b g(x)\,dx} \leq M \cdot \int_a^b g(x)\,dx \qquad \text{Faktorregel (169)}$$

$$\text{mit } \eta \in [m, M]$$

Laut Zwischenwertsatz existiert für jeden Zwischenwert η der stetigen Funktion f eine Stelle $\xi \in [a,b]$ mit der Eigenschaft:

$$f(\xi) = \eta$$

∎

Hinweise:

- Bei einer positiven Integrandfunktion ist der Integralwert ebenfalls positiv:

$$\int_a^b \underbrace{f_2(x) - f_1(x)}_{\geq 0}\,dx \geq 0$$

Aufteilung in zwei Integrale gemäß der Summenregel (170) liefert die Implikation:

$$f_1(x) \leq f_2(x) \quad \Rightarrow \quad \int_a^b f_1(x)\,dx \leq \int_a^b f_2(x)\,dx \qquad (374)$$

- Veranschaulichung des Zwischenwertsatzes:

  - In der allgemeinen Form besagt er, dass für jedes $\eta \in [f(a), f(b)]$ (mindestens) ein $\xi \in [a,b]$ existiert mit $f(\xi) = \eta$.

  - Insbesondere gibt es zu jedem Zwischenwert $\eta \in [m, M]$ ein $\xi \in [c,d] \subseteq [a,b]$ mit $f(\xi) = \eta$.

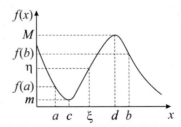

- Streng genommen darf man Faktor- und Summenregel nicht verwenden, weil sie aus dem Hauptsatz der Analysis folgen, welcher seinerseits auf dem (ersten) Mittelwertsatz basiert. Es sei daher angemerkt, dass der Sonderfall $g = 1$ ohne elementare Integrationsregeln herleitbar ist — wovon man sich leicht überzeugen kann.

Lösung 167. Herleitung der Intervallregel:

$$\int_a^c f(x)\, dx = \lim_{n\to\infty} A_n \qquad\qquad \text{Definition des Riemann-Integrals}$$

$$= \lim_{n\to\infty} B_n + \lim_{n\to\infty} C_n \qquad\qquad \text{Zerlegung in zwei unendliche Summen}$$

$$= \int_a^b f(x)\, dx + \int_b^c f(x)\, dx$$

mit den Riemannschen Zwischensummen (158):

$$A_n = \sum_{i=1}^{n} f(\xi_i) \cdot \left(x_i^A - x_{i-1}^A\right) \qquad \text{mit} \quad x_0^A = a,\; x_n^A = c \;\text{ und }\; \xi_i \in \left[x_{i-1}^A, x_i^A\right]$$

$$B_n = \sum_{i=1}^{n} f(\xi_i) \cdot \left(x_i^B - x_{i-1}^B\right) \qquad \text{mit} \quad x_0^B = a,\; x_n^B = b \;\text{ und }\; \xi_i \in \left[x_{i-1}^B, x_i^B\right]$$

$$C_n = \sum_{i=1}^{n} f(\xi_i) \cdot \left(x_i^C - x_{i-1}^C\right) \qquad \text{mit} \quad x_0^C = b,\; x_n^C = c \;\text{ und }\; \xi_i \in \left[x_{i-1}^C, x_i^C\right]$$

■

Anmerkungen:

- Grafische Veranschaulichung der Intervallregel für $f(x) \geq 0$:

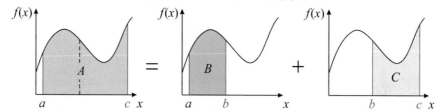

- Im Grenzfall $n \to \infty$ ist es unerheblich, ob eine Fläche in n oder $2n$ Rechtecke zerlegt wird.

- Durch Umsortierung erhält man eine alternative Darstellung der Intervallregel:

$$\int_b^c f(x)\, dx = \int_a^c f(x)\, dx - \int_a^b f(x)\, dx \qquad\qquad (375)$$

- Gleichung (375) lässt sich als Differenz zweier Flächen interpretieren:

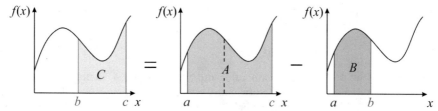

- Die Intervallregel gilt auch für abschnittsweise stetige Funktionen.

Lösung 168. Aus Aufgabe 162 ist bekannt, dass (bestimmte) Integrale als unendliche Summen definiert sind:

$$A = \int_a^b f(x)\, dx$$

Um für $f(x)$ keine Zahl A, sondern eine von x abhängige Stammfunktion zu erhalten, muss man die Integrationsgrenze(n) ändern:

$$F(x) = \int_{x_0}^x f(t)\, dt$$

Die Ableitung der Stammfunktion, $F'(x)$, stimmt mit der Ausgangsfunktion $f(x)$ überein:

$$
\begin{aligned}
F'(x) &= \lim_{h \to 0} \frac{F(x+h) - F(x)}{h} && \text{Differentialquotient} \\[2mm]
&= \lim_{h \to 0} \frac{1}{h} \left[\int_{x_0}^{x+h} f(t)\, dt - \int_{x_0}^x f(t)\, dt \right] && \text{Einsetzen der Stammfunktion} \\[2mm]
&= \lim_{h \to 0} \frac{1}{h} \int_x^{x+h} f(t)\, dt && \text{Intervallregel (164) bzw. (375)} \\[2mm]
&= \lim_{h \to 0} \frac{1}{h} h \cdot f(\xi) && \text{Mittelwertsatz (162)} \\[2mm]
&= \lim_{h \to 0} f(\xi) && \text{mit } \xi \in [x, x+h] \\[2mm]
&= f(x)
\end{aligned}
$$

$\blacksquare$

Anmerkungen:

- Aus formalen Gründen muss beim Integranden x durch t (oder eine andere Variable) ersetzt werden, denn Integrationsvariable und (obere) Grenze dürfen nicht identisch sein.

- Geometrische Veranschaulichung von $f(x)$ bzw. $f(t)$, der Stammfunktion $F(x)$ und ihrer Ableitung $F'(x)$ für den Grenzfall $h \to 0$:

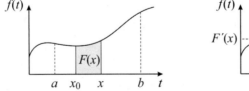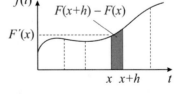

- Die Berechnung von Flächeninhalten mittels unendlicher Reihen ist selbst bei elementaren Funktionen recht aufwändig, wie die Aufgaben 163 und 164 zeigen. Die Menschheit kann sich also glücklich schätzen, dass Newton und Leibniz (unabhängig voneinander) die Integralrechnung entdeckt haben.

Lösung 169. Beweis des Hauptsatzes der Analysis (Teil 2):

a) Einsetzen der speziellen Stammfunktion $F_a(x)$:

$$\int_a^b f(x)\,dx = F_a(b) - F_a(a) = \int_a^b f(t)\,dt - \underbrace{\int_a^a f(t)\,dt}_{=\,0} \quad \checkmark$$

b) Aus der Intervallregel (164) folgt, dass sich zwei Stammfunktionen $F(x)$ und

$$F_a(x) = \int_a^x f(t)\,dt = \underbrace{\int_a^{x_0} f(t)\,dt}_{=\,C} + \underbrace{\int_{x_0}^x f(t)\,dt}_{=\,F(x)}$$

höchstens um eine Konstante $C \in \mathbb{R}$ unterscheiden können. Ihre Ableitungen sind (gemäß dem ersten Teil des Hauptsatzes) beide gleich $f(x)$ und somit identisch:

$$F_a'(x) = F'(x) \quad \Leftrightarrow \quad F_a(x) = F(x) + C$$

Weil sich bei bestimmter Integration die Konstante herauskürzt, liefern alle Stammfunktionen das gleiche Ergebnis:

$$\int_a^b f(x)\,dx = F_a(b) - F_a(a) = \big[F(b) + C\big] - \big[F(a) + C\big] = F(b) - F(a)$$

∎

Lösung 170. Umstellung des Hauptsatzes (166) mit $a = x_0$, $b = x$ und $F(x) = F_a(x)$:

$$f(x) = F_a'(x) \quad \Rightarrow \quad F_a(x) = F_a(x_0) + \int_{x_0}^x f(t)\,dt$$

∎

Lösung 171. Die untere Grenze x_0 ist frei wählbar und fungiert somit als Integrationskonstante C. Beide Darstellungsformen sind folglich äquivalent:

$$F(x) = \int_{x_0}^x f(t)\,dt = \int_{x_1}^x f(t)\,dt + C = F_1(x) + C = \int f(x)\,dx$$

∎

Lösung 172. Die Polstelle $x_P = 2$ liegt auf dem Integrationsintervall $[1; 3]$, weshalb der Hauptsatz der Analysis (166) nicht angewandt werden darf:

$$A_{\text{falsch}} = \int_1^3 \frac{1}{(x-2)^2}\,dx = \left[\frac{-1}{x-2}\right]_1^3 = -1 - 1 = -2$$

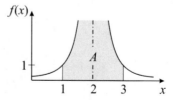

Bei unstetigen Funktionen muss zuvor eine Gebietszerlegung vorgenommen werden. Unter Ausnutzung der Achsensymmetrie bezüglich $x = 2$ erhält man:

$$A = 2 \cdot \lim_{\substack{a \to 2 \\ a \geq 2}} \int_a^3 f(x)\,dx = 2 \cdot \lim_{\substack{a \to 2 \\ a \geq 2}} \left[\frac{-1}{x-2}\right]_a^3 = 2 \cdot \big[-1 - (-\infty)\big] = \infty$$

∎

Lösung 173. In folgenden Fällen ist eine Anpassung des Definitionsbereichs erforderlich:

- Achsenspiegelung (Betragsstriche) des Logarithmus (Stammfunktion der Hyperbel, vgl. Aufgabe 136):

$$F(x) = \int \underbrace{\frac{1}{x}}_{= f(x)} \, dx = \ln|x| + C \quad \text{für} \quad x \neq 0 \tag{376}$$

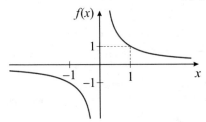

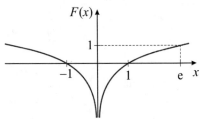

- Punktspiegelung des Areakosinus Hyperbolicus (aus Aufgabe 159):

$$F(x) = \int \underbrace{\frac{1}{\sqrt{x^2-1}}}_{= f(x)} \, dx = \begin{cases} -\operatorname{arcosh}(-x) + C & \text{für } x < -1 \\ +\operatorname{arcosh}(+x) + C & \text{für } x > +1 \end{cases} \tag{377}$$

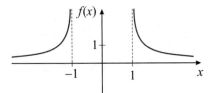

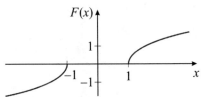

- Kombination von Areatangens Hyperbolicus und Areakotangens Hyperbolicus (aus Aufgaben 160 und 161) und Vereinfachung mit (114) und (115):

$$F(x) = \int \underbrace{\frac{1}{1-x^2}}_{= f(x)} \, dx = \begin{cases} \operatorname{artanh} x + C & \text{für } |x| < 1 \\ \operatorname{arcoth} x + C & \text{für } |x| > 1 \end{cases}$$

$$= \frac{1}{2} \ln\left|\frac{1+x}{1-x}\right| + C \quad \text{für} \quad |x| \neq 1 \tag{378}$$

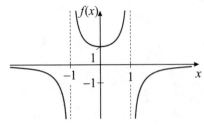

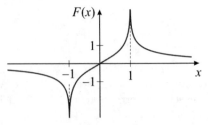

Anmerkung: Für die grafische Darstellung wurde jeweils $C = 0$ gewählt.

■

Lösung 174. Die Vertauschungsregel folgt aus dem zweiten Teil des Hauptsatzes der Differential- und Integralrechnung (166):

$$\int_a^b f(x)\, dx = F(b) - F(a) = -\big[F(a) - F(b)\big] = -\int_b^a f(x)\, dx$$

∎

Lösung 175. Beweis der Faktorregel der Integration:

$$\int_a^b k \cdot f(x)\, dx = \int_a^b k \cdot \left[\int_a^x f(t)\, dt\right]' dx \qquad \text{Hauptsatz (165)}$$

$$= \int_a^b \left[k \cdot \int_a^x f(t)\, dt\right]' dx \qquad \text{Faktorregel der Differentiation (118)}$$

$$= \int_a^b G_a'(x)\, dx \qquad \text{mit } G_a(x) = k \cdot \int_a^x f(t)\, dt$$

$$= G_a(b) - \underbrace{G_a(a)}_{=\,0} \qquad \text{Hauptsatz (166)}$$

$$= k \cdot \int_a^b f(x)\, dx \qquad \text{Austausch der Integrationsvariablen}$$

∎

Lösung 176. Herleitung der Summenregel für die Integralrechnung unter Verwendung der Summenregel für die Differentialrechnung:

$$\int_a^b f(x) + g(x)\, dx = \int_a^b \left[\int_a^x f(t)\, dt\right]' + \left[\int_a^x g(t)\, dt\right]' dx \qquad \text{Hauptsatz (165)}$$

$$= \int_a^b \left[\underbrace{\int_a^x f(t)\, dt}_{=\,F_a(x)} + \underbrace{\int_a^x g(t)\, dt}_{=\,G_a(x)}\right]' dx \qquad \text{Summenregel (119)}$$

$$= \int_a^b \big[F_a(x) + G_a(x)\big]' dx$$

$$= \big[F_a(b) + G_a(b)\big] - \big[\underbrace{F_a(a)}_{=\,0} + \underbrace{G_a(a)}_{=\,0}\big] \qquad \text{Hauptsatz (166)}$$

$$= \int_a^b f(x)\, dx + \int_a^b g(x)\, dx$$

∎

Lösung 177. Intervall- und Vertauschungsregel gelten nur für bestimmte Integrale.

Faktor- und Summenregel dürfen auch auf unbestimmte Integrale angewandt werden: Untergrenze a sei beliebig (könnte auch x_0 sein); außerdem ersetze man die Obergrenze b durch die Variable x und die bisherige Integrationsvariable x durch t.

∎

Lösung 178. Ableitung der Stammfunktion mithilfe der Kettenregel:

$$\Big[F\big(g(x)\big) + C\Big]' = F'\big(g(x)\big) \cdot g'(x) = f\big(g(x)\big) \cdot g'(x)$$

∎

Lösung 179. Verifikation der linearen Substitution:

$$\left[\frac{1}{a}F(ax + b) + C\right]' = \frac{1}{a}F'(ax + b) \cdot a = f(ax + b)$$

∎

Lösung 180. Die Quotienten-Substitutionsregel lässt sich mittels Kettenregel überprüfen:

$$\big[\ln|f(x)| + C\big]' = \frac{1}{f(x)} \cdot f'(x)$$

Die folgenden vier Grundfunktionen kann man als Quotient darstellen und logarithmisch integrieren:

1. Tangens:

$$\int \tan(x)\, dx = \int \frac{\sin(x)}{\cos(x)}\, dx = -\ln|\cos(x)| + C \tag{379}$$

2. Kotangens:

$$\int \cot(x)\, dx = \int \frac{\cos(x)}{\sin(x)}\, dx = \ln|\sin(x)| + C \tag{380}$$

3. Tangens Hyperbolicus:

$$\int \tanh(x)\, dx = \int \frac{\sinh(x)}{\cosh(x)}\, dx = \ln(\cosh(x)) + C \tag{381}$$

4. Kotangens Hyperbolicus:

$$\int \coth(x)\, dx = \int \frac{\cosh(x)}{\sinh(x)}\, dx = \ln|\sinh(x)| + C \tag{382}$$

∎

Lösung 181. Beweis der Produkt-Substitutionsregel:

$$\left[\frac{1}{2}f^2(x) + C\right]' = \frac{1}{2} \cdot 2f(x) \cdot f'(x) = f(x) \cdot f'(x)$$

∎

Lösung 182. Bei den Substitutionsregeln (172), (173) und (174) handelt es sich um Sonderfälle des allgemeinen Ansatzes (171):

- Lineare Substitution mit $F'(x) = f(x)$ und $g(x) = ax + b$ mit $a \neq 0$:

$$\int f\big(g(x)\big) \cdot g'(x)\, dx = F\big(g(x)\big) + C$$

$$\Leftrightarrow \qquad \int f(ax + b) \cdot a\, dx = F(ax + b) + C$$

$$\Leftrightarrow \qquad \int f(ax + b)\, dx = \frac{1}{a} F(ax + b) + C_1$$

- Quotienten-Substitutionsregel mit $F'(x) = f(x) = \dfrac{1}{x}$ bzw. $F(x) = \ln|x|$:

$$\int f\big(g(x)\big) \cdot g'(x)\, dx = F\big(g(x)\big) + C$$

$$\Leftrightarrow \qquad \int \frac{1}{g(x)} \cdot g'(x)\, dx = \ln|g(x)| + C$$

- Produkt-Substitutionsregel mit $F'(x) = f(x) = x$ bzw. $F(x) = \dfrac{1}{2}x^2$:

$$\int f\big(g(x)\big) \cdot g'(x)\, dx = F\big(g(x)\big) + C$$

$$\Leftrightarrow \qquad \int g(x) \cdot g'(x)\, dx = \frac{1}{2}g^2(x) + C$$

Es existieren weitere, spezielle Substitutionsmethoden, z. B. für Wurzelfunktionen.

∎

Lösung 183. Produktregel der Differentiation (120):

$$\big[u(x) \cdot v(x)\big]' = u'(x) \cdot v(x) + u(x) \cdot v'(x)$$

Integration in den Grenzen von a bis b und Anwendung der Summenregel (170):

$$\big[u(x) \cdot v(x)\big]_a^b = \int_a^b u'(x) \cdot v(x)\, dx + \int_a^b u(x) \cdot v'(x)\, dx$$

Umstellung liefert die Produktregel der Integration (partielle Integration):

$$\int_a^b u(x) \cdot v'(x)\, dx = \big[u(x) \cdot v(x)\big]_a^b - \int_a^b u'(x) \cdot v(x)\, dx$$

Bei Bedarf können die Integrale vertauscht werden.

∎

Lösung 184. Bei einer (einzigen) Grundfunktion genügt die partielle Integration:

1. (Allgemeine) Logarithmusfunktion:

$$\int \log_a |x| \, dx = x \cdot \log_a |x| - \int x \cdot \frac{1}{\ln(a) \cdot x} \, dx = x \cdot \log_a |x| - \frac{x}{\ln a} + C \quad (383)$$

Bei einigen Grundfunktionen muss nach der partiellen Integration das Ersatzintegral mithilfe der Quotienten-Substitutionsregel (173) gelöst werden:

2. Arkustangens:

$$\int \arctan(x) \, dx = x \cdot \arctan(x) - \int x \cdot \frac{1}{1 + x^2} \, dx = x \cdot \arctan(x) - \frac{1}{2} \ln(1 + x^2) + C$$
$$(384)$$

3. Arkuskotangens:

$$\int \text{arccot}(x) \, dx = x \cdot \text{arccot}(x) - \int x \cdot \frac{-1}{1 + x^2} \, dx = x \cdot \text{arccot}(x) + \frac{1}{2} \ln(1 + x^2) + C$$
$$(385)$$

4. Areatangens Hyperbolicus:

$$\int \text{artanh}(x) \, dx = x \cdot \text{artanh}(x) - \int x \cdot \frac{1}{1 - x^2} \, dx = x \cdot \text{artanh}(x) + \frac{1}{2} \ln |1 - x^2| + C$$
$$(386)$$

5. Areakotangens Hyperbolicus:

$$\int \text{arcoth}(x) \, dx = x \cdot \text{arcoth}(x) - \int x \cdot \frac{1}{1 - x^2} \, dx = x \cdot \text{arcoth}(x) + \frac{1}{2} \ln |1 - x^2| + C$$
$$(387)$$

Auch die folgenden Grundfunktionen sind partiell integrierbar. Zur Lösung des Ersatzintegrals benötigt man die allgemeine Substitutionsregel (171):

6. Arkussinus:

$$\int \arcsin(x) \, dx = x \cdot \arcsin(x) - \int x \cdot \frac{1}{\sqrt{1 - x^2}} \, dx = x \cdot \arcsin(x) + \sqrt{1 - x^2} + C \quad (388)$$

7. Arkuskosinus:

$$\int \arccos(x) \, dx = x \cdot \arccos(x) - \int x \cdot \frac{-1}{\sqrt{1 - x^2}} \, dx = x \cdot \arccos(x) - \sqrt{1 - x^2} + C \quad (389)$$

8. Areasinus Hyperbolicus:

$$\int \text{arsinh}(x) \, dx = x \cdot \text{arsinh}(x) - \int x \cdot \frac{1}{\sqrt{x^2 + 1}} \, dx = x \cdot \text{arsinh}(x) - \sqrt{x^2 + 1} + C \quad (390)$$

9. Areakosinus Hyperbolicus:

$$\int \text{arcosh}(x) \, dx = x \cdot \text{arcosh}(x) - \int x \cdot \frac{1}{\sqrt{x^2 - 1}} \, dx = x \cdot \text{arcosh}(x) - \sqrt{x^2 - 1} + C$$
$$(391)$$

∎

Lösung 185. Die Idee der Integrationstechnik besteht in der Zerlegung des gebrochen-rationalen Polynoms $r(x)$ in integrierbare Partialbrüche:

$$r(x) = \frac{z(x)}{N(x)} = \frac{a_1}{x - x_n} + \frac{a_2}{(x - x_n)^2} + \ldots + \frac{a_k}{(x - x_n)^k} + \frac{b_1 x + c_1}{x^2 + px + q} + \ldots + \frac{b_k x + c_k}{(x^2 + px + q)^k}$$

Die Partialbrüche besitzen eine Gemeinsamkeit: Die Zählerordnung (0 oder 1) ist kleiner als die Nennerordnung (1 bis $2k$). Bei einer Erweiterung auf den Hauptnenner $N(x)$ folgt zwangsläufig, dass die Zählerordnung kleiner als die Nennerordnung sein muss:

$$\mathcal{O}(z) < \mathcal{O}(N)$$

Man spricht in diesem Fall von einer echt gebrochenrationalen Funktion.

Bei gebrochenrationalen Funktionen $f(x) = \frac{Z(x)}{N(x)}$ mit unzulässiger Polynomordnung

$$\mathcal{O}(Z) \geq \mathcal{O}(N)$$

muss die Zählerordnung durch eine Polynomdivision reduziert werden:

$$f(x) = g(x) + r(x)$$

Der Anteil $g(x)$ ist ganzrational, der Rest $r(x) = \frac{z(x)}{N(x)}$ echt gebrochenrational.

■

Lösung 186. Stammfunktion:

$$F(x) = \frac{b}{2} \cdot \ln(x^2 + px + q) + \frac{2c - bp}{\sqrt{4q - p^2}} \cdot \arctan\left(\frac{2x + p}{\sqrt{4q - p^2}}\right) + D$$

Ableitung unter Anwendung der Kettenregel liefert die Integrandfunktion:

$$F'(x) = \frac{b}{2} \cdot \frac{2x + p}{x^2 + px + q} + \frac{2c - bp}{\sqrt{4q - p^2}} \cdot \frac{1}{1 + \left(\dfrac{2x + p}{\sqrt{4q - p^2}}\right)^2} \cdot \frac{2}{\sqrt{4q - p^2}}$$

$$= \frac{b}{2} \cdot \frac{2x + p}{x^2 + px + q} + 2\frac{2c - bp}{(4q - p^2) + (2x + p)^2}$$

$$= \frac{1}{2} \cdot \frac{2bx + bp}{x^2 + px + q} + \frac{4c - 2bp}{4q + 4x^2 + 4xp}$$

$$= \frac{bx + c}{x^2 + px + q}$$

■

Lösung 187. Überprüfung der Haupt-Stammfunktion

$$F(x) = \frac{(2c - bp)x + cp - 2bq}{(k-1)\Delta(x^2 + px + q)^{k-1}} + \frac{(2k-3)(2c-bp)}{(k-1)\Delta} \cdot \underbrace{\int \frac{1}{(x^2 + px + q)^{k-1}} \, dx}_{= A_{k-1}}$$

$$= \frac{(2c - bp)x + cp - 2bq}{(k-1)\Delta} \cdot (x^2 + px + q)^{1-k} + \frac{(2k-3)(2c-bp)}{(k-1)\Delta} \cdot A_{k-1}$$

mit $k \geq 2$ und $\Delta = 4q - p^2 > 0$ durch Differentiation:

$$F'(x) = \frac{2c - bp}{(k-1)\Delta(x^2 + px + q)^{k-1}} + (1-k) \cdot \frac{(2c-bp)x + cp - 2bq}{(k-1)\Delta(x^2 + px + q)^k} \cdot (2x + p) +$$

$$+ \frac{(2k-3)(2c-bp)}{(k-1)\Delta} \cdot \frac{1}{(x^2 + px + q)^{k-1}}$$

$$= \frac{(2k-2)(2c-bp)(x^2 + px + q) + (1-k)\big[(2c-bp)x + cp - 2bq\big](2x + p)}{(k-1)\Delta(x^2 + px + q)^k}$$

$$= \frac{\big[2(2c-bp)p + (bp-2c)p + 2(-cp + 2bq)\big]x + 2(2c-bp)q + (-cp + 2bq)p}{\Delta(x^2 + px + q)^k}$$

$$= \frac{[4q - p^2]bx + [4q - p^2]c}{\Delta(x^2 + px + q)^k}$$

$$= \frac{bx + c}{(x^2 + px + q)^k} \quad \checkmark$$

Ableitung von

$$A_n = \frac{2x + p}{(n-1)\Delta(x^2 + px + q)^{n-1}} + \frac{4n - 6}{(n-1)\Delta} \cdot \underbrace{\int \frac{1}{(x^2 + px + q)^{n-1}} \, dx}_{= A_{n-1}}$$

für $n > 1$ ergibt:

$$A_n'(x) = \frac{2}{(n-1)\Delta(x^2 + px + q)^{n-1}} - \frac{(2x+p)^2}{\Delta(x^2 + px + q)^n} + \frac{4n - 6}{(n-1)\Delta} \cdot \frac{1}{(x^2 + px + q)^{n-1}}$$

$$= \frac{4(x^2 + px + q) - (2x + p)^2}{\Delta(x^2 + px + q)^n}$$

$$= \frac{1}{(x^2 + px + q)^n} \quad \checkmark$$

Ableitung von

$$A_1 = \frac{2}{\sqrt{\Delta}} \arctan\left(\frac{2x + p}{\sqrt{\Delta}}\right) + D$$

liefert:

$$A_1'(x) = \frac{2}{\sqrt{\Delta}} \cdot \frac{1}{1 + \left(\dfrac{2x + p}{\sqrt{\Delta}}\right)^2} \cdot \frac{2}{\sqrt{\Delta}} = \frac{4}{\Delta + (2x + p)^2} = \frac{1}{x^2 + px + q} \quad \checkmark$$

∎

Lösung 188. Addition der durch lineare Interpolation gewonnenen Trapezflächen:

$$\int_{x_0}^{x_n} f(x)\,dx \approx A_1 + A_2 + \ldots + A_k + \ldots + A_n \quad \text{mit} \quad A_k = \frac{x_n - x_0}{n} \cdot \frac{f(x_{k-1}) + f(x_k)}{2}$$

$$= \frac{x_n - x_0}{n} \cdot \left[\frac{f(x_0) + f(x_1)}{2} + \frac{f(x_1) + f(x_2)}{2} + \ldots + \frac{f(x_{n-1}) + f(x_n)}{2} \right]$$

$$= \frac{x_n - x_0}{n} \cdot \left[\frac{f(x_0)}{2} + f(x_1) + f(x_2) + \ldots f(x_{n-1}) + \frac{f(x_n)}{2} \right]$$

$$= \frac{x_n - x_0}{n} \cdot \left[\frac{f(x_0) + f(x_n)}{2} + \sum_{i=1}^{n-1} f(x_i) \right]$$

■

Lösung 189. Programmierung der Trapezregel mit Python:

```
from math import *

def f(x):                        # zu integrierende Funktion
   if not x==0:
      return sin(x)/x            # Kardinalsinus
   else:
      return 1.                  # Grenzwert nach L'Hospital
x0   = 0.0                       # untere Grenze
xn   = 1.0                       # obere Grenze

for n in [10,100,1000,10000]:    # Anzahl Intervalle
   t = (f(x0)+f(xn))/2.          # Randwerte
   for i in range(1,n):
      xi=i/n*(xn-x0)
      t=t+f(xi)
   t=t*(xn-x0)/n
   print("n= %10i, t= %18.16f"%(n,t))   # Formatierte Ausgabe
print("Ende")
```

Einfluss der Intervallanzahl n auf die Genauigkeit:

n	A_n
10	0,945 832 071 866 9052
100	0,946 080 560 625 7324
1000	0,946 083 045 269 7914
10000	0,946 083 070 116 2104

Rundung auf vier Nachkommastellen: $A \approx 0{,}9461$

■

Lösung 190. Die Berechnung der Näherungslösung vereinfacht sich, wenn man die linke Stützstelle in den Ursprung legt und die Verschiebung nachträglich korrigiert.

Zur Bestimmung der Parameter a, b und c der (ersten) Parabel setzt man die Stützpunkte (x_0, y_0) mit $x_0 = 0$, (x_1, y_1) mit $x_1 = \frac{x_2}{2}$ und (x_2, y_2) in die allgemeine Parabelgleichung

$$p(x) = ax^2 + bx + c$$

ein:

$$y_0 = c$$

$$y_1 = a\left(\frac{x_2}{2}\right)^2 + b\left(\frac{x_2}{2}\right) + c$$

$$y_2 = ax_2^2 + bx_2 + c$$

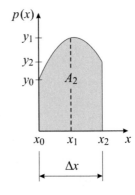

Elimination von a liefert:

$$b = \frac{4y_1 - y_2 - 3y_0}{x_2}$$

Rückeinsetzen:

$$a = \frac{y_2 - bx_2 - c}{x_2^2} = \frac{2y_0 - 4y_1 + 2y_2}{x_2^2}$$

Bestimmte Integration auf dem Intervall $[x_0, x_2]$ bzw. $[0, x_2]$:

$$A_2 = \int_{x_0}^{x_2} p(x)\, dx = \int_0^{x_2} ax^2 + bx + c\, dx = \frac{a}{3}x_2^3 + \frac{b}{2}x_2^2 + cx_2 = \underbrace{\frac{y_0 + 4y_1 + y_2}{6}}_{\text{mittlere Höhe}} \cdot \underbrace{x_2}_{= \Delta x}$$

Die (doppelte) Intervallbreite ist für alle Teilflächen gleich:

$$\Delta x = x_2 - x_0 = x_4 - x_2 = \ldots = 2 \cdot \frac{x_n - x_0}{n}$$

Durch Addition der Teilflächen erhält man schließlich die gesuchte Trapezregel:

$$\int_{x_0}^{x_n} f(x)\, dx \approx A_2 + A_4 + A_6 + \ldots + A_k + \ldots + A_n \quad \text{mit} \quad A_k = \frac{y_{k-2} + 4y_{k-1} + y_k}{6} \cdot \Delta x$$

$$= \left[\frac{y_0 + 4y_1 + y_2}{6} + \frac{y_2 + 4y_3 + y_4}{6} + \ldots + \frac{y_{n-2} + 4y_{n-1} + y_n}{6}\right] \cdot \Delta x$$

$$= \left[\frac{y_0 + y_n}{3} + \frac{4}{3}\sum_{i=1}^{n/2} y_{2i-1} + \frac{2}{3}\sum_{i=1}^{n/2-1} y_{2i}\right] \cdot \frac{x_n - x_0}{n}$$

■

Lösung 191. Erweitertes Python-Skript:

```
from math import *

def f(x):                          # zu integrierende Funktion
  if not x==0:
    return sin(x)/x
  else:
    return 1.
x0   = 0.0                         # untere Grenze
xn   = 1.0                         # obere Grenze


print("Stützstellen    Trapezregel            Simpsonregel")
for n in [2,6,10,100,1000,10000,100000,1000000,10000000]:
  t = (f(x0)+f(xn))/2.     # Randwerte Trapezregel
  s = (f(x0)+f(xn))/3.     # Randwerte Simpsonregel
  for i in range(1,n):
    xi=i/n*(xn-x0)
    t=t+f(xi)
    if i%2==1:             # ungerade (%: Modulo mit Rest=1)
      s=s+4./3.*f(xi)
    else:                  # gerade
      s=s+2./3.*f(xi)
  t=t*(xn-x0)/n
  s=s*(xn-x0)/n
  print("n= %10i, t= %18.16f, s= %18.16f"%(n,t,s))
print("Ende")
```

Bei der Simpsonregel reichen 2 Intervalle (bzw. ein Doppelintervall) aus, um eine Genauigkeit von 4 Nachkommastellen zu erhalten; bei 1000 Intervallen sind es sogar 12 Stellen. Um mit der Trapezregel die gleiche Genauigkeit zu erzielen, müssen zwischen 10^5 und 10^6 Stützstellen ausgewertet werden; der numerische Aufwand ist also über 100-mal höher.

n	A_n^{Trapez}	A_n^{Simpson}
2	0,939 793 284 806 1772	0,946 145 882 273 5866
6	0,945 385 730 766 8585	0,946 083 831 311 6989
10	0,945 832 071 866 9052	0,946 083 168 838 0729
100	0,946 080 560 625 7324	0,946 083 070 377 0220
1000	0,946 083 045 269 7914	0,946 083 070 367 1820
10000	0,946 083 070 116 2104	0,946 083 070 367 1836
100000	0,946 083 070 364 6711	0,946 083 070 367 1872
1000000	0,946 083 070 367 1638	0,946 083 070 367 1642
10000000	0,946 083 070 367 2465	0,946 083 070 367 0757

■

Potenzreihenentwicklungen

Lösung 192. Eine Folge reeller Zahlen konvergiert gegen den Grenzwert a, wenn es für jedes $\varepsilon \in \mathbb{R}$ mit $\varepsilon > 0$ ein n_ε gibt, für das gilt:

$$|a_n - a| < \varepsilon \quad \text{für alle } n > n_\varepsilon \tag{392}$$

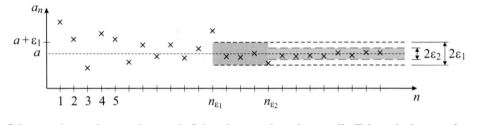

Gibt man beispielsweise das ε_1 als Schranke vor, dann liegen alle Folgenglieder mit dem Index $n > n_{\varepsilon_1}$ innerhalb des ε_1-Schlauches. Wählt man mit ε_2 eine kleinere Schranke, dann muss der Startindex auf n_{ε_2} erhöht werden.

∎

Lösung 193. Der Startindex wird in Abhängigkeit der (beliebig wählbaren) Schranke $\varepsilon > 0$ wie folgt definiert:

$$n_\varepsilon = \frac{1}{\varepsilon} + \rho \quad \text{mit} \quad \rho \in [0; 1)$$

Damit n_ε eine natürliche Zahl ist, muss $\frac{1}{\varepsilon} \in \mathbb{R}$ ggf. durch Addition von ρ aufgerundet werden. Mit $a_n = \frac{1}{n}$ und $a = 0$ erhält man:

$$|a_n - a| = \left| \frac{1}{n} - 0 \right| = \frac{1}{n} < \frac{1}{n_\varepsilon} = \frac{\varepsilon}{1 + \varepsilon\rho} \leq \varepsilon \quad \text{für alle } n > n_\varepsilon$$

Anmerkung: Auf das Aufrunden kann verzichtet werden, wenn man $n_\varepsilon \in \mathbb{R}$ zulässt.

∎

Lösung 194. Für eine monoton wachsende Folge reeller Zahlen (a_n) mit $a_m \geq a_n$ für $m > n$ gilt das Monotoniekriterium:

(a_n) ist konvergent.

⇔ Es existiert ein (endlicher) Grenzwert: $a = \lim\limits_{n \to \infty} a_n$

⇔ Für jedes $\varepsilon > 0$ gibt es ein n_ε, für das gilt: $|a_n - a| = a - a_n < \varepsilon$ für alle $n > n_\varepsilon$

⇔ Für jedes $\varepsilon > 0$ gibt es ein n_ε, für das gilt: $a \geq a_n > a - \varepsilon$ für alle $n > n_\varepsilon$

⇔ Es existiert ein Supremum: $a = \sup\{a_n | n \in \mathbb{N}\} = \sup\{a_n | n > n_\varepsilon\}$

⇔ (a_n) ist nach oben beschränkt.

Auf analoge Weise lässt sich beweisen, dass eine monoton fallende Folge genau dann konvergiert, wenn sie nach unten beschränkt ist.

∎

Lösung 195. Weil das Monotoniekriterium eine Äquivalenzaussage darstellt, lässt es sich auch für Divergenzuntersuchungen einsetzen.

Für eine monoton steigende Folge gilt:

$$(a_n) \text{ ist divergent.} \quad \Leftrightarrow \quad (a_n) \text{ ist nach oben unbeschränkt.}$$

Für eine monoton fallende Folge gilt:

$$(a_n) \text{ ist divergent.} \quad \Leftrightarrow \quad (a_n) \text{ ist nach unten unbeschränkt.}$$

■

Lösung 196. Die Folge (a_n) sei konvergent gegen den Grenzwert a. Dann existiert gemäß der fundamentalen Grenzwertdefinition (392) für jedes beliebige ε_1, z. B. $\varepsilon_1 = 0{,}815$, ein Startindex $n_1 \in \mathbb{N}^*$ mit:

$$|a_n - a| < \varepsilon_1 \quad \text{für alle } n > n_1$$

Ermittlung einer oberen Schranke S:

- Da es sich bei n_1 um eine endliche Zahl handelt, kann man aus der Menge aller Folgenglieder mit $n \leq n_1$ das Maximum ermitteln:

$$S_1 = \max\{a_1, a_2, a_3, \ldots, a_{n_1}\}$$

- Für $n > n_1$, d. h. für fast alle (unendlich viele) Folgenglieder, stellt der Wert

$$S_2 = a + \varepsilon_1$$

eine obere Schranke dar.

- Obere Schranke aller Folgenglieder:

$$S = \max\{S_1, S_2\}$$

Mit der gleichen Argumentation erhält man eine untere Schranke:

$$s = \min\{a_1, a_2, a_3, \ldots, a_{n_1}, a - \varepsilon_1\}$$

Somit ist der Beweis erbracht, dass jede konvergente Folge (a_n) beschränkt ist:

$$a_n \in [s, S] \quad \text{für alle } n \in \mathbb{N}^*$$

■

Lösung 197. Mit der Implikation, dass eine konvergente Folge (A) beschränkt ist (B), lässt sich nicht viel anfangen. Dafür ist die Kontraposition, dass eine unbeschränkte Folge (nicht B) divergiert (nicht A), umso bedeutsamer. Sie liefert eine elegante Beweismethode für die Divergenz einer Folge.

Die Umkehrung „eine beschränkte Folge (B) ist konvergent (A)" gilt im Allgemeinen nicht, wie das Gegenbeispiel der alternierenden Folge (a_n) mit $a_n = (-1)^n$ zeigt: Die Schranken sind $s = -1$ und $S = +1$, ein Grenzwert existiert nicht.

■

Lösung 198. Ob die geometrische Folge (a_n) mit $a_n = q^n$ konvergiert oder divergiert, hängt von der Basis q ab:

- $q = 0$: Die Folge ist konvergent, denn $a = a_n = 0$ für alle $n \in \mathbb{N}^*$.

- $q \in (0; 1)$: Gemäß dem Monotoniekriterium ist die Folge konvergent, denn sie fällt (streng) monoton $\left(\frac{a_{n+1}}{a_n} = q < 1\right)$, und $s = 0$ ist wegen $q^n > 0$ eine untere Schranke. Dass die untere Schranke s mit dem Grenzwert $a = 0$ übereinstimmt, spielt für den Beweis keine Rolle.

- $q = 1$: Konvergente Folge mit $a = a_n = 1$ für alle $n \in \mathbb{N}^*$.

- $q \in (1; \infty)$: Die Folge divergiert, weil sie keine obere Schranke besitzt:

$$\begin{aligned} a_n &= q^n && \text{mit } q > 1 \\ &= (1+x)^n && \text{Substitution: } x = q - 1 > 0 \\ &\geq 1 + nx && \text{Bernoulli-Ungleichung (44)} \end{aligned}$$

Widerspruchsbeweis: Es sei S eine obere Schranke. Für $n_S = \frac{S}{x}$ erhält man ein $a_{n_S} \geq 1 + n_S x = 1 + S$.

- $q \in (-1; 0)$: Die Folge konvergiert gegen den Grenzwert $a = 0$, weil es zu jedem $\varepsilon > 0$ ein

$$n_\varepsilon = \frac{\ln \varepsilon}{\ln |q|} = \log_{|q|} \varepsilon$$

gibt, für das gilt:

$$|a_n - a| = |q^n - 0| = |q|^n < |q|^{n_\varepsilon} = |q|^{\log_{|q|} \varepsilon} = \varepsilon \quad \text{für alle } n > n_\varepsilon$$

- $q = -1$: Die Folge divergiert, denn man erhält $q^n = (-1)^n = 1$ für gerade n und -1 für ungerade n.

- $q \in (-\infty; -1)$: Die Folge divergiert, weil sie unbeschränkt ist. Ob es keine obere oder keine untere Schranke gibt, ist unerheblich. Deshalb wird statt (a_n) die Folge (b_n) mit $b_n = |q|^n$ betrachtet, welche sich auf den Fall $q \in (1; \infty)$ zurückführen lässt.

Zusammenfassung: Die geometrische Folge konvergiert für $q \in (-1; 1]$, bei anderen Basen divergiert sie.

∎

Lösung 199. Grenzwert der n-ten Wurzel von $c > 0$:

$$\begin{aligned} \lim_{n \to \infty} \sqrt[n]{c} &= \lim_{n \to \infty} e^{\ln(\sqrt[n]{c})} && \text{Logarithmustrick} \\[2mm] &= \lim_{n \to \infty} e^{\frac{\ln(c)}{n}} && \text{Logarithmenregel (31) für Wurzeln (17)} \\[2mm] &= e^{\ln(c) \cdot \lim_{n \to \infty} \frac{1}{n}} && \text{Grenzwertsätze (205) und (202)} \\[2mm] &= e^0 && \text{Harmonische Folge (183)} \\[2mm] &= 1 \end{aligned}$$

∎

Lösung 200. Um die Regel von L'Hospital anwenden zu dürfen, wird die Folge (a_n) mit

$$a_n = \sqrt[n]{n} \quad \text{für } n \in \mathbb{N}^*$$

zu der Funktion

$$f(n) = \sqrt[n]{n} \quad \text{für } n \in \mathbb{R} \text{ mit } n > 0$$

erweitert. Die Grenzwerte sind identisch:

$$\lim_{n\to\infty} \sqrt[n]{n} = \lim_{n\to\infty} e^{\ln\left(\sqrt[n]{n}\right)} = \lim_{n\to\infty} e^{\frac{\ln(n)}{n}} = e^{\lim_{n\to\infty} \frac{\ln(n)}{n}} \overset{\text{„}\frac{\infty}{\infty}\text{"}}{=} e^{\lim_{n\to\infty} \frac{1}{n}} = e^0 = 1 \tag{393}$$

$\blacksquare$

Lösung 201. Exponentialfunktion als Grenzwert einer Folge:

$$\lim_{n\to\infty} \left(1 + \frac{x}{n}\right)^n = \lim_{n\to\infty} e^{\ln\left(1+\frac{x}{n}\right)^n} \qquad \text{Logarithmustrick}$$

$$= e^{\lim_{n\to\infty} n\cdot\ln\left(1+\frac{x}{n}\right)} \qquad \text{Logarithmenregel und Grenzwertsatz (205)}$$

$$= e^b$$

mit

$$b = \lim_{n\to\infty} n \cdot \ln\left(1 + \frac{x}{n}\right) \qquad \text{Unbestimmter Ausdruck vom Typ „}\infty \cdot 0\text{"}$$

$$= \lim_{n\to\infty} \frac{\ln\left(\frac{n+x}{n}\right)}{\frac{1}{n}} \qquad \text{Doppelbruch für L'Hospital}$$

$$\overset{\text{„}\frac{0}{0}\text{"}}{=} \lim_{n\to\infty} \frac{\frac{n}{n+x} \cdot \frac{n-(n+x)}{n^2}}{-\frac{1}{n^2}} \qquad \text{Ketten- und Quotientenregel im Zähler}$$

$$= \lim_{n\to\infty} \frac{nx}{n+x} \qquad \text{Kürzen}$$

$$= \lim_{n\to\infty} \frac{x}{1+\frac{x}{n}} \qquad \text{Elementare Umformung: Erweiterung mit } \frac{1}{n}$$

$$= x$$

$\blacksquare$

Hinweise:

- Um die Regel von L'Hospital anwenden zu können, wird die gleiche Methode wie in Aufgabe 200 benutzt: Erweiterung der Folge (diskrete Funktion) zu einer stetigen (kontinuierlichen) Funktion.

- Die sich für $x = 1$ ergebende Eulersche Zahl

$$e = \lim_{n\to\infty} \left(1 + \frac{1}{n}\right)^n$$

wurde in Aufgabe 129 aus der Forderung hergeleitet, dass die Exponentialfunktion e^x gleich ihrer Ableitung sein soll.

Lösung 202. Die Folge bzw. Funktion

$$f(n) = \frac{n^b}{a^n} \quad \text{mit} \quad a, b \in \mathbb{R}, \ a > 1$$

konvergiert für $n \to \infty$ gegen null:

- Der Fall $b < 0$ ist trivial, weil der Zähler gegen null und der Nenner gegen unendlich strebt.

- Für $b = 0$ ist der Zähler eins und der Nenner unendlich.

- Im Fall $b > 0$ muss die Regel von L'Hospital solange angewandt werden, bis der Exponent der Potenzfunktion im Zähler kleiner oder gleich null ist:

$$\lim_{n \to \infty} \frac{n^b}{a^n} \ _{\text{„}}\overset{\frac{\infty}{\infty}}{=}\text{“} \begin{cases} 0 & \text{für } b \leq 1 \\ \lim\limits_{n \to \infty} \dfrac{bn^{b-1}}{\ln(a)\,a^n} \end{cases} \ _{\text{„}}\overset{\frac{\infty}{\infty}}{=}\text{“} \begin{cases} 0 & \text{für } b \leq 2 \\ \lim\limits_{n \to \infty} \dfrac{b(b-1)n^{b-2}}{\ln^2(a)\,a^n} \end{cases} \ _{\text{„}}\overset{\frac{\infty}{\infty}}{=}\text{“} \begin{cases} 0 & \text{für } b \leq 3 \\ \ldots\text{„}\overset{\frac{\infty}{\infty}}{=}\text{“} 0 & \text{für } b > 3 \end{cases}$$

∎

Lösung 203. Die Folge (b_n) mit

$$b_n = \frac{a^n}{n!}$$

konvergiert gegen

$$b = 0 \,,$$

denn es gibt zu jedem (noch so kleinen) $\varepsilon \in (0; 1]$ einen Index

$$n_\varepsilon = \frac{a^2}{\varepsilon} + \rho \quad \text{mit} \quad \rho \in [0; 1) \,,$$

für den gilt:

$$|b_n - b| = \frac{|a|^n}{n!} \leq \frac{|a|^n}{\sqrt{n^n}} = \left(\frac{a^2}{n}\right)^{\frac{n}{2}} < \left(\frac{a^2}{n_\varepsilon - \rho}\right)^{\frac{n}{2}} = \varepsilon^{\frac{n}{2}} \leq \varepsilon \quad \text{für alle } n > n_\varepsilon$$

Erläuterungen:

- Das ε darf nicht größer als eins sein, weil sich sonst das letzte Relationszeichen umkehren würde.

- Das ρ dient dem Aufrunden zur nächsten natürlichen Zahl $n_\varepsilon \in \mathbb{N}^*$.

- Durch die Bildung des Kehrwertes dreht sich bei der Ungleichung (55) das Relationszeichen um:

$$n! \geq \sqrt{n^n} \quad \Leftrightarrow \quad \frac{1}{n!} \leq \frac{1}{\sqrt{n^n}}$$

Somit ist der Beweis erbracht, dass die Fakultät $n!$ schneller gegen unendlich geht als jede Exponentialfunktion a^n.

∎

Lösung 204. Durch Einsetzen des Sonderfalls $m \to \infty$ bzw. des Grenzwerts

$$a = \lim_{m \to \infty} a_m$$

in das Cauchy-Kriterium (190) erhält man die fundamentale Grenzwertdefinition (392):

$$|a_n - a| < \varepsilon \quad \text{für alle } n > n_\varepsilon$$

Das $\varepsilon > 0$ sei beliebig (klein), und der Startindex n_ε möge (als Funktion von ε) existieren.

∎

Lösung 205. Gemäß der fundamentalen Grenzwertdefinition konvergiert eine Folge (a_n) gegen den Grenzwert a, wenn es für jedes $\varepsilon \in \mathbb{R}$ mit $\varepsilon > 0$ ein n_ε gibt, für das gilt:

$$|a_n - a| < \varepsilon \quad \text{für alle } n > n_\varepsilon$$

Der Index ist austauschbar:

$$|a_m - a| < \varepsilon \quad \text{für alle } m > n_\varepsilon$$

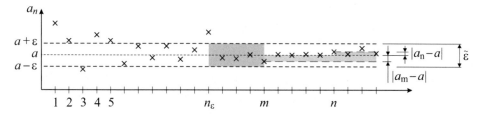

Mithilfe der Dreiecksungleichung $|x + y| \leq |x| + |y|$ erhält man die Beziehung:

$$|a_n - a_m| = |(a_n - a) + (a - a_m)| \leq \underbrace{|(a_n - a)|}_{< \varepsilon} + \underbrace{|(a - a_m)|}_{< \varepsilon} < 2 \cdot \varepsilon \quad \text{für alle } m, n > n_\varepsilon$$

Substitution $\tilde{\varepsilon} = 2\varepsilon \in (0, \infty)$ liefert das Cauchy-Kriterium:

$$|a_n - a_m| < \tilde{\varepsilon} \quad \text{für alle } m, n > n_{\tilde{\varepsilon}}$$

∎

Lösung 206. Die Gaußsche Summenformel lässt sich als halbes Rechteck visualisieren:

$$\sum_{n=1}^{m} n = 1 + 2 + 3 + \ldots + m = \frac{m \cdot (m + 1)}{2}$$

So (oder ähnlich) dürfte der kleine Gauß seinerzeit gerechnet haben:

$$1 + 100 = 2 + 99 = 3 + 98 = \ldots = 50 + 51 = 101$$

Und schließlich: $50 \cdot 101 = 5050$

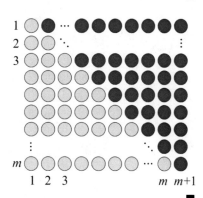

∎

Lösung 207. Beweis der Gaußschen Summenformel durch vollständige Induktion:

- Induktionsanfang für $m = 1$:

$$\sum_{n=1}^{1} n = 1 = \frac{1 \cdot (1+1)}{2} \quad \checkmark$$

- Induktionsschritt:

$$\sum_{n=1}^{m} n = \frac{m(m+1)}{2} \qquad \text{Induktionsannahme } A(m)$$

$$\Leftrightarrow \left[\sum_{n=1}^{m} n\right] + (m+1) = \frac{m(m+1)}{2} + (m+1) \quad \text{Addition einer weiteren Zahl}$$

$$\Leftrightarrow \qquad \sum_{n=1}^{m+1} n = \frac{(m+1)(m+2)}{2} \qquad \text{Induktionsbehauptung } A(m+1)$$

$\blacksquare$

Lösung 208. Die Summenformel für Quadratzahlen kann mittels vollständiger Induktion bewiesen werden. Für den Induktionsanfang $m = 1$ ist die Summenformel richtig:

$$\sum_{n=1}^{1} n^2 = 1 = \frac{1 \cdot 2 \cdot 3}{6} \quad \checkmark \qquad .$$

Um zu zeigen, dass man auch andere Obergrenzen m verwenden darf, wird der Induktionsschritt durchgeführt:

$$\sum_{n=1}^{m} n^2 = \frac{m(m+1)(2m+1)}{6} \qquad \text{Induktionsannahme}$$

$$\Leftrightarrow \left[\sum_{n=1}^{m} n^2\right] + (m+1)^2 = \frac{m(m+1)(2m+1)}{6} + (m+1)^2$$

$$\Leftrightarrow \qquad \sum_{n=1}^{m+1} n^2 = \frac{m+1}{6} \cdot \left[m(2m+1) + 6(m+1)\right]$$

$$= \frac{m+1}{6} \cdot \left[2m^2 + 7m + 6\right]$$

$$= \frac{(m+1)(m+2)\left[2(m+1)+1\right]}{6} \qquad \text{Induktionsbehauptung}$$

$\blacksquare$

Lösung 209. Beweis ohne (viel) Worte:

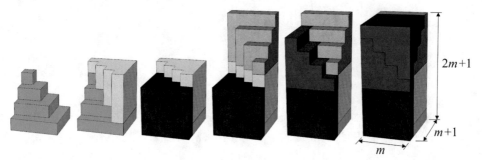

Volumen einer m-stufigen Pyramide:

$$V_m = \sum_{n=1}^{m} n^2 = 1 + 4 + 9 + \ldots + m^2$$

Sechs Pyramiden können zu einem Quader zusammengesetzt werden. Die Aufteilung des Quadervolumens

$$V = m \cdot (m + 1) \cdot (2m + 1)$$

auf alle Stufenpyramiden liefert die herzuleitende Summenformel für Quadratzahlen:

$$V_m = \frac{V}{6} = \frac{m(m + 1)(2m + 1)}{6}$$

$\blacksquare$

Lösung 210. Beweis der geometrischen Summenformel mittels Induktion für $q \neq 1$:

- Induktionsanfang für $m = 0$:

$$\sum_{n=0}^{0} q^n = q^0 = 1 = \frac{1 - q^{0+1}}{1 - q} \quad \checkmark$$

- Induktionsschritt:

$$\sum_{n=0}^{m} q^n = \frac{1 - q^{m+1}}{1 - q} \qquad \text{Induktionsannahme } A(m)$$

$$\Leftrightarrow \sum_{n=0}^{m+1} q^n = \frac{1 - q^{m+1}}{1 - q} + q^{m+1} \qquad \text{Addition einer weiteren Potenz}$$

$$= \frac{1 - q^{m+1}}{1 - q} + \frac{q^{m+1} - q^{m+2}}{1 - q}$$

$$= \frac{1 - q^{m+2}}{1 - q} \qquad \text{Induktionsbehauptung } A(m + 1)$$

Die Summenformel gilt sogar für $q = 0$ — sofern man $0^0 = 1$ definiert hat (Aufgabe 7).

$\blacksquare$

Lösung 211. Gesucht ist die Summenformel der endlichen geometrischen Reihe:

$$S_m = \sum_{n=0}^{m} q^n = q^0 + q^1 + q^2 + q^3 + \ldots + q^m$$

Multiplikation mit q:

$$q \cdot S_m = q^1 + q^2 + q^3 + q^4 + \ldots + q^{m+1}$$

Durch Differenzbildung beider Gleichungen erhält man eine Reihe, die sich wie ein Teleskop zusammenschrumpfen lässt:

$$S_m - q \cdot S_m = q^0 \underbrace{- q^1 + q^1}_{=0} \underbrace{- q^2 + q^2}_{=0} \underbrace{- q^3 + q^3}_{=0} - \ldots \underbrace{- q^m + q^m}_{=0} - q^{m+1}$$

Mit $q^0 = 1$ für $q \in \mathbb{R}$ gemäß (11) folgt:

$$S_m = \frac{1 - q^{m+1}}{1 - q} \quad \text{für} \quad q \neq 1$$

∎

Lösung 212. Durch Partialbruchzerlegung erhält man eine Teleskopreihe:

$$\sum_{n=1}^{m} \frac{1}{n(n+1)} = \sum_{n=1}^{m} \frac{1}{n} - \frac{1}{n+1}$$

$$= \left[\frac{1}{1} - \frac{1}{2}\right] + \left[\frac{1}{2} - \frac{1}{3}\right] + \left[\frac{1}{3} - \frac{1}{4}\right] + \ldots + \left[\frac{1}{m} - \frac{1}{m+1}\right]$$

$$= \frac{1}{1} + \left[-\frac{1}{2} + \frac{1}{2}\right] + \left[-\frac{1}{3} + \frac{1}{3}\right] + \left[-\frac{1}{4} + \frac{1}{4}\right] + \ldots - \frac{1}{m+1}$$

$$= 1 - \frac{1}{m+1}$$

∎

Lösung 213. Die Summenformel für Kubikzahlen

$$\sum_{n=1}^{m} n^3 = \left[\sum_{n=1}^{m} n\right]^2 = \left[\frac{m(m+1)}{2}\right]^2$$

lässt sich durch vollständige Induktion beweisen:

- Induktionsanfang für $m = 1$:

$$\sum_{n=1}^{m} n^3 = 1^3 = 1 = \left[\frac{1 \cdot (1+1)}{2}\right]^2 \quad \checkmark$$

- Induktionsschritt:

$$\sum_{n=1}^{m} n^3 = \left[\frac{m(m+1)}{2}\right]^2 \qquad \text{Induktionsannahme } A(m)$$

$$\Leftrightarrow \sum_{n=1}^{m+1} n^3 = \left[\frac{m(m+1)}{2}\right]^2 + (m+1)^3 \qquad \text{Addition einer weiteren Kubikzahl}$$

$$= \left(\frac{m+1}{2}\right)^2 \cdot \left[m^2 + 4(m+1)\right]$$

$$= \left[\frac{(m+1)(m+2)}{2}\right]^2 \qquad \text{Induktionsbehauptung } A(m+1)$$

$\blacksquare$

Lösung 214. Beide Folgen sind konvergent, besitzen also Grenzwerte $a = \lim_{n\to\infty} a_n$ und $b = \lim_{n\to\infty} b_n$. Gegeben sei $\varepsilon > 0$. Somit ist auch $\frac{\varepsilon}{2} > 0$, und es existiert ein Index n_ε mit:

$$|a_n - a| < \frac{\varepsilon}{2} \quad \text{und} \quad |b_n - b| < \frac{\varepsilon}{2} \quad \text{für alle } n > n_\varepsilon$$

Unter Verwendung der Dreiecksungleichung (46) folgt die zu beweisende Summenregel:

$$|(a_n + b_n) - (a + b)| = |(a_n - a) + (b_n - b)|$$

$$\leq \underbrace{|(a_n - a)|}_{< \frac{\varepsilon}{2}} + \underbrace{|(b_n - b)|}_{< \frac{\varepsilon}{2}} < \varepsilon \quad \text{für alle } n > n_\varepsilon$$

Für die Herleitung der Differenzregel ersetzt man b_n durch $-b_n$ und b durch $-b$:

$$|(a_n - b_n) - (a - b)| = |(a_n - a) + (b - b_n)|$$

$$\leq |(a_n - a)| + |(b_n - b)| < \varepsilon \quad \text{für alle } n > n_\varepsilon$$

$\blacksquare$

Lösung 215. Konvergente Folgen (a_n) und (b_n) besitzen nicht nur (endliche) Grenzwerte a und b, sondern auch Schranken:

$$a_n \in [s_a, S_a] \quad \text{und} \quad b_n \in [s_b, S_b] \quad \text{für alle } n \in \mathbb{N}$$

Der betragsgrößte Wert ist eine Konstante, die nicht kleiner als eins (Vermeidung der Division durch null bei zwei Nullfolgen) sein möge:

$$S = \max\left\{|s_a|, |S_a|, |s_b|, |S_b|, 1\right\} \tag{394}$$

Gemäß der fundamentalen Grenzwertdefinition gibt es zu jedem $\varepsilon > 0$ bzw. $\frac{\varepsilon}{2S} > 0$ ein n_ε, so dass gilt:

$$|a_n - a| < \frac{\varepsilon}{2S} \quad \text{und} \quad |b_n - b| < \frac{\varepsilon}{2S} \quad \text{für alle } n > n_\varepsilon$$

Schließlich erhält man mithilfe der Dreiecksungleichung (46) die Bestätigung, dass der Grenzwertsatz für die Multiplikation Gültigkeit besitzt:

$$|(a_n \cdot b_n) - (a \cdot b)| = |(a_n - a) \cdot b_n + (b_n - b) \cdot a|$$

$$\leq |(a_n - a) \cdot b_n| + |(b_n - b) \cdot a|$$

$$= \underbrace{|a_n - a|}_{< \frac{\varepsilon}{2S}} \cdot \underbrace{|b_n|}_{\leq S} + \underbrace{|b_n - b|}_{< \frac{\varepsilon}{2S}} \cdot \underbrace{|a|}_{\leq S}$$

$$< \varepsilon \quad \text{für alle } n > n_\varepsilon$$

Bei einer konstanten Folge $(b_n = c)$ vereinfacht sich die Produktregel zur Faktorregel.

■

Lösung 216. Im Mittelpunkt des Beweises steht die (für beliebig wählbare Toleranzen $\varepsilon > 0$ und zugehörige Startindizes n_ε bzw. n_b) zu erfüllende Ungleichung (313):

$$\left| \frac{a_n}{b_n} - \frac{a}{b} \right| \leq \underbrace{|a_n - a|}_{< \varepsilon_a} \cdot \underbrace{\left| \frac{1}{b_n} \right|}_{= x} + \underbrace{|b_n - b|}_{< \varepsilon_b} \cdot \underbrace{\left| \frac{a}{b_n b} \right|}_{= y} < \varepsilon \quad \text{für alle } n > \max\{n_\varepsilon, n_b\} \quad (395)$$

Eine Größe, die zur Abschätzung von x und y herangezogen werden kann, ist der Grenzwert b, weil dieser gemäß Voraussetzung nicht null sein darf. Anstelle des allgemeinen $\varepsilon > 0$ betrachte man $\frac{|b|}{3} > 0$. Da (b_n) konvergiert, existiert ein Index n_b, so dass:

$$b_n \neq 0 \quad \text{und} \quad |b_n - b| < \frac{|b|}{3} \quad \text{für alle } n > n_b$$

Gemäß der modifizierten Dreiecksungleichung (47) gilt $|b - b_n| \geq |b| - |b_n|$ und somit:

$$|b| - |b_n| \leq |b - b_n| = |b_n - b| < \frac{|b|}{3} \quad \Rightarrow \quad \frac{2}{3}|b| < |b_n| \quad \Rightarrow \quad x = \frac{1}{|b_n|} < \frac{3}{2|b|}$$

Damit die Ungleichung (395) erfüllt ist, wähle man:

$$\varepsilon_a = \frac{|b|}{3}\varepsilon \quad \text{und} \quad \varepsilon_b = \begin{cases} \dfrac{b^2}{3|a|}\varepsilon & \text{für } a \neq 0 \\ \varepsilon & \text{für } a = 0 \end{cases}$$

Es ist

$$\varepsilon_a \cdot x < \frac{|b|}{3}\varepsilon \cdot \frac{3}{2|b|} = \frac{\varepsilon}{2}$$

und wegen $y = x \cdot \left| \frac{a}{b} \right|$ auch:

$$\varepsilon_b \cdot y < \frac{\varepsilon}{2}$$

Die Fallunterscheidung für ε_b verhindert eine Division durch $a = 0$.

■

Lösung 217. Die Grenzwertsätze für Folgen lassen sich auf Funktionen übertragen, weil sich die Grenzwerte der Funktionen $f(x)$ und $g(x)$ mithilfe von (beliebigen) Folgen (x_n), die ihrerseits den Grenzwert

$$\lim_{n\to\infty} x_n = x_G \tag{396}$$

besitzen, ausdrücken lassen:

$$\lim_{x\to x_G} f(x) = \lim_{n\to\infty} f(x_n)$$
$$\lim_{x\to x_G} g(x) = \lim_{n\to\infty} g(x_n) \tag{397}$$

Die Grenzwerte müssen existieren. Dazu gehört bei endlichen x_G die Forderung, dass links- und rechtsseitiger Grenzwert gleich sind:

$$\lim_{x\to x_G} f(x) = \lim_{\substack{x\to x_G \\ x \le x_G}} f(x) = \lim_{\substack{x\to x_G \\ x \ge x_G}} f(x) \tag{398}$$

Beispiele:

- Die Sprungfunktion

$$f(x) = \begin{cases} 0 & \text{für } x < 2 \\ 1 & \text{für } x \ge 2 \end{cases}$$

  besitzt an der Stelle $x_G = 2$ keinen Grenzwert, denn $\lim\limits_{\substack{x\to 2 \\ x \le 2}} f(x) = 0$ und $\lim\limits_{\substack{x\to 2 \\ x \ge 2}} f(x) = 1$.

- Die Funktion

$$f(x) = \begin{cases} 0 & \text{für } x = 2 \\ 1 & \text{für } x \ne 2 \end{cases} \tag{399}$$

  ist an der Stelle $x_G = 2$ zwar unstetig, besitzt dort aber dennoch einen Grenzwert:

$$\lim_{x\to 2} f(x) = 1 \ne f(2)$$

- Eine Hyperbel besitzt im Unendlichen den Grenzwert null:

$$\lim_{x\to\infty} \frac{1}{x} = 0$$

  (Die Grenzwertsätze gelten auch für $x \to \infty$ oder $x \to -\infty$.)

- Der Grenzwert darf unendlich sein (uneigentlicher Grenzwert):

$$\lim_{x\to\infty} \mathrm{e}^x = \infty$$

- Der Sinus besitzt im Unendlichen keinen Grenzwert:

$$\lim_{x\to\infty} \sin(x) = ?$$

Erhält man durch Anwendung eines Grenzwertsatzes einen unbestimmten Ausdruck, z. B. vom Typ $\frac{\infty}{\infty}$, dann kann dieser mithilfe der Regel von L'Hospital (128) behandelt werden.

■

Lösung 218. Es seien Folgen (x_n) und (y_n) gegeben mit $y_n = f(x_n)$ und den Grenzwerten:

$$x_\text{G} = \lim_{n \to \infty} x_n \quad \text{und} \quad y_\text{G} = \lim_{n \to \infty} y_n = \lim_{x \to x_\text{G}} f(x)$$

Dann gilt:

$$\lim_{x \to x_\text{G}} g\big(f(x)\big) = \lim_{n \to \infty} g\big(f(x_n)\big)$$

$$= \lim_{n \to \infty} g(y_n)$$

$$= g(y_\text{G})$$

$$= g\left(\lim_{x \to x_\text{G}} f(x)\right)$$

Wie bereits am Beispiel der Funktion (399) erläutert, muss der Funktionswert $f(x_\text{G})$ nicht gleich dem Grenzwert y_G sein. Lediglich bei der Funktion g wird Stetigkeit (an der Stelle y_G) vorausgesetzt, damit der Grenzwert $g\big(\lim_{x \to x_\text{G}} f(x)\big)$ mit dem Funktionswert $g(y_\text{G})$ übereinstimmt.

■

Lösung 219. Gemäß dem Cauchy-Kriterium (190) konvergiert die Reihe bzw. Folge (S_n), wenn es für jedes $\varepsilon > 0$ ein n_ε gibt, für das gilt:

$$|S_n - S_m| = \left|\sum_{k=0}^{n} a_k - \sum_{k=0}^{m} a_k\right| = \left|\sum_{k=n+1}^{m} a_k\right| < \varepsilon \quad \text{für alle } m > n > n_\varepsilon \qquad (400)$$

Für $m = n + 1$ erhält man:

$$\left|\sum_{k=n+1}^{n+1} a_k\right| = |a_{n+1}| < \varepsilon$$

Da ε beliebig klein sein kann, muss (a_n) eine Nullfolge sein: $\lim_{n \to \infty} a_n = 0$.

In Aufgabe 236 wird gezeigt, dass die harmonische Reihe

$$\sum_{n=1}^{\infty} \frac{1}{n}$$

gegen unendlich strebt. Sie divergiert also, obwohl (a_n) mit $a_n = \frac{1}{n}$ eine Nullfolge ist.

Weil das notwendige Konvergenzkriterium nicht hinreichend ist, eignet es sich nicht zum Konvergenznachweis. Dafür lässt sich mit seiner Hilfe bei manchen Reihen sehr schnell Divergenz nachweisen, wie im Falle der alternierenden Reihe:

$$\sum_{n=0}^{\infty} (-1)^n = 1 - 1 + 1 - 1 \pm \ldots \qquad (401)$$

Es ist $\lim_{n \to \infty} (-1)^n \neq 0$.

■

Lösung 220. Es gilt die Abschätzung:

$$S = \sum_{n=0}^{\infty} |a_n| \qquad\qquad \text{absolut konvergente Reihe}$$

$$= |a_0| + |a_1| + |a_2| + |a_3| + \ldots$$

$$\geq |a_0 + a_1 + a_2 + a_3 + \ldots| \qquad \text{verallgemeinerte Dreiecksungleichung (259)}$$

$$= \left| \sum_{n=0}^{\infty} a_n \right| \qquad\qquad \text{(bedingt) konvergente Reihe}$$

$$= |A|$$

Der Satz über absolut konvergente Reihen ist nicht umkehrbar. Insbesondere darf das Relationszeichen nicht durch ein Gleichheitszeichen ersetzt werden. Als Beispiel betrachte man die alternierende harmonische Reihe (234), die bedingt konvergiert, während die harmonische Reihe (233) divergiert.

∎

Allgemeine Erläuterungen:

- Weil die Summanden a_n unterschiedliche Vorzeichen besitzen können, spricht man bei der Reihe $\sum_{n=0}^{\infty} a_n$ von bedingter Konvergenz (das Adjektiv kann auch entfallen).

- Für die Konvergenz einer Reihe ist unerheblich, ob der Summenwert A positiv oder negativ ist.

- In Aufgabe 43 wird die Gültigkeit der Dreiecksungleichung durch Quadrieren und Vergleich beider Seiten gezeigt. Die verallgemeinerte Dreiecksungleichung (259) lässt sich durch Rekursion herleiten und gilt sogar für komplexe Zahlen.

Lösung 221. Gemäß dem Monotoniekriterium für Folgen konvergiert die Reihe $\sum_{n=1}^{\infty} a_n$, denn die Folge der Partialsummen (S_m) mit

$$S_m = \sum_{n=1}^{m} |a_n|$$

ist monoton steigend und begrenzt durch den Summenwert der Vergleichsreihe.

∎

Lösung 222. Die Minorante steigt monoton, denn sie besitzt positive Summanden $b_n \geq 0$. Folglich ist sie bestimmt divergent mit dem (uneigentlichen) Grenzwert $+\infty$.

Die Reihe $\sum_{n=1}^{\infty} a_n$ strebt ebenfalls gegen unendlich (und ist somit divergent), weil ihre Summanden größer als oder genauso groß wie die der Vergleichsreihe sind: $a_n \geq b_n$.

∎

Lösung 223. Summenformel der endlichen geometrischen Reihe (193):

$$S_m = \sum_{n=0}^{m} q^n = \frac{1-q^{m+1}}{1-q} \quad \text{für} \quad q \in \mathbb{R} \setminus \{1\}$$

Fallunterscheidung:

- Für $|q| \in [0;1)$ bzw. $q \in (-1;1)$ existiert der Grenzwert, denn $\lim\limits_{m \to \infty} q^{m+1} = 0$:

$$\sum_{n=0}^{\infty} q^n = \frac{1}{1-q}$$

  Damit die geometrische Reihe auch für $q = 0$ gilt, muss $0^0 = 1$ definiert sein:

$$\sum_{n=0}^{\infty} 0^n = \underbrace{0^0}_{=1} + \underbrace{0^1}_{=0} + \underbrace{0^2}_{=0} + \underbrace{0^3}_{=0} + \ldots = \frac{1}{1-0} \quad \checkmark$$

- Für $q \in \mathbb{R} \setminus [-1;1]$ erhält man wegen $\lim\limits_{m \to \infty} |q^{m+1}| = \infty$ eine divergente Reihe.

- Der Fall $q = -1$ liefert eine divergente alternierende Reihe (401).

- Auch für $q = 1$ ist die geometrische Reihe divergent:

$$\sum_{n=0}^{\infty} 1^n = 1 + 1 + 1 + 1 + \ldots = \infty$$

■

Lösung 224. Im Mittelpunkt des Quotientenkriteriums steht die aus Quotienten

$$q_n = \left| \frac{a_{n+1}}{a_n} \right| \geq 0$$

gebildete Folge (q_n) mit dem Grenzwert:

$$\tilde{q} = \lim_{n \to \infty} q_n \geq 0$$

Gemäß der fundamentalen Grenzwertdefinition (392) konvergiert (q_n), wenn es zu jedem beliebigen $\varepsilon > 0$ einen Index $n_\varepsilon \in \mathbb{N}$ gibt, so dass:

$$|q_n - \tilde{q}| < \varepsilon \quad \text{für alle } n \geq n_\varepsilon$$

Insbesondere gilt dann

$$q_n < q \quad \text{für alle } n \geq n_\varepsilon$$

mit der oberen Schranke:

$$q = \tilde{q} + \varepsilon$$

Verwendet man n_ε als untere Grenze für die (Ersatz-)Reihe, dann lässt sich diese mithilfe der geometrischen Reihe abschätzen:

$$\left| \sum_{k=n_\varepsilon}^{\infty} a_{k+1} \right| \le \sum_{k=n_\varepsilon}^{\infty} |a_{k+1}| \qquad\qquad \text{mit } |a_{k+1}| = q_k\,|a_k| < q\,|a_k|$$

$$= \underbrace{|a_{n_\varepsilon+1}|}_{< q\,|a_{n_\varepsilon}|} + \underbrace{|a_{n_\varepsilon+2}|}_{< q^2\,|a_{n_\varepsilon}|} + \underbrace{|a_{n_\varepsilon+3}|}_{< q^3\,|a_{n_\varepsilon}|} + \underbrace{|a_{n_\varepsilon+4}|}_{< q^4\,|a_{n_\varepsilon}|} + \dots$$

$$< |a_{n_\varepsilon}| \cdot \sum_{k=1}^{\infty} q^k \qquad\qquad \text{geometrische Reihe (213)}$$

$$= |a_{n_\varepsilon}| \cdot \left[\frac{1}{1-q} - 1 \right] \qquad\qquad \text{für } q \in [0;1)$$

Der Summenwert ist endlich. Somit ist gezeigt, dass die Reihe

$$\sum_{k=0}^{\infty} a_k$$

konvergiert (sogar absolut), wenn ihr Quotientengrenzwert

$$\tilde{q} = \lim_{n\to\infty} \left| \frac{a_{n+1}}{a_n} \right| = q - \varepsilon < 1 - \varepsilon$$

kleiner als eins ist. Man beachte, dass das $\tilde{q}$ der Eins beliebig nahe kommen kann, weil ε beliebig klein werden darf.

Für $\tilde{q} > 1$ divergiert die Reihe, denn (a_n) ist dann keine Nullfolge; dies verletzt das notwendige Konvergenzkriterium (209). Der Fall $\tilde{q} = 1$ erfordert weitere Untersuchungen.

■

Der Vollständigkeit halber sei angemerkt, dass sich die Folge (a_n) aus mehreren Teilfolgen zusammensetzen kann, z. B.:

$$a_n = \begin{cases} \dfrac{1}{n} & \text{für } n \text{ gerade} \\[2mm] -\dfrac{1}{2^n} & \text{für } n \text{ ungerade} \end{cases}$$

In solchen Fällen muss zwischen dem oberen Grenzwert (Limes superior) und dem unteren Grenzwert (Limes inferior) unterschieden werden:

- $\displaystyle \limsup_{n\to\infty} \left| \frac{a_{n+1}}{a_n} \right| < 1 : \text{Konvergenz}$

- $\displaystyle \liminf_{n\to\infty} \left| \frac{a_{n+1}}{a_n} \right| > 1 : \text{Divergenz}$

Lösung 225. Die Folge (w_n) mit

$$w_n = \sqrt[n]{|a_n|} \geq 0 \tag{402}$$

konvergiert gegen den Grenzwert

$$w = \lim_{n \to \infty} w_n \ ,$$

wenn zu jedem $\varepsilon > 0$ ein $n_\varepsilon \in \mathbb{N}$ existiert mit:

$$|w_n - w| < \varepsilon \quad \text{für alle } n \geq n_\varepsilon$$

Abschätzung nach oben:

$$w_n < \underbrace{w + \varepsilon}_{= q} \quad \text{für alle } n \geq n_\varepsilon \tag{403}$$

Zu untersuchende (Ersatz-)Reihe mit n_ε als untere Grenze:

$$\left| \sum_{k=n_\varepsilon}^{\infty} a_k \right| \leq \sum_{k=n_\varepsilon}^{\infty} |a_k| \qquad\qquad \text{Abschätzung: } |a_k| = w_k^k < q^k$$

$$= \underbrace{|a_{n_\varepsilon}|}_{< q^{n_\varepsilon}} + \underbrace{|a_{n_\varepsilon+1}|}_{< q^{n_\varepsilon+1}} + \underbrace{|a_{n_\varepsilon+2}|}_{< q^{n_\varepsilon+2}} + \underbrace{|a_{n_\varepsilon+3}|}_{< q^{n_\varepsilon+3}} + \ldots \qquad \text{gemäß (402) und (403)}$$

$$< q^{n_\varepsilon} \cdot \sum_{k=0}^{\infty} q^k \qquad\qquad \text{geometrische Reihe (213)}$$

$$= q^{n_\varepsilon} \cdot \left[\frac{1}{1 - q} \right] \qquad\qquad \text{für } q \in [0; 1)$$

Man erhält einen endlichen Summenwert, d. h. eine Reihe

$$\sum_{k=0}^{\infty} a_k$$

konvergiert (absolut), wenn ihr Wurzelgrenzwert kleiner als eins ist:

$$w = \lim_{n \to \infty} \sqrt[n]{|a_n|} = q - \varepsilon < 1 - \varepsilon$$

Das ε darf beliebig klein sein, weshalb das w der Eins beliebig nahe kommen kann.

Sollte $w > 1$ sein, dann kann (a_n) keine Nullfolge sein; die Reihe divergiert. Der Fall $w = 1$ liefert keine Erkenntnisse bezüglich des Konvergenzverhaltens.

■

Wie auch beim Quotientenkriterium muss der Grenzwertbegriff im Falle unterschiedlicher Häufungspunkte etwas erweitert werden:

- $\limsup\limits_{n \to \infty} \sqrt[n]{|a_n|} < 1$: Konvergenz

- $\liminf\limits_{n \to \infty} \sqrt[n]{|a_n|} > 1$: Divergenz

Lösung 226. Der Unterschied zwischen beiden Konvergenzkriterien offenbart sich bei Reihen, die aus mehreren Teilfolgen gebildet werden, z. B.:

$$S = \sum_{n=1}^{\infty} \underbrace{3^{(-1)^n - n}}_{= \, a_n} = \frac{1}{3^2} + \frac{1}{3^1} + \frac{1}{3^4} + \frac{1}{3^3} + \ldots \tag{404}$$

mit

$$a_n = \begin{cases} 3^{-n+1} & \text{für } n \text{ gerade} \\ 3^{-n-1} & \text{für } n \text{ ungerade} \end{cases}$$

Nächstes Folgenglied:

$$a_{n+1} = \begin{cases} 3^{-n-2} & \text{für } n \text{ gerade} \\ 3^{-n} & \text{für } n \text{ ungerade} \end{cases}$$

Quotient:

$$q_n = \left| \frac{a_{n+1}}{a_n} \right| = \begin{cases} 3^{-3} & \text{für } n \text{ gerade} \\ 3 & \text{für } n \text{ ungerade} \end{cases}$$

Das Quotientenkriterium liefert wegen

$$\limsup_{n \to \infty} q_n = 3 \geq 1$$

und

$$\liminf_{n \to \infty} q_n = \frac{1}{27} \leq 1$$

keine Aussage über das Konvergenzverhalten.

Bildung der n-ten Wurzel:

$$w_n = \sqrt[n]{|a_n|} = \begin{cases} 3^{\frac{-n+1}{n}} & \text{für } n \text{ gerade} \\ 3^{\frac{-n-1}{n}} & \text{für } n \text{ ungerade} \end{cases}$$

Gemäß dem Wurzelkriterium konvergiert die Reihe:

$$\lim_{n \to \infty} w_n = \frac{1}{3} < 1$$

∎

Anmerkungen zum betrachteten Beispiel (404):

- Es handelt sich um eine geometrische Reihe (213), bei der Summanden paarweise vertauscht sind:

$$S = \frac{1}{3^1} + \frac{1}{3^2} + \frac{1}{3^3} + \frac{1}{3^4} + \ldots = \frac{1}{1 - \frac{1}{3}} - \frac{1}{3^0} = \frac{1}{2}$$

- Im Gegensatz zum Quotientenkriterium gibt es beim Wurzelkriterium nur einen Häufungspunkt: $\lim\limits_{n \to \infty} w_n = \limsup\limits_{n \to \infty} w_n = \liminf\limits_{n \to \infty} w_n$

Lösung 227. Die Folge der Partialsummen (S_m) mit

$$S_0 = a_0$$

$$S_1 = a_0 - a_1 \qquad\qquad\qquad\qquad\qquad = S_0 - a_1$$

$$S_2 = a_0 - a_1 + a_2 \qquad\qquad\qquad\qquad = S_1 + a_2$$

$$\vdots \qquad\qquad\qquad\qquad\qquad\qquad\qquad \vdots$$

$$S_{2k-1} = a_0 - a_1 + a_2 \mp \ldots - a_{2k-1} \qquad = S_{2k-2} - a_{2k-1}$$

$$S_{2k} = a_0 - a_1 + a_2 \mp \ldots - a_{2k-1} + a_{2k} \quad = S_{2k-1} + a_{2k}$$

$$\vdots \qquad\qquad\qquad\qquad\qquad\qquad\qquad \vdots$$

lässt sich in zwei Teilfolgen zerlegen. Aus der Bedingung $0 \leq a_{n+1} \leq a_n$ folgt:

- Die Teilfolge (S_{2k}) ist wegen

$$S_{2k} = \underbrace{a_{2k} - a_{2k-1}}_{\leq 0} + S_{2k-2} \leq S_{2k-2}$$

  monoton fallend und besitzt null als untere Schranke:

$$S_{2k} = \underbrace{a_0 - a_1}_{\geq 0} + \underbrace{a_2 - a_3}_{\geq 0} \pm \ldots + \underbrace{a_{2k-2} - a_{2k-1}}_{\geq 0} + a_{2k} \geq 0$$

- Auf analoge Weise lässt sich zeigen, dass die Teilfolge (S_{2k+1}) monoton steigt und nach oben durch a_0 beschränkt ist:

$$S_{2k+1} = \underbrace{a_{2k} - a_{2k+1}}_{\geq 0} + S_{2k-1} \geq S_{2k-1}$$

und

$$S_{2k+1} = a_0 \underbrace{- a_1 + a_2}_{\leq 0} \underbrace{- a_3 + a_4}_{\leq 0} \mp \ldots \underbrace{- a_{2k-1} + a_{2k}}_{\leq 0} - a_{2k+1} \leq a_0$$

Laut dem in Aufgabe 194 bewiesenen Monotoniekriterium konvergieren beide Teilfolgen:

$$\lim_{k \to \infty} S_{2k} = \overline{S} < \infty \quad \text{und} \quad \lim_{k \to \infty} S_{2k+1} = \underline{S} < \infty$$

Die Grenzwerte sind identisch, denn (a_n) ist nach Voraussetzung eine Nullfolge:

$$\underline{S} - \overline{S} = \lim_{k \to \infty} S_{2k+1} - \lim_{k \to \infty} S_{2k} = \lim_{k \to \infty} (S_{2k+1} - S_{2k}) = \lim_{k \to \infty} -a_{2k+1} = 0 \qquad (405)$$

Somit ist gezeigt, dass sich alternierende Reihen mit dem Leibniz-Kriterium auf Konvergenz untersuchen lassen.

Im Gegensatz zu anderen Konvergenzkriterien lässt sich keine absolute, sondern lediglich bedingte Konvergenz nachweisen. Die „Bedingung" lautet, dass benachbarte Summanden nicht auseinander gerissen werden, weil sie sich im Grenzfall (405) paarweise aufheben. Beispielsweise darf man die (bedingt konvergente) alternierende harmonische Reihe (234) nicht in eine (divergente) Reihe mit positiven und eine (ebenfalls divergente) Reihe mit negativen Summanden aufteilen.

■

Lösung 228. Durch mehrfache partielle Integration

$$f(x) = f(x_0) + \int_{x_0}^{x} f'(t)\, dt \qquad\qquad = f(x_0) + R_0(x)$$

mit $\quad R_0(x) = \dfrac{1}{0!} \displaystyle\int_{x_0}^{x} f'(t) \cdot (x-t)^0\, dt \qquad = -\dfrac{1}{1!}\left[f'(t) \cdot (x-t)^1 \right]_{x_0}^{x} + R_1(x)$

mit $\quad R_1(x) = \dfrac{1}{1!} \displaystyle\int_{x_0}^{x} f''(t) \cdot (x-t)^1\, dt \qquad = -\dfrac{1}{2!}\left[f''(t) \cdot (x-t)^2 \right]_{x_0}^{x} + R_2(x)$

mit $\quad R_2(x) = \dfrac{1}{2!} \displaystyle\int_{x_0}^{x} f'''(t) \cdot (x-t)^2\, dt \qquad = -\dfrac{1}{3!}\left[f'''(t) \cdot (x-t)^3 \right]_{x_0}^{x} + R_3(x)$

$$\vdots \qquad\qquad\qquad\qquad\qquad\qquad \vdots$$

mit $\quad R_{n-1}(x) = \dfrac{1}{(n-1)!} \displaystyle\int_{x_0}^{x} f^{(n)}(t) \cdot (x-t)^{n-1}\, dt = \underbrace{-\dfrac{1}{n!}\left[f^{(n)}(t) \cdot (x-t)^n \right]_{x_0}^{x}}_{=\,\frac{f^{(n)}(x_0)}{n!}(x-x_0)^n} + R_n(x)$

erhält man die gesuchte Reihe:

$$f(x) = \underbrace{\sum_{k=0}^{n} \frac{f^{(k)}(x_0)}{k!}(x-x_0)^k}_{=\,T_n(x)} + R_n(x) \qquad\qquad (406)$$

Aus dem Index n des Taylorpolynoms $T_n(x)$ ist die höchste Potenz ersichtlich. Das aus Termen der Ordnung $n+1$ und höher bestehende Restglied $R_n(x)$ wird vernachlässigt.

■

Lösung 229. Durch Fortsetzung der in Aufgabe 228 begonnenen Rekursion überführt man die Integralform des Restglieds in eine unendliche Reihe:

$$R_n(x) = \frac{1}{n!} \int_{x_0}^{x} f^{(n+1)}(t) \cdot (x-t)^n\, dt$$

$$= \frac{f^{(n+1)}(x_0)}{(n+1)!} \cdot (x-x_0)^{n+1} + R_{n+1}(x)$$

$$= \frac{f^{(n+1)}(x_0)}{(n+1)!} \cdot (x-x_0)^{n+1} + \frac{f^{(n+2)}(x_0)}{(n+2)!} \cdot (x-x_0)^{n+2} + R_{n+2}(x)$$

$$= \ldots$$

$$= \sum_{k=n+1}^{\infty} \frac{f^{(k)}(x_0)}{k!}(x-x_0)^k$$

■

Lösung 230. Herleitung der Lagrangeschen Restgliedformel:

$$R_n(x) = \frac{1}{n!} \int_{x_0}^{x} f^{(n+1)}(t) \cdot (x - t)^n \, dt \qquad \text{Restglied der Taylorreihe als Integral}$$

$$= \frac{f^{(n+1)}(\xi)}{n!} \cdot \int_{x_0}^{x} (x - t)^n \, dt \qquad \text{Erweiterter Mittelwertsatz (163) mit } \xi \in [x_0, x]$$
$$\qquad\qquad\qquad\qquad\qquad (\text{bzw. } \xi \in [x, x_0] \text{ für } x < x_0)$$

$$= \frac{f^{(n+1)}(\xi)}{n!} \cdot \left[-\frac{(x - t)^{n+1}}{n + 1} \right]_{x_0}^{x} \qquad \text{Potenzregel}$$

$$= \frac{f^{(n+1)}(\xi)}{(n + 1)!} \cdot (x - x_0)^{n+1} \qquad \text{Restglied nach Lagrange}$$

Anmerkungen zur Stetigkeit der $(n + 1)$-ten Ableitung der Funktion f:

- Der für die Herleitung verwendete erweiterte Mittelwertsatz der Integralrechnung fordert, dass $f^{(n+1)}(x)$ stetig ist.

- Der deutsche Mathematiker Oscar Schlömilch (1823-1901) konnte zeigen, dass die Restgliedformel auch für unstetige $f^{(n+1)}$ Gültigkeit besitzt. Lediglich $f^{(n)}$ muss stetig sein.

∎

Lösung 231. Die auf Augustin-Louis Cauchy (1789-1857) zurückgehende Darstellung folgt unmittelbar aus der Anwendung des Mittelwertsatzes der Integralrechnung (162) auf die Integralform (223) des Restglieds:

$$R_n(x) = \frac{1}{n!} \int_{x_0}^{x} f^{(n+1)}(t) \cdot (x - t)^n \, dt$$

$$= \frac{f^{(n+1)}(\xi)}{n!} \cdot (x - \xi)^n \cdot (x - x_0)$$

∎

Lösung 232. Anwendung des Quotientenkriteriums (214) auf die Potenzreihe $\underbrace{\sum_{n=0}^{\infty} c_n x^n}_{= a_n}$

$$\lim_{n\to\infty} \left| \frac{a_{n+1}}{a_n} \right| = \lim_{n\to\infty} \left| \frac{c_{n+1} x^{n+1}}{c_n x^n} \right| = |x| \cdot \underbrace{\lim_{n\to\infty} \left| \frac{c_{n+1}}{c_n} \right|}_{= \frac{1}{r}} \begin{cases} < 1 : & \text{Konvergenz} \\ = 1 : & \text{keine Aussage} \\ > 1 : & \text{Divergenz} \end{cases}$$

liefert den Konvergenzradius:

$$r = \frac{1}{\lim\limits_{n\to\infty} \left| \frac{c_{n+1}}{c_n} \right|} = \lim_{n\to\infty} \left| \frac{c_n}{c_{n+1}} \right| \begin{cases} > |x| : & \text{Konvergenz} \\ = |x| : & \text{keine Aussage} \\ < |x| : & \text{Divergenz} \end{cases}$$

∎

Lösung 233. Mit dem Wurzelkriterium (215)

$$\lim_{n\to\infty} \sqrt[n]{|a_n|} = \lim_{n\to\infty} \sqrt[n]{|c_n x^n|} = |x| \cdot \underbrace{\lim_{n\to\infty} \sqrt[n]{|c_n|}}_{=\frac{1}{r}} \begin{cases} < 1 & : \quad \text{Konvergenz} \\ = 1 & : \quad \text{keine Aussage} \\ > 1 & : \quad \text{Divergenz} \end{cases}$$

erhält man

$$r = \lim_{n\to\infty} \frac{1}{\sqrt[n]{|c_n|}}$$

als Konvergenzradius der Potenzreihe (227).

■

Lösung 234. Um den Konvergenzradius r ermitteln zu können, wird die Taylorreihe mithilfe der Substitution

$$z = x - x_0$$

in eine (unverschobene) Potenzreihe (227) überführt:

$$g(x) = \sum_{k=0}^{\infty} \underbrace{\frac{f^{(k)}(x_0)}{k!}}_{=\,c_k} (x - x_0)^k = \sum_{k=0}^{\infty} c_k z^k$$

Zur Auswahl stehen das Quotientenkriterium (229) und das Wurzelkriterium (230). Die Reihe konvergiert für $|z| = |x - x_0| < r$.

Durch Rücksubstitution erhält man einen um x_0 verschobenen Konvergenzbereich (228):

$$x \begin{cases} \in (x_0 - r, x_0 + r) & : \quad \text{Konvergenz} \\ \in \{x_0 - r, x_0 + r\} & : \quad \text{keine Aussage} \\ \notin [x_0 - r, x_0 + r] & : \quad \text{Divergenz} \end{cases} \tag{407}$$

■

Lösung 235. Ableitungen für $x \neq 0$:

$$f'(x) = \mathrm{e}^{-\frac{1}{x^2}} \cdot 2x^{-3}$$

$$f''(x) = \mathrm{e}^{-\frac{1}{x^2}} \left[4x^{-6} - 6x^{-4}\right]$$

$$f'''(x) = \mathrm{e}^{-\frac{1}{x^2}} \left[8x^{-9} - 36x^{-7} + 24x^{-5}\right]$$

$$f^{(4)}(x) = \mathrm{e}^{-\frac{1}{x^2}} \left[16x^{-12} - 144x^{-10} + 300x^{-8} - 120x^{-6}\right]$$

$$\vdots$$

$$f^{(n)}(x) = \mathrm{e}^{-\frac{1}{x^2}} \left[2^n \cdot x^{-3n} + a_{3n-2} \cdot x^{-3n+2} + a_{3n-4} \cdot x^{-3n+4} + \ldots + a_{n+2} \cdot x^{-n-2}\right]$$

Die Ableitungen an der Stelle $x_0 = 0$ erhält man durch Grenzwertbetrachtungen:

$$\lim_{x \to 0} f^{(n)}(x) = \lim_{x \to 0} \frac{e^{-\frac{1}{x^2}}}{x^{3n}} \left[2^n + a_{3n-2} \cdot x^2 + a_{3n-4} \cdot x^4 + \ldots + a_{n+2} \cdot x^{3n-n-2} \right]$$

$$= \lim_{x \to 0} \frac{e^{-\frac{1}{x^2}}}{x^{3n}} \cdot \lim_{x \to 0} \left[2^n + a_{3n-2} \cdot x^2 + a_{3n-4} \cdot x^4 + \ldots + a_{n+2} \cdot x^{3n-n-2} \right]$$

$$= 2^n \cdot \lim_{x \to 0} \frac{x^{-3n}}{e^{\frac{1}{x^2}}}$$

$$\overset{\text{"}\frac{\infty}{\infty}\text{"}}{=} 2^n \cdot \lim_{x \to 0} \frac{-3n \cdot x^{-3n-1}}{e^{\frac{1}{x^2}} \cdot (-2x^{-3})}$$

$$= 3n \cdot 2^{n-1} \cdot \lim_{x \to 0} \frac{x^{-3n+2}}{e^{\frac{1}{x^2}}}$$

$$\overset{\text{"}\frac{\infty}{\infty}\text{"}}{=} 3n \cdot 2^{n-1} \cdot \lim_{x \to 0} \frac{(-3n+2)x^{-3n+1}}{e^{\frac{1}{x^2}} \cdot (-2x^{-3})}$$

$$= 3n(3n-2) \cdot 2^{n-2} \cdot \lim_{x \to 0} \frac{x^{-3n+4}}{e^{\frac{1}{x^2}}}$$

$$= \ldots = 0$$

L'Hospital muss solange angewandt werden, bis der Zähler $\lim\limits_{x \to 0} x^0 = 1$ oder $\lim\limits_{x \to 0} x^1 = 0$ ist. Weil alle Ableitungen verschwinden, erhält man als Taylorreihe die Nullfunktion:

$$g(x) = \sum_{n=0}^{\infty} \frac{f^{(n)}(0)}{n!} x^n = \sum_{n=0}^{\infty} \frac{\lim\limits_{x \to 0} f^{(n)}(x)}{n!} x^n = \sum_{n=0}^{\infty} \underbrace{c_n}_{=0} \cdot x^n = 0 \quad \text{für} \quad x \in \mathbb{R}$$

Das Wurzelkriterium liefert die Bestätigung, dass der Konvergenzradius (erstaunlicherweise) gegen unendlich geht:

$$r = \lim_{n \to \infty} \frac{1}{\sqrt[n]{|c_n|}} = \infty$$

■

Abschließend seien zwei weitere Beispiele genannt, bei denen die Taylorreihenentwicklung versagt, weil sämtliche Ableitungen (an der Stelle $x_0 = 0$) null sind:

$$f_1(x) = \begin{cases} e^{\frac{1}{x}} & \text{für } x < 0 \\ 0 & \text{für } x \geq 0 \end{cases} \tag{408}$$

und

$$f_2(x) = \begin{cases} \dfrac{1}{\cosh{(x^{-3})}} & \text{für } x \neq 0 \\ 0 & \text{für } x = 0 \end{cases} \tag{409}$$

Lösung 236. Die harmonische Reihe strebt gegen unendlich:

$$\sum_{n=1}^{\infty} \frac{1}{n} = \frac{1}{1} + \frac{1}{2} + \underbrace{\left[\frac{1}{3} + \frac{1}{4}\right]}_{> 2 \cdot \frac{1}{4}} + \underbrace{\left[\frac{1}{5} + \ldots + \frac{1}{8}\right]}_{> 4 \cdot \frac{1}{8}} + \underbrace{\left[\frac{1}{9} + \ldots + \frac{1}{16}\right]}_{> 8 \cdot \frac{1}{16}} + \underbrace{\left[\frac{1}{17} + \ldots + \frac{1}{32}\right]}_{> 16 \cdot \frac{1}{32}} + \ldots$$

$$\geq 1 + \underbrace{\frac{1}{2} + \frac{1}{2} + \frac{1}{2} + \frac{1}{2} + \frac{1}{2} + \ldots}_{\text{unendlich viele Terme}}$$

$$= \infty$$

Namensgebend für die harmonische Folge und die harmonische Reihe ist das harmonische Mittel (48), z. B. $\frac{1}{7}$ als harmonischer Mittelwert von $\frac{1}{6}$ und $\frac{1}{8}$.

∎

Lösung 237. Die alternierende harmonische Reihe

$$A = \frac{1}{1} - \frac{1}{2} + \frac{1}{3} - \frac{1}{4} \pm \ldots = \sum_{n=1}^{\infty} (-1)^{n-1} \cdot a_n \quad \text{mit} \quad a_n = \frac{1}{n} \tag{410}$$

ist (bedingt) konvergent, wie sich mit dem Leibniz-Kriterium leicht feststellen lässt:

1. Nullfolge (notwendiges Konvergenzkriterium):

$$\lim_{n \to \infty} a_n = \lim_{n \to \infty} \frac{1}{n} = 0 \quad \checkmark$$

2. Streng monoton fallende Folge:

$$a_{n+1} = \frac{1}{n+1} < \frac{1}{n} = a_n \quad \text{für alle } n \in \mathbb{N}^* \quad \checkmark$$

∎

Lösung 238. Die Reihe

$$\sum_{n=1}^{\infty} \frac{1}{n^\alpha} \quad \text{mit} \quad \alpha \leq 1$$

besitzt mit der harmonischen Reihe (233) eine divergente Minorante:

$$\frac{1}{n^\alpha} \geq \frac{1}{n} \quad \Leftrightarrow \quad n^\alpha \leq n \quad \text{für alle } n \in \mathbb{N}^*$$

∎

Lösung 239. Die Reihe konvergiert für $\alpha > 1$, weil die Folge der Partialsummen (S_m) monoton steigt und eine obere Schranke besitzt:

$$S_m = \sum_{n=1}^{m} \frac{1}{n^\alpha}$$

$$\leq \sum_{n=1}^{2^m-1} \frac{1}{n^\alpha}$$

$$= \frac{1}{1^\alpha} + \underbrace{\left[\frac{1}{2^\alpha} + \frac{1}{3^\alpha}\right]}_{\leq \frac{2}{2^\alpha}} + \underbrace{\left[\frac{1}{4^\alpha} + \ldots + \frac{1}{7^\alpha}\right]}_{\leq \frac{4}{4^\alpha}} + \ldots + \underbrace{\left[\frac{1}{(2^{m-1})^\alpha} + \ldots + \frac{1}{(2^m-1)^\alpha}\right]}_{\leq \frac{2^{m-1}}{(2^{m-1})^\alpha}}$$

$$\leq \left(2^0\right)^{1-\alpha} + \left(2^1\right)^{1-\alpha} + \left(2^2\right)^{1-\alpha} + \ldots + \left(2^{m-1}\right)^{1-\alpha}$$

$$= \sum_{n=0}^{m-1} \left(2^n\right)^{1-\alpha}$$

$$= \sum_{n=0}^{m-1} \left(2^{1-\alpha}\right)^n$$

$$\leq \sum_{n=0}^{\infty} \left(\underbrace{2^{1-\alpha}}_{= q}\right)^n$$

$$= \frac{1}{1 - 2^{1-\alpha}} \quad \text{für alle } m \in \mathbb{N}^*$$

Die geometrische Reihe konvergiert, da die Basis $q = 2^{1-\alpha} = \dfrac{1}{2^{\alpha-1}} \in (0;1)$.

∎

Lösung 240. Entwicklung der Exponentialfunktion

$$f(x) = e^x$$

in eine Taylorreihe:

1. Bildung der Ableitungen:

$$f^{(n)}(x) = e^x \quad \text{mit} \quad n \in \mathbb{N}$$

Taylorreihe (220) für die Entwicklungsstelle $x_0 = 0$:

$$g(x) = \sum_{n=0}^{\infty} \frac{f^{(n)}(0)}{n!} x^n = \sum_{n=0}^{\infty} \underbrace{\frac{1}{n!}}_{= c_n} x^n \quad \checkmark$$

2. Konvergenzradius gemäß Quotientenkriterium (229):

$$r = \lim_{n\to\infty} \left| \frac{c_n}{c_{n+1}} \right| = \lim_{n\to\infty} \left| \frac{\frac{1}{n!}}{\frac{1}{(n+1)!}} \right| = \lim_{n\to\infty} \left| \frac{(n+1)!}{n!} \right| = \lim_{n\to\infty} n+1 = \infty \quad \checkmark$$

3. Das Lagrangesche Restglied (225) verschwindet:

$$\lim_{n\to\infty} |R_n(x)| = \lim_{n\to\infty} \left| \frac{f^{(n+1)}\big(x_0 + \Theta(x - x_0)\big)}{(n+1)!} \cdot (x - x_0)^{n+1} \right| \quad \text{mit} \quad \Theta \in [0;1]$$

$$= \underbrace{e^{\Theta x}}_{\leq\, e^{|x|}} \cdot \underbrace{\lim_{n\to\infty} \left| \frac{x^{n+1}}{(n+1)!} \right|}_{=\,0 \text{ gemäß } (189)}$$

$$= 0 \quad \checkmark$$

$\blacksquare$

Lösung 241. Taylorreihe der Sinusfunktion $f(x) = \sin(x)$ an der Stelle $x_0 = 0$:

1. Ableitungen:

$$f'(x) = \cos x,\ f''(x) = -\sin x,\ f'''(x) = -\cos x,\ f^{(4)}(x) = \sin x,\ f^{(n)}(x) = f^{(n-4)}(x)$$

Mit $\sin(0) = 0$ und $\cos(0) = 1$ erhält man die Taylorpolynome:

$$T_n(x) = \sum_{k=0}^{n} \frac{f^{(k)}(0)}{k!} x^k$$

$$= \frac{1}{1!}x^1 - \frac{1}{3!}x^3 + \frac{1}{5!}x^5 - \frac{1}{7!}x^7 \pm \ldots + \frac{f^{(n)}(0)}{n!}x^n$$

$$= \begin{cases} 0 & \text{für } n = 0 \\[2mm] \displaystyle\sum_{k=0}^{(n-1)/2} \underbrace{\frac{(-1)^k}{(2k+1)!}}_{=\,c_{2k+1}} x^{2k+1} & \text{für } n \text{ ungerade} \\[4mm] T_{n-1}(x) & \text{für } n \text{ gerade und } n \geq 2 \end{cases}$$

Taylorreihe: $g(x) = \lim_{n\to\infty} T_n(x) \quad \checkmark$

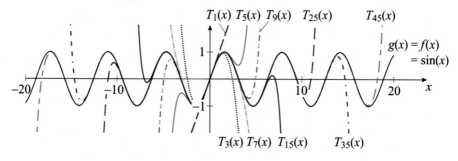

2. Ermittlung des Konvergenzradius (315):

$$r = \sqrt{\lim_{k \to \infty} \left| \frac{c_{2k+1}}{c_{2k+3}} \right|} = \sqrt{\lim_{k \to \infty} \left| \frac{(-1)^k}{(2k+1)!} \frac{(2k+3)!}{(-1)^{k+2}} \right|} = \sqrt{\lim_{k \to \infty} (2k+2)(2k+3)} = \infty \checkmark$$

3. Abschätzung des Lagrangeschen Restglieds (225) mit dem Limes superior:

$$\limsup_{n \to \infty} |R_n(x)| = \limsup_{n \to \infty} \left| \frac{f^{(n+1)}(\Theta x)}{(n+1)!} \cdot x^{n+1} \right| \qquad \text{mit} \quad \Theta \in [0;1]$$

$$\leq \lim_{n \to \infty} \left| \frac{x^{n+1}}{(n+1)!} \right| \qquad \qquad \text{Grenzwert (189)}$$

$$= 0 \qquad \qquad \qquad \checkmark$$

∎

Lösung 242. Taylorreihenentwicklung der Logarithmusfunktion an der Stelle $x_0 = 0$:

1. Funktion und Ableitungen:

$$f(x) = \ln(x+1) , \qquad\qquad f(0) = 0$$

$$f'(x) = +\frac{1}{(x+1)} , \qquad\qquad f'(0) = +0!$$

$$f''(x) = -\frac{1}{(x+1)^2} , \qquad\qquad f''(0) = -1!$$

$$f'''(x) = +\frac{2}{(x+1)^3} , \qquad\qquad f'''(0) = +2!$$

$$f^{(4)}(x) = -\frac{3!}{(x+1)^4} , \qquad\qquad f^{(4)}(0) = -3!$$

$$\vdots \qquad\qquad\qquad\qquad \vdots$$

$$f^{(n)}(x) = (-1)^{n-1} \cdot \frac{(n-1)!}{(x+1)^n} , \qquad f^{(n)}(0) = (-1)^{n-1} \cdot (n-1)!$$

Taylorreihe:

$$g(x) = \sum_{n=0}^{\infty} \frac{f^{(n)}(0)}{n!} x^n$$

$$= f(0) + \sum_{n=1}^{\infty} \frac{(-1)^{n-1} \cdot (n-1)!}{n!} x^n$$

$$= \sum_{n=1}^{\infty} \underbrace{\frac{(-1)^{n-1}}{n}}_{= c_n} x^n \quad \checkmark$$

2. Konvergenzradius aus Quotientenkriterium:

$$r = \lim_{n \to \infty} \left| \frac{c_n}{c_{n+1}} \right| = \lim_{n \to \infty} \left| \frac{(-1)^{n-1}}{n} \cdot \frac{n+1}{(-1)^n} \right| = 1$$

Der untere Rand $x = -1$ liefert eine divergente Reihe, die sich lediglich durch das Vorzeichen von der harmonischen Reihe (233) unterscheidet:

$$g(-1) = \sum_{n=1}^{\infty} \frac{(-1)^{n-1}}{n} (-1)^n = -\sum_{n=1}^{\infty} \frac{1}{n}$$

Für den oberen Rand $x = +1$ erhält man die konvergente alternierende harmonische Reihe (234). Das Konvergenzintervall lautet also:

$$x \in (-1; 1] \quad \checkmark$$

3. Für $x \in [0; 1]$ gilt mit der Restgliedapproximation nach Lagrange (224):

$$\lim_{n \to \infty} |R_n(x)| = \lim_{n \to \infty} \left| \frac{f^{(n+1)}(\xi)}{(n+1)!} \cdot x^{n+1} \right| \quad \text{mit} \quad \xi \in [0, x]$$

$$= \lim_{n \to \infty} \frac{1}{(n+1)!} \cdot \left| (-1)^n \cdot \frac{n!}{(\xi+1)^{n+1}} \right| \cdot \underbrace{x^{n+1}}_{\leq 1}$$

$$\leq \lim_{n \to \infty} \frac{1}{n+1} \cdot \underbrace{\frac{1}{(\xi+1)^{n+1}}}_{\leq 1}$$

$$= 0$$

Für $x \in (-1; 0]$ kommt die Cauchy-Darstellung (226) zum Einsatz:

$$\lim_{n \to \infty} |R_n(x)| = \lim_{n \to \infty} \left| \frac{f^{(n+1)}(\xi)}{n!} \cdot (x - \xi)^n \cdot x \right| \quad \text{mit} \quad \xi \in [x, 0]$$

$$= \lim_{n \to \infty} \left| (-1)^n \cdot \frac{n!}{(\xi+1)^{n+1}} \cdot \frac{1}{n!} \cdot (x - \xi)^n \cdot x \right|$$

$$= \lim_{n \to \infty} \frac{|x - \xi|^n}{(\xi+1)^{n+1}} \cdot |x|$$

$$= \frac{|x|}{\xi+1} \cdot \lim_{n \to \infty} \underbrace{\left(\frac{\xi - x}{\xi+1} \right)^n}_{= b \in [0; 1)}$$

$$= 0$$

Nebenrechnung: Aus $x \in (-1; 0]$ und $\xi \in [x, 0]$ folgt unmittelbar, dass die Basis $b \geq 0$ sein muss. Außerdem ist $b < 1$:

$$x > -1 \quad \Leftrightarrow \quad -x < 1 \quad \Leftrightarrow \quad \xi - x < \xi + 1 \quad \Leftrightarrow \quad \frac{\xi - x}{\xi + 1} < 1$$

Das Restglied $R_n(x)$ geht also gegen null für $x \in (-1; 1]$.

■

Lösung 243. Aufteilung in zwei Funktionen:

$$f(x) = \ln\left(\frac{1+x}{1-x}\right) = \ln(1+x) - \ln(1-x)$$

Ersetzt man bei der Taylorreihe (239)

$$\ln(1+x) = \sum_{n=1}^{\infty} \frac{(-1)^{n-1}}{n} x^n \quad \text{für} \quad x \in (-1;1]$$

die Variable x durch $-x$, so erhält man die Taylorreihe der zweiten Funktion:

$$\ln(1-x) = \sum_{n=1}^{\infty} \frac{(-1)^{n-1}}{n}(-x)^n = -\sum_{n=1}^{\infty} \frac{1}{n} x^n \quad \text{für} \quad x \in [-1;1)$$

Subtraktion beider Logarithmusfunktionen liefert die gesuchte Taylorreihe:

$$g(x) = \sum_{n=1}^{\infty} \frac{(-1)^{n-1}}{n} x^n + \sum_{n=1}^{\infty} \frac{1}{n} x^n$$

$$= 2\left[\frac{x^1}{1} + \frac{x^3}{3} + \frac{x^5}{5} + \frac{x^7}{7} + \ldots\right]$$

$$= 2\sum_{n=0}^{\infty} \frac{x^{2n+1}}{2n+1} \quad \text{für} \quad x \in (-1;1)$$

$\blacksquare$

Lösung 244. Entwicklung des Binoms

$$f(x) = (1+x)^n$$

in eine Taylorreihe:

1. Ableitungen (und Funktionswert für $k = 0$):

$$f^{(k)}(x) = (n-k+1) \cdot \ldots \cdot (n-2)(n-1)n \cdot (1+x)^{n-k} \quad \text{mit} \quad k \in \mathbb{N} \qquad (411)$$

Taylorreihenentwicklung (220) an der Entwicklungsstelle $x_0 = 0$:

$$g(x) = \sum_{k=0}^{\infty} \frac{f^{(k)}(0)}{k!} \cdot x^k$$

$$= \sum_{k=0}^{\infty} \frac{(n-k+1) \cdot \ldots \cdot (n-2)(n-1)n}{k!} \cdot x^k \qquad (412)$$

$$= \sum_{k=0}^{\infty} c_k \cdot x^k$$

mit dem allgemeinen Binomialkoeffizienten (60):

$$c_k = \frac{(n-k+1) \cdot \ldots \cdot (n-2)(n-1)n}{k!} = \binom{n}{k}$$

2. Bestimmung des Konvergenzradius von $g(x)$ mittels Quotientenkriterium:

$$r = \lim_{k \to \infty} \left| \frac{c_k}{c_{k+1}} \right|$$

$$= \lim_{k \to \infty} \left| \frac{(n-k+1) \cdot \ldots \cdot (n-2)(n-1)n}{k!} \cdot \frac{(k+1)!}{(n-k) \cdot \ldots \cdot (n-2)(n-1)n} \right|$$

$$= \lim_{k \to \infty} \left| \frac{k+1}{n-k} \right|$$

$$= \lim_{k \to \infty} \left| \frac{1+\frac{1}{k}}{\frac{n}{k}-1} \right|$$

$$= 1$$

Lässt man beliebige $n \in \mathbb{R}$ zu, dann gehören die Ränder nicht zum Konvergenzintervall der binomischen Reihe (412). Beispielsweise erhält man für $n = -1$ mit

$$\binom{-1}{k} = \frac{(-k) \cdot \ldots \cdot (-3)(-2)(-1)}{k!} = (-1)^k \quad \text{für} \quad k \in \mathbb{N} \tag{413}$$

die beiden divergenten Reihen:

$$g(1) = \sum_{k=0}^{\infty} \binom{-1}{k} = 1 - 1 + 1 - 1 \pm \ldots$$

und

$$g(-1) = \sum_{k=0}^{\infty} \binom{-1}{k} \cdot (-1)^k = 1 + 1 + 1 + 1 + \ldots = \infty$$

3. Konvergenz des Restglieds siehe Aufgabe 245.

■

Aus Anwendersicht ist die Frage nach dem Konvergenzverhalten der Ränder uninteressant. Schließlich kann man auch ohne binomische Reihe ausrechnen, dass $(1-1)^n = 0$ für $n > 0$ und $(1+1)^n = 2^n$ für $n \in \mathbb{R}$.

Der Vollständigkeit halber sei erwähnt, dass der Konvergenzbereich in folgender Weise von $n \in \mathbb{R} \setminus \mathbb{N}$ abhängt:

- $x \in (-1; 1)$ für $n \leq -1$ (allgemeine harmonische Reihe (235) als Vergleichsreihe)
- $x \in (-1; 1]$ für $n \in (-1; 0)$ (Nachweis der Konvergenz von $g(1)$ mit Leibniz)
- $x \in [-1; 1]$ für $n > 0$ (Vergleich mit allgemeiner harmonischer Reihe)

Bei natürlichen Exponenten $n \in \mathbb{N}$ erhält man als Sonderfall den für alle $x \in \mathbb{R}$ gültigen binomischen Lehrsatz, vgl. Aufgaben 52, 54 und 247.

Lösung 245. Für den Konvergenznachweis wird die Integralform des Restglieds (223)

$$R_m(x) = \frac{1}{m!} \int_0^x f^{(m+1)}(t) \cdot (x-t)^m \, dt$$

mit den Ableitungen (411)

$$f^{(k)}(x) = k! \binom{n}{k} \cdot (1+x)^{n-k}$$

verwendet:

1a) Für $x \in [0;1)$ und $n \geq 0$ gilt die Abschätzung:

$$\lim_{m \to \infty} |R_m(x)| = \lim_{m \to \infty} \left| \frac{1}{m!} \int_0^x (m+1)! \binom{n}{m+1} (1+t)^{n-(m+1)} \cdot (x-t)^m \, dt \right|$$

$$= \lim_{m \to \infty} (m+1) \left| \binom{n}{m+1} \right| \int_0^x \underbrace{(1+t)^n}_{\leq (1+x)^n} \cdot \underbrace{(1+t)^{-m-1}}_{\leq 1} \cdot (x-t)^m \, dt$$

$$\leq \lim_{m \to \infty} (m+1) \left| \binom{n}{m+1} \right| (1+x)^n \int_0^x (x-t)^m \, dt$$

$$= \lim_{m \to \infty} (m+1) \left| \binom{n}{m+1} \right| (1+x)^n \left[\frac{-(x-t)^{m+1}}{m+1} \right]_0^x$$

$$= (1+x)^n \cdot \underbrace{\lim_{m \to \infty} \left| \binom{n}{m+1} \right| x^{m+1}}_{= A_1}$$

$$= 0 \quad \checkmark$$

Die Taylorreihe (412) konvergiert absolut (Betrag bei Quotientenkriterium):

$$g_1(x) = \sum_{k=0}^{\infty} \left| \binom{n}{k} \right| \cdot x^k = \lim_{m \to \infty} \sum_{k=-1}^{m} \left| \binom{n}{k+1} \right| \cdot x^{k+1} \qquad (414)$$

Als „letztes" Glied der Reihe $g_1(x)$ muss A_1 gemäß dem notwendigen Konvergenzkriterium gegen null gehen:

$$A_1 = \lim_{m \to \infty} \left| \binom{n}{m+1} \right| x^{m+1} = 0$$

1b) Auch für $x \in [0;1)$ und $n < 0$ verschwindet das Restglied:

$$\lim_{m \to \infty} |R_m(x)| = \lim_{m \to \infty} (m+1) \left| \binom{n}{m+1} \right| \int_0^x \underbrace{(1+t)^n}_{\leq 1} \cdot \underbrace{(1+t)^{-m-1}}_{\leq 1} \cdot (x-t)^m \, dt$$

$$\leq \lim_{m \to \infty} (m+1) \left| \binom{n}{m+1} \right| \int_0^x (x-t)^m \, dt$$

$$= A_1$$

$$= 0 \quad \checkmark$$

Aufgrund der Ähnlichkeit zu Fall 1a) sind nicht alle Zwischenschritte dargestellt.

2) Für $x \in (-1; 0)$ erhält man:

$$\lim_{m \to \infty} |R_m(x)| = \lim_{m \to \infty} (m+1) \left| \binom{n}{m+1} \int_0^x (1+t)^{n-m-1} \cdot (x-t)^m \, dt \right|$$

$$= \lim_{m \to \infty} (m+1) \left| \binom{n}{m+1} \right| \int_0^{-x} (1-t)^{n-m-1} \cdot \underbrace{\left| (x+t)^m \right|}_{= (-x-t)^m \leq (-x+xt)^m} \, dt$$

$$\leq \lim_{m \to \infty} (m+1) \left| \binom{n}{m+1} \right| \int_0^{-x} (1-t)^{n-1} (1-t)^{-m} (-x)^m (1-t)^m \, dt$$

$$= \lim_{m \to \infty} (m+1) \left| \binom{n}{m+1} \right| (-x)^m \underbrace{\int_0^{-x} (1-t)^{n-1} \, dt}_{= B}$$

$$= B \cdot \lim_{m \to \infty} (m+1) \left| \frac{n}{m+1} \cdot \binom{n-1}{m} \right| (-x)^m$$

$$= nB \cdot \underbrace{\lim_{m \to \infty} \left| \binom{n-1}{m} \right| (-x)^m}_{= A_2}$$

$$= 0 \quad \checkmark$$

Erläuterungen:

- Um eine positive obere Integrationsgrenze $(-x \geq 0)$ zu bekommen, wird beim Integranden t durch $-t$ ersetzt.

- Eine Schlüsselstelle ist die Abschätzung $(-x-t)^m \leq (-x+xt)^m$. Als Beispiel betrachte man $x = -\frac{1}{2}$ und $t = \frac{1}{4} \in [0, -x]$; es gilt: $\left(\frac{1}{2} - \frac{1}{4} \right)^m \leq \left(\frac{1}{2} - \frac{1}{2} \cdot \frac{1}{4} \right)^m$

- Der Integralwert B ist endlich.

- Rechenregel für den allgemeinen Binomialkoeffizienten (60):

$$\binom{n}{m+1} = \prod_{j=1}^{m+1} \frac{n-(j-1)}{j} = \frac{n}{m+1} \cdot \prod_{j=1}^{m} \frac{n-j}{j} = \frac{n}{m+1} \cdot \binom{n-1}{m}$$

- Da die binomische Reihe (412) für $n \in \mathbb{R}$ (absolut) konvergiert, muss auch die Reihe

$$g_2(x) = \sum_{k=0}^{\infty} \left| \binom{n-1}{k} \right| \cdot |x|^k \tag{415}$$

konvergent sein. Aus dem notwendigen Konvergenzkriterium folgt: $A_2 = 0$.

Somit ist der Beweis erbracht, dass für $x \in (-1; 1)$ die binomische Reihe $g(x) = \sum_{k=0}^{\infty} \binom{n}{k} x^k$ gegen das Binom $f(x) = (1+x)^n$ konvergiert.

■

Lösung 246. Überführung der binomischen Reihe in die geometrische Reihe:

$$(1+x)^n = \sum_{k=0}^{\infty} \binom{n}{k} x^k \qquad \text{für } x \in (-1;1) \text{ und } n \in \mathbb{R}$$

$$\Rightarrow \quad (1-q)^{-1} = \sum_{k=0}^{\infty} \binom{-1}{k} (-q)^k \qquad \text{mit } n = -1 \text{ und } x = -q$$

$$\Leftrightarrow \quad \frac{1}{1-q} = \sum_{k=0}^{\infty} (-1)^k (-q)^k \qquad \text{Binomialkoeffizient (413)}$$

$$= \sum_{k=0}^{\infty} q^k \qquad \text{für } q \in (-1;1)$$

Der Fall $q = 0$ erfordert eine Grenzwertbetrachtung des ersten Summanden: $\lim\limits_{q \to 0} q^0 = 1$

∎

Lösung 247. Verallgemeinerung der binomischen Reihe:

$$(1+x)^n = \sum_{k=0}^{\infty} \binom{n}{k} x^k \qquad \text{für } x \in (-1;1) \text{ und } n \in \mathbb{R}$$

$$\Leftrightarrow \quad \left(1 + \frac{b}{a}\right)^n = \sum_{k=0}^{\infty} \binom{n}{k} \left(\frac{b}{a}\right)^k \qquad \text{mit } x = \frac{b}{a} \text{ für } |b| < |a|$$

$$\Leftrightarrow \quad (a+b)^n = \sum_{k=0}^{\infty} \binom{n}{k} a^{n-k} b^k \qquad \text{Multiplikation mit } a^n$$

Ob die binomische Reihe für die Grenzfälle $a = b$ und $a = -b$ bzw. $|x| = 1$ konvergiert, hängt vom Definitionsbereich des Exponenten n ab, wie in Aufgabe 244 diskutiert.

∎

Lösung 248. Partialsumme der Reihe:

$$E_m = \sum_{n=0}^{m} \frac{1}{n!} = 1 + \frac{1}{1!} + \frac{1}{2!} + \frac{1}{3!} + \ldots + \frac{1}{m!}$$

Folgenglied:

$$F_m = \left(1 + \frac{1}{m}\right)^m$$

In der Theorie liefert der Grenzwert in beiden Fällen die Eulersche Zahl:

$$\lim_{m \to \infty} E_m = \lim_{m \to \infty} F_m = \mathrm{e}$$

Der Praktiker möchte wissen, wie groß m gewählt werden muss, um e auf hinreichend viele Nachkommastellen berechnen zu können.

Zur Beurteilung des Konvergenzverhaltens dient das folgende Python-Programm:

```python
# Berechnung der Eulerschen Zahl:
from math import *

E_m = 1                                 # Startwert der Reihe
for n in range(1,17):
    E_m = E_m + 1/factorial(n)          # Reihe
    F_m = (1+1/n)**n                    # Folge
    print("E_%2i"%n,"=%15.12f"%E_m, \
        ", F_%2i"%n,"=%15.12f"%F_m)     # Formatierte Ausgabe

print("Weitere Folgenglieder:")
for i in [100,1000,1e6,1e9,1e12]:
    F_m = (1+1/i)**i
    print("F_=%13i"%i,"=%15.12f"%F_m)
```

Die Reihe konvergiert sehr schnell: 12 Nachkommastellen Genauigkeit mit nur 16 Termen.
Mit der Folge lässt sich e nur auf 6 Nachkommastellen berechnen (numerische Probleme).

m	E_m	F_m
1	2	2
2	2,5	2,25
3	2,666 666 666 667	2,370 370 370 370
4	2,708 333 333 333	2,441 406 250 000
5	2,716 666 666 667	2,488 320 000 000
6	2,718 055 555 556	2,521 626 371 742
7	2,718 253 968 254	2,546 499 697 041
8	2,718 278 769 841	2,565 784 513 950
9	2,718 281 525 573	2,581 174 791 713
10	2,718 281 801 146	2,593 742 460 100
11	2,718 281 826 198	2,604 199 011 898
12	2,718 281 828 286	2,613 035 290 225
13	2,718 281 828 447	2,620 600 887 886
14	2,718 281 828 458	2,627 151 556 301
15	2,718 281 828 459	2,632 878 717 728
16	2,718 281 828 459	2,637 928 497 367
100		2,704 813 829 422
1000		2,716 923 932 236
1 000 000		2,718 280 469 096
1 000 000 000		2,718 282 052 012
1 000 000 000 000		2,718 523 496 037

■

Lösung 249. Für das Basler Problem gibt es eine Lösung:

$$\sum_{n=1}^{\infty} \frac{1}{n^2} = \frac{4}{3}\left[\sum_{n=1}^{\infty}\frac{1}{n^2} - \sum_{n=1}^{\infty}\frac{1}{(2n)^2}\right] \qquad \text{Hilfsgleichung (318)}$$

$$= \frac{4}{3}\left[\frac{1}{1^2} + \left(\frac{1}{2^2} - \frac{1}{2^2}\right) + \frac{1}{3^2} + \left(\frac{1}{4^2} - \frac{1}{4^2}\right) + \ldots\right] \qquad \text{Sortieren und Kürzen}$$

$$= \frac{4}{3}\sum_{n=0}^{\infty}\frac{1}{(2n+1)^2}$$

$$= \frac{4}{3}\sum_{n=0}^{\infty}\int_0^1 \frac{y^{2n}}{2n+1}\, dy \qquad \text{Bestimmte Integration (319)}$$

$$= \frac{4}{3}\int_0^1 \sum_{n=0}^{\infty}\frac{y^{2n}}{2n+1}\, dy$$

$$= \frac{4}{3}\int_0^1 \frac{1}{y}\sum_{n=0}^{\infty}\frac{y^{2n+1}}{2n+1}\, dy$$

$$= \frac{2}{3}\int_0^1 \frac{1}{y}\ln\frac{1+y}{1-y}\, dy \qquad \text{Taylorreihe (241)}$$

$$= \frac{4}{3}\int_0^1 \frac{\ln y}{y^2 - 1}\, dy \qquad \text{Partielle Integration (320)}$$

$$= \frac{2}{3}\int_0^1 \frac{\ln y^2}{y^2 - 1}\, dy \qquad \text{Logarithmenregel (31)}$$

$$= \frac{2}{3}\int_0^1 \frac{1}{y^2 - 1}\left[\ln\frac{x^2 y^2 + 1}{x^2 + 1}\right]_{x=0}^{\infty} dy$$

$$= \frac{4}{3}\int_0^1 \int_0^{\infty} \frac{x}{(x^2 y^2 + 1)(x^2 + 1)}\, dx\, dy \qquad \text{Integral (321)}$$

$$= \frac{4}{3}\int_0^{\infty}\int_0^1 \frac{x}{(x^2 y^2 + 1)(x^2 + 1)}\, dy\, dx$$

$$= \frac{4}{3}\int_0^{\infty}\left[\frac{\arctan(xy)}{x^2 + 1}\right]_{y=0}^1 dx \qquad \text{Grundintegral (322)}$$

$$= \frac{4}{3}\int_0^{\infty}\frac{\arctan x}{x^2 + 1}\, dx$$

$$= \frac{4}{3}\left[\frac{(\arctan x)^2}{2}\right]_{x=0}^{\infty} \qquad \text{Integral (323)}$$

$$= \frac{\pi^2}{6}$$

■

Komplexe Zahlen und Funktionen

Lösung 250. In der Gaußschen Zahlenebene erzeugt die komplexe Zahl

$$z = x + iy$$

ein rechtwinkliges Dreieck mit den Katheten x und y. Die Hypothenuse r lässt sich als Radius interpretieren und mithilfe des Pythagoras (1)

$$r^2 = x^2 + y^2$$

berechnen:

$$r = \sqrt{x^2 + y^2} = |z|$$

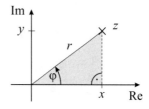

Der Betrag der komplexen Zahl ist somit gleich dem Radius der Polardarstellung.

∎

Lösung 251. Dass die Betragsgleichung

$$|ab| = |a| \cdot |b|$$

auch für komplexe Zahlen

$$a = p + iq \quad \text{und} \quad b = s + it \quad \text{mit} \quad p, q, s, t \in \mathbb{R}$$

gilt, überprüft man am einfachsten durch Einsetzen (mit $i^2 = -1$):

$$\big|(p + iq) \cdot (s + it)\big| = |p + iq| \cdot |s + it|$$

$$\Leftrightarrow \qquad \big|(ps - qt) + i(pt + qs)\big| = |p + iq| \cdot |s + it|$$

$$\Leftrightarrow \qquad \sqrt{(ps - qt)^2 + (pt + qs)^2} = \sqrt{p^2 + q^2} \cdot \sqrt{s^2 + t^2}$$

$$\Leftrightarrow \quad \sqrt{(ps)^2 - 2pqst + (qt)^2 + (pt)^2 + 2pqst + (qs)^2} = \sqrt{(p^2 + q^2) \cdot (s^2 + t^2)}$$

$$\Leftrightarrow \qquad \sqrt{(ps)^2 + (qt)^2 + (pt)^2 + (qs)^2} = \sqrt{(ps)^2 + (pt)^2 + (qs)^2 + (qt)^2}$$

$$\Leftrightarrow \qquad 42 = 42$$

∎

Lösung 252. Aus der Zeichnung wird ersichtlich, woher die Dreiecksungleichung

$$|a + b| \leq |a| + |b|$$

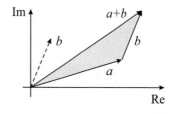

ihren Namen hat: In einem Dreieck kann keine Seite länger sein als die beiden anderen zusammen.

∎

Lösung 253. Die in Aufgabe 43 für reelle Zahlen vorgenommene Beweisführung lässt sich auf komplexe Zahlen $a = p + \mathrm{i}q \in \mathbb{C}$ und $b = s + \mathrm{i}t \in \mathbb{C}$ mit $p, q, s, t \in \mathbb{R}$ übertragen:

$$|(p + \mathrm{i}q) + (s + \mathrm{i}t)| \leq |p + \mathrm{i}q| + |s + \mathrm{i}t|$$

$$\Leftrightarrow \quad \underbrace{\sqrt{(p+s)^2 + (q+t)^2}}_{\geq 0} \leq \underbrace{\sqrt{p^2 + q^2} + \sqrt{s^2 + t^2}}_{\geq 0}$$

$$\Leftrightarrow \quad (p+s)^2 + (q+t)^2 \leq p^2 + q^2 + 2\sqrt{p^2 + q^2}\sqrt{s^2 + t^2} + s^2 + t^2 \quad \text{Quad./Wurzel}$$

$$\Leftrightarrow \quad \underbrace{ps + qt}_{\in \mathbb{R}} \leq \underbrace{\sqrt{p^2 + q^2}\sqrt{s^2 + t^2}}_{\geq 0}$$

$$\Leftrightarrow \quad (ps)^2 + 2pqst + (qt)^2 \leq (p^2 + q^2)(s^2 + t^2) \qquad\qquad \text{Quad./Wurzel}$$

$$\Leftrightarrow \quad 2(pt)(qs) \leq (pt)^2 + (qs)^2$$

$$\Leftrightarrow \quad 0 \leq [(pt) - (qs)]^2 \qquad\qquad\qquad\qquad\qquad\quad \blacksquare$$

Lösung 254. Durch Rekursion erhält man die verallgemeinerte Dreiecksungleichung:

$$|z_1 + a_2| \leq |z_1| + |a_2| \qquad\qquad \text{mit } a_2 = z_2 + a_3$$

$$\Rightarrow \quad |z_1 + z_2 + a_3| \leq |z_1| + \underbrace{|z_2 + a_3|}_{\leq |z_2| + |a_3|} \qquad\qquad \text{mit } a_3 = z_3 + a_4$$

$$\Rightarrow \quad |z_1 + z_2 + z_3 + a_4| \leq |z_1| + |z_2| + \underbrace{|z_3 + a_4|}_{\leq |z_3| + |a_4|} \qquad \text{mit } a_4 = z_4 + a_5$$

$$\Rightarrow \quad |z_1 + z_2 + z_3 + \ldots + z_m| \leq |z_1| + |z_2| + |z_3| + \ldots + |z_m| \qquad\quad \blacksquare$$

Lösung 255. Durch Anwendung der verallgemeinerten Dreiecksungleichung (259) und der Betragsgleichung (257) folgt die zu beweisende Aussage, dass jede komplexe Potenzreihe eine reelle Majorante besitzt:

$$\left| \sum_{n=0}^{\infty} c_n (z - z_0)^n \right| \leq \sum_{n=0}^{\infty} |c_n (z - z_0)^n| = \sum_{n=0}^{\infty} |c_n| \cdot |z - z_0|^n$$

Sollte die reelle Potenzreihe konvergieren, dann tut dies auch die komplexe Ausgangsreihe. Der Konvergenzradius r der komplexen Potenzreihe $\sum_{n=0}^{\infty} c_n (z - z_0)^n = \sum_{n=0}^{\infty} a_n$ stimmt mit dem der reellen Reihe (229) überein, weil beim Quotientenkriterium (214) (und Wurzelkriterium) die Beträge der Reihenglieder verwendet werden:

$$\lim_{n \to \infty} \left| \frac{a_{n+1}}{a_n} \right| = \lim_{n \to \infty} \left| \frac{c_{n+1}(z - z_0)^{n+1}}{c_n(z - z_0)^n} \right| = |z - z_0| \cdot \underbrace{\lim_{n \to \infty} \left| \frac{c_{n+1}}{c_n} \right|}_{= \frac{1}{r}} \begin{cases} < 1 : & \text{Konvergenz} \\ > 1 : & \text{Divergenz} \end{cases}$$

$$\blacksquare$$

Lösung 256. Die (nicht dargestellten) Taylorreihen der ersten beiden Funktionen

$$f_1(x) = \tan\left(\frac{\pi x}{4}\right) \quad \text{und} \quad f_2(x) = \frac{1}{2-x}$$

weisen einen Konvergenzradius von $r = 2$ auf, weil die Polstellen den Konvergenzbereich begrenzen. Dass die Hyperbel nur einen Pol besitzt, ändert nichts am Konvergenzintervall:

$$x \in (x_0 - r, x_0 + r) = (-2; 2)$$

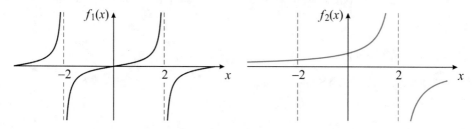

Bei der gebrochenrationalen Funktion

$$f_3(x) = \frac{1}{4 + x^2}$$

gibt es keine Polstelle. Deshalb mag es auf den ersten Blick verwundern, dass der Konvergenzbereich ebenfalls beschränkt ist.

Was im Reellen nicht erklärbar ist, wird im Komplexen offensichtlich: Die gebrochenrationale Funktion weist nämlich ebenfalls eine Singularität auf, und zwar bei:

$$x_P = \pm 2i$$

Es handelt sich gewissermaßen um eine konjugiert komplexe Polstelle, welche für den eingeschränkten Konvergenzradius von

$$r = |x_P| = 2$$

verantwortlich ist.

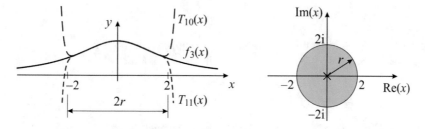

Der Vollständigkeit halber sei erwähnt, dass das Taylorpolynom von f_3 (wie auch das der Hyperbel f_2) eine geometrische Reihe (193) ist:

$$T_m(x) = \frac{1}{4}\sum_{n=0}^{m}\left(-\frac{1}{4}\right)^n x^{2n} = \frac{1}{4}\sum_{n=0}^{m} q^n = \frac{1}{4}\cdot\frac{1-q^{m+1}}{1-q} \quad \text{mit} \quad q = -\frac{x^2}{4}$$

∎

Lösung 257. In Aufgabe 255 wird gezeigt, dass jede komplexe Potenzreihe eine reelle Majorante besitzt. Dies gilt inbesondere für die komplexe Exponentialfunktion:

$$\left| \sum_{n=0}^{\infty} \frac{1}{n!} z^n \right| \leq \sum_{n=0}^{\infty} \left| \frac{1}{n!} z^n \right| = \sum_{n=0}^{\infty} \frac{1}{n!} \cdot |z|^n \quad \text{mit} \quad z = x + iy$$

Weil die Taylorreihe der reellen Exponentialfunktion (237) für alle $x \in \mathbb{R}$ konvergiert, besitzt die komplexe Exponentialfunktion ebenfalls einen unendlichen Konvergenzradius $r \to \infty$.

∎

Lösung 258. Taylorreihe der Sinusfunktion (238):

$$\sin \varphi = \sum_{n=0}^{\infty} \frac{(-1)^n}{(2n+1)!} \varphi^{2n+1}$$

Ableitung beider Seiten liefert die Taylorreihe der Kosinusfunktion:

$$\cos \varphi = \sum_{n=0}^{\infty} \frac{(-1)^n}{(2n)!} \varphi^{2n} \tag{416}$$

Taylorreihe der Exponentialfunktion (237) mit imaginärem Argument:

$$e^{i\varphi} = \sum_{n=0}^{\infty} \frac{1}{n!} (i\varphi)^n$$

$$= \frac{1}{0!} \varphi^0 + \frac{1}{1!} i\varphi^1 - \frac{1}{2!} \varphi^2 - \frac{1}{3!} i\varphi^3 + \frac{1}{4!} \varphi^4 + \frac{1}{5!} i\varphi^5 - \frac{1}{6!} \varphi^6 - \frac{1}{7!} i\varphi^7 + \ldots$$

$$= \sum_{n=0}^{\infty} \frac{(-1)^n}{(2n)!} \varphi^{2n} + i \sum_{n=0}^{\infty} \frac{(-1)^n}{(2n+1)!} \varphi^{2n+1}$$

$$= \cos \varphi + i \sin \varphi$$

Dieser wichtige Zusammenhang zwischen der komplexen Exponentialfunktion und den Kreisfunktionen Sinus und Kosinus wird bisweilen auch als Eulersche Identität bezeichnet.

∎

Lösung 259. Einsetzen von $\varphi = \pi$ in die Eulersche Formel:

$$e^{i\pi} = \cos \pi + i \sin \pi = -1$$

Somit gilt:

$$e^{i\pi} + 1 = 0$$

∎

Lösung 260. Die Multiplikation mit der komplexen Einheit

$$i = 0 + i \cdot 1 = 1 \cdot e^{i\frac{\pi}{2}} = e^{i\frac{\pi}{2}} \tag{417}$$

entspricht einer Drehung von $90°$ gegen den Uhrzeigersinn:

$$b = i \cdot a = e^{i\frac{\pi}{2}} \cdot |a| e^{i\varphi} = |a| e^{i\left(\varphi + \frac{\pi}{2}\right)}$$

∎

Lösung 261. Komplexe Zahl mit Radius $|z| = 1$:

$$z = e^{i\varphi} = \cos\varphi + i\sin\varphi$$

Für die Konjugierte wird φ durch $-\varphi$ ersetzt:

$$z^* = e^{-i\varphi} = \cos\varphi - i\sin\varphi$$

Summe aus z und z^*:

$$e^{i\varphi} + e^{-i\varphi} = 2\cos\varphi \quad \Leftrightarrow \quad \cos\varphi = \frac{e^{i\varphi} + e^{-i\varphi}}{2}$$

Differenz aus z und z^*:

$$e^{i\varphi} - e^{-i\varphi} = 2i\sin\varphi \quad \Leftrightarrow \quad \sin\varphi = \frac{e^{i\varphi} - e^{-i\varphi}}{2i}$$

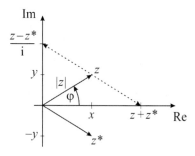

∎

Lösung 262. Es sei

$$z_0 = re^{i\varphi}$$

eine Nullstelle von $f(z)$:

$$f(z_0) = a_n z_0^n + a_{n-1} z_0^{n-1} + \ldots + a_1 z_0 + a_0 = 0 \quad \text{mit} \quad a_i \in \mathbb{R}$$

Dann ist auch die Konjugierte $z_0^* = re^{-i\varphi}$ eine Nullstelle:

$$\begin{aligned}
f(z_0^*) &= a_n \left(z_0^*\right)^n + a_{n-1} \left(z_0^*\right)^{n-1} + \ldots + a_1 z_0^* + a_0 \\
&= a_n re^{-in\varphi} + a_{n-1} re^{-i(n-1)\varphi} + a_1 re^{-i\varphi} + a_0 \\
&= \left[a_n re^{in\varphi} + a_{n-1} re^{i(n-1)\varphi} + a_1 re^{i\varphi} + a_0\right]^* \\
&= \left[a_n z_0^n + a_{n-1} z_0^{n-1} + a_1 z_0 + a_0\right]^* \\
&= \left[f(z_0)\right]^* \\
&= 0^* \\
&= 0
\end{aligned}$$

∎

Lösung 263. Integration unter Verwendung von reellen Zahlen:

$$A = \int \underbrace{e^x}_{=f} \cdot \underbrace{\cos x}_{=g'} \, dx$$

$$= \underbrace{e^x}_{=f} \cdot \underbrace{\sin x}_{=g} - \int \underbrace{e^x}_{=f'=u} \cdot \underbrace{\sin x}_{=g=v'} \, dx \qquad \text{1. partielle Integration}$$

$$= e^x \cdot \sin x - \underbrace{e^x}_{=u} \cdot \underbrace{(-\cos x)}_{=v} + \int \underbrace{e^x}_{=u'} \cdot \underbrace{(-\cos x)}_{=v} \, dx + 2C \qquad \text{2. partielle Integration}$$

$$= \underbrace{e^x(\sin x + \cos x)}_{=B} - \underbrace{\int e^x \cdot \cos x \, dx}_{=A} + 2C \qquad \text{Rückwurftechnik:}$$

$$\qquad\qquad\qquad\qquad\qquad\qquad\qquad\qquad A = B - A + 2C$$

$$= \frac{1}{2}e^x(\sin x + \cos x) + C \qquad\qquad\qquad \Leftrightarrow \quad A = \frac{B}{2} + C$$

In Aufgabe 264 wird eine effiziente Alternative zur partiellen Integration vorgestellt, mit der sich Integrale vom vorliegenden Typ sehr elegant lösen lassen. Die Methode verwendet komplexe Zahlen.

■

Lösung 264. Integration durch komplexe Erweiterung (Ergänzung des Imaginärteils):

$$K = \int e^x \underbrace{(\cos x + i\sin x)}_{=e^{ix}} \, dx = \int e^{(1+i)x} \, dx = \frac{e^{(1+i)x}}{1+i} + C = \frac{1-i}{2}e^x(\cos x + i\sin x) + C$$

Betrachtung nur des Realteils:

$$\int e^x \cos x \, dx = \text{Re}(K) = \text{Re}\left(\frac{1-i}{2}e^x(\cos x + i\sin x) + C\right) = \frac{1}{2}e^x(\sin x + \cos x) + C$$

■

Lösung 265. Dreifachwinkel-Additionstheorem für den Sinus:

$$\sin(3\varphi) = \sin(\varphi + 2\varphi)$$

$$= \sin(\varphi)\cos(2\varphi) + \cos(\varphi)\sin(2\varphi) \qquad \text{Additionstheorem (97)}$$

$$= \sin\varphi\left[\cos^2\varphi - \sin^2\varphi\right] + \cos\varphi\left[2\sin\varphi\cos\varphi\right] \quad \text{Additionstheoreme (325), (324)}$$

$$= 3\sin\varphi \cdot \underbrace{\cos^2\varphi}_{=1-\sin^2\varphi} - \sin^3\varphi$$

$$= 3\sin\varphi - 4\sin^3\varphi \qquad\qquad\qquad \text{Trigonometrischer Pythagoras (2)}$$

Die Herleitung des zugehörigen Kosinus-Additionstheorems erfolgt analog:

$$\cos(3\varphi) = \cos(\varphi + 2\varphi)$$

$$= \cos(\varphi)\,\cos(2\varphi) - \sin(\varphi)\,\sin(2\varphi) \qquad \text{Additionstheorem (98)}$$

$$= \cos\varphi\,[\cos^2\varphi - \sin^2\varphi] - \sin\varphi\,[2\sin\varphi\cos\varphi]$$

$$= \cos^3\varphi - 3\cdot\underbrace{\sin^2\varphi}_{=\,1-\cos^2\varphi}\cdot\cos\varphi$$

$$= 4\cos^3\varphi - 3\cos\varphi$$

∎

Lösung 266. Mit dem binomischen Lehrsatz (59) für $n = 3$

$$(a+b)^3 = a^3 + 3a^2 b + 3ab^2 + b^3 \tag{418}$$

und der Eulerschen Formel (261) für die Winkel φ und 3φ erhält man:

$$\left[\mathrm{e}^{\mathrm{i}\varphi}\right]^3 = \mathrm{e}^{\mathrm{i}(3\varphi)} \qquad \text{Potenzgesetz (26)}$$

$$= [\cos\varphi + \mathrm{i}\sin\varphi]^3$$

$$= [\cos\varphi]^3 + 3[\cos\varphi]^2\,\mathrm{i}\sin\varphi + 3\cos\varphi\,[\mathrm{i}\sin\varphi]^2 + [\mathrm{i}\sin\varphi]^3 \quad \text{Gleichung (418)}$$

$$= \left[\cos^3\varphi - 3\cos\varphi\sin^2\varphi\right] + \mathrm{i}\left[3\cos^2\varphi\sin\varphi - \sin^3\varphi\right] \quad \text{Real- und Imaginärteil}$$

$$= \underbrace{\left[4\cos^3\varphi - 3\cos\varphi\right]}_{=\,\cos(3\varphi)\ \checkmark} + \mathrm{i}\underbrace{\left[3\sin\varphi - 4\sin^3\varphi\right]}_{=\,\sin(3\varphi)\ \checkmark} \quad \text{Trigon. Pythagoras (2)}$$

∎

Lösung 267. Der in Aufgabe 266 beschrittene Lösungsweg ist auf beliebige Vielfache eines Winkels übertragbar, so dass hier auf eine Kommentierung der Zwischenschritte verzichtet werden kann:

$$\left[\mathrm{e}^{\mathrm{i}\varphi}\right]^5 = \mathrm{e}^{\mathrm{i}(5\varphi)}$$

$$= \left[\cos\varphi + \mathrm{i}\sin\varphi\right]^5$$

$$= \left[\cos^5\varphi - 10\cos^3\varphi\cdot\underbrace{\sin^2\varphi}_{=\,1-\cos^2\varphi} + 5\cos\varphi\cdot\underbrace{\sin^4\varphi}_{=\,1-2\cos^2\varphi+\cos^4\varphi}\right] +$$

$$+ \mathrm{i}\left[5\cdot\underbrace{\cos^4\varphi}_{=\,1-2\sin^2\varphi+\sin^4\varphi}\cdot\sin\varphi - 10\cdot\underbrace{\cos^2\varphi}_{=\,1-\sin^2\varphi}\cdot\sin^3\varphi + \sin^5\varphi\right]$$

$$= \underbrace{\left[16\cos^5\varphi - 20\cos^3\varphi + 5\cos\varphi\right]}_{=\,\cos(5\varphi)\ \checkmark} + \mathrm{i}\underbrace{\left[5\sin\varphi - 20\sin^3\varphi + 16\sin^5\varphi\right]}_{=\,\sin(5\varphi)\ \checkmark}$$

Der Beweis von Additionstheoremen gehört zu den großen Stärken der komplexen Zahlen. Eine rein reelle Herleitung ist zwar möglich, aber sehr aufwändig, wenn Additionstheoreme mehrmals angewandt werden müssen.

∎

Lösung 268. Einsetzen einer imaginären Zahl $z = iy$ in die Hyperbelfunktionen unter Anwendung der Eulerschen Formel (262)

$$e^{\pm iy} = \cos y \pm i \sin y$$

liefert

$$\cosh z = \frac{1}{2}\left(e^z + e^{-z}\right) = \frac{1}{2}\left(e^{iy} + e^{-iy}\right) = \cos y$$

und:

$$\sinh z = \frac{1}{2}\left(e^z - e^{-z}\right) = \frac{1}{2}\left(e^{iy} - e^{-iy}\right) = i \sin y$$

Folglich sind der trigonometrische und der hyperbolische Pythagoras äquivalent:

$$1 = \cosh^2 z - \sinh^2 z$$
$$= (\cos y)^2 - (i \sin y)^2$$
$$= \cos^2 y + \sin^2 y$$

∎

Lösung 269. Ermittlung des Summenwerts der endlichen Reihe $\sum\limits_{k=1}^{n} \sin(k\alpha)$:

$$\sum_{k=1}^{n} \cos(k\alpha) + i\sin(k\alpha) = \sum_{k=1}^{n} e^{ik\alpha} \qquad \text{komplexe Erweiterung}$$

$$= \sum_{k=1}^{n} \left[e^{i\alpha}\right]^k \qquad \text{Potenzgesetz (26)}$$

$$= e^{i\alpha} \cdot \sum_{k=0}^{n-1} \left[e^{i\alpha}\right]^k \qquad \text{Indexverschiebung}$$

$$= e^{i\alpha} \cdot \frac{1 - \left[e^{i\alpha}\right]^n}{1 - \left[e^{i\alpha}\right]} \qquad \text{geometrische Reihe (193)}$$

$$= \frac{e^{-\frac{in\alpha}{2}} - e^{\frac{in\alpha}{2}}}{e^{-\frac{i\alpha}{2}} - e^{\frac{i\alpha}{2}}} \cdot \frac{e^{\frac{in\alpha}{2}}}{e^{\frac{-i\alpha}{2}}} \qquad \text{Potenzgesetze (24), (26) und (14)}$$

$$= \frac{\sin\left(\frac{n}{2}\alpha\right)}{\sin\left(\frac{1}{2}\alpha\right)} \cdot e^{i\frac{n+1}{2}\alpha} \qquad \text{Gleichung (265)}$$

Betrachtung nur des Imaginärteils (Rückgängigmachung der komplexen Erweiterung):

$$\sum_{k=1}^{n} \sin(k\alpha) = \text{Im}\left(\sum_{k=1}^{n} e^{ik\alpha}\right) = \text{Im}\left(\frac{\sin\left(\frac{n}{2}\alpha\right)}{\sin\left(\frac{1}{2}\alpha\right)} \cdot e^{i\frac{n+1}{2}\alpha}\right) = \frac{\sin\left(\frac{n}{2}\alpha\right) \cdot \sin\left(\frac{n+1}{2}\alpha\right)}{\sin\left(\frac{1}{2}\alpha\right)}$$

∎

Lösung 270. Durch Einsetzen von

$$x = z - \frac{a}{3}$$

in die kubische Gleichung erhält man eine reduzierte kubische Gleichung:

$$0 = x^3 + ax^2 + bx + c$$

$$= \left(z - \frac{a}{3}\right)^3 + a\left(z - \frac{a}{3}\right)^2 + b\left(z - \frac{a}{3}\right) + c$$

$$= z^3 - az^2 + \frac{a^2}{3}z - \frac{1}{27}a^3 + az^2 - \frac{2}{3}a^2z + \frac{1}{9}a^3 + bz - \frac{ab}{3} + c$$

$$= z^3 + \underbrace{\left[b - \frac{1}{3}a^2\right]}_{=\,p}z + \underbrace{\left[\frac{2}{27}a^3 - \frac{ab}{3} + c\right]}_{=\,q}$$

■

Lösung 271. Einsetzen von

$$z = u + v$$

in die reduzierte kubische Gleichung:

$$0 = z^3 + pz + q$$

$$= (u + v)^3 + pz + q$$

$$= u^3 + \underbrace{3u^2v + 3uv^2}_{3uvz} + v^3 + pz + q$$

$$= \underbrace{[3uv + p]}_{\stackrel{!}{=}\,0\ \text{(I)}} \cdot z + \underbrace{[u^3 + v^3 + q]}_{\stackrel{!}{=}\,0\ \text{(II)}}$$

Die auf diese Weise erzeugte lineare Gleichung muss für beliebige z erfüllt sein, weshalb beide Koeffizienten verschwinden müssen.

Gleichung (I) lässt sich nach

$$v = -\frac{p}{3u} \tag{419}$$

auflösen und in Gleichung (II) einsetzen:

$$u^3 = -v^3 - q = \frac{p^3}{27u^3} - q = 0$$

Multiplikation mit u^3:

$$\underbrace{u^6}_{=\,y^2} + q\underbrace{u^3}_{=\,y} - \frac{p^3}{27} = 0$$

Lösung der quadratischen Gleichung mittels „pq-Formel":

$$u^3 = -\frac{q}{2} \pm \sqrt{D}$$

mit der Diskriminante:

$$D = \frac{q^2}{4} + \frac{p^3}{27}$$

Wegen der Mehrdeutigkeit des Winkels im Komplexen

$$u^3 = u^3 \cdot e^{ik \cdot 2\pi} \quad \text{mit} \quad k \in \mathbb{Z}$$

liefert die Kubikwurzel drei Lösungen:

$$u_k = \sqrt[3]{\left(-\frac{q}{2} \pm \sqrt{D}\right) \cdot e^{ik \cdot 2\pi}} \quad \text{mit} \quad k = 0, 1, 2 \quad \checkmark$$

Folglich existieren auch drei Lösungen für die Variable v. Diese erhält man durch Einsetzen von u_k in Gleichung (419):

$$v_k = -\frac{p}{3u_k}$$

$$= -\frac{p}{3} \cdot u_k^{-1}$$

$$= -\frac{p}{3} \cdot \left[\left(-\frac{q}{2} \pm \sqrt{D}\right) \cdot e^{ik \cdot 2\pi}\right]^{-\frac{1}{3}}$$

$$= -\frac{p}{3} \cdot \left(-\frac{q}{2} \pm \sqrt{D}\right)^{-\frac{1}{3}} \cdot \underbrace{\left(-\frac{q}{2} \mp \sqrt{D}\right)^{-\frac{1}{3}} \left(-\frac{q}{2} \mp \sqrt{D}\right)^{\frac{1}{3}}}_{=\,1} \cdot \left(e^{ik \cdot 2\pi}\right)^{-\frac{1}{3}}$$

$$= -\frac{p}{3} \cdot \underbrace{\left(\frac{q^2}{4} - D\right)^{-\frac{1}{3}}}_{=\,-\frac{p^3}{27}} \sqrt[3]{\left(-\frac{q}{2} \mp \sqrt{D}\right) \cdot e^{-ik \cdot 2\pi}}$$

$$= \sqrt[3]{\left(-\frac{q}{2} \mp \sqrt{D}\right) \cdot e^{-ik \cdot 2\pi}} \quad \text{mit} \quad k = 0, 1, 2 \quad \checkmark$$

Anmerkungen zum Sonderfall $q = 0$:

- Es ist sinnvoll, den Sonderfall $q = 0$ abzufangen, denn die Lösung der kubischen Gleichung ohne Konstante ist offensichtlich:

$$z^3 + pz = 0 \quad \Rightarrow \quad z_0 = 0, \; z_1 = \sqrt{-p}, \; z_2 = -\sqrt{-p}$$

- Es ist nicht erforderlich, den Fall $q = 0$ gesondert zu betrachten, denn die ermittelten Lösungsformeln für u_k und v_k gelten für beliebige Kombinationen von $p \in \mathbb{R}$ und $q \in \mathbb{R}$.

- Selbst der Fall $p = q = 0$ bzw. $D = 0$ und $u_k = 0$ muss nicht abgefangen werden. Gleichung (419) enthält zwar einen unbestimmten Ausdruck, das Ergebnis stimmt dennoch: $v_k = 0$.

■

Lösung 272. Ob die drei Nullstellen

$$z_k = u_k + v_k$$

$$= \underbrace{\sqrt[3]{-\frac{q}{2} \pm \sqrt{D}} \cdot e^{ik \cdot \frac{2}{3}\pi}}_{= u_0} + \underbrace{\sqrt[3]{-\frac{q}{2} \mp \sqrt{D}} \cdot e^{-ik \cdot \frac{2}{3}\pi}}_{= v_0} \tag{420}$$

$$= \begin{cases} u_0 + v_0 & \text{für } k = 0 \\ u_0 \cdot \left[-\frac{1}{2} + i\frac{\sqrt{3}}{2} \right] + v_0 \cdot \left[-\frac{1}{2} - i\frac{\sqrt{3}}{2} \right] & \text{für } k = 1 \\ u_0 \cdot \left[-\frac{1}{2} - i\frac{\sqrt{3}}{2} \right] + v_0 \cdot \left[-\frac{1}{2} + i\frac{\sqrt{3}}{2} \right] & \text{für } k = 2 \end{cases}$$

reell oder komplex sind, hängt von der Diskriminante ab:

1. Es sei $D > 0$ (bzw. $D \geq 0$). Dann liefert $k = 0$ eine reelle Lösung:

$$z_0 = u_0 + v_0 = \sqrt[3]{-\frac{q}{2} + \sqrt{D}} + \sqrt[3]{-\frac{q}{2} - \sqrt{D}}$$

Die Nullstellen z_1 und z_2 sind konjugiert komplex:

$$z_1 = -\frac{1}{2}u_0 + i\frac{\sqrt{3}}{2}u_0 - \frac{1}{2}v_0 - i\frac{\sqrt{3}}{2}v_0$$

$$= -\frac{u_0 + v_0}{2} + i\frac{\sqrt{3}(u_0 - v_0)}{2}$$

$$z_2 = z_1^*$$

2. Beim Sonderfall $D = 0$ ist $u_0 = v_0$, so dass man eine einfache und eine doppelte reelle Nullstelle erhält:

$$z_0 = 2u_0 = 2 \cdot \sqrt[3]{-\frac{q}{2}} = -\sqrt[3]{4q}$$

$$z_1 = -u_0 = -\sqrt[3]{-\frac{q}{2}} = \sqrt[3]{\frac{q}{2}}$$

$$z_2 = z_1$$

Bezüglich des Plusminuszeichens sei angemerkt, dass beide Varianten zu äquivalenten Ergebnissen führen. Lediglich die Variablen z_1 und z_2 sind vertauscht:

- Bei u_0 und v_0 möge das obere Zeichen gelten:

$$z_1 = -\frac{1}{2}\left[\sqrt[3]{-\frac{q}{2} + \sqrt{D}} + \sqrt[3]{-\frac{q}{2} - \sqrt{D}} \right] + i\frac{\sqrt{3}}{2}\left[\sqrt[3]{-\frac{q}{2} + \sqrt{D}} - \sqrt[3]{-\frac{q}{2} - \sqrt{D}} \right] = z_2^*$$

- Das untere Zeichen möge gelten:

$$\tilde{z}_1 = -\frac{1}{2}\left[\sqrt[3]{-\frac{q}{2} - \sqrt{D}} + \sqrt[3]{-\frac{q}{2} + \sqrt{D}} \right] + i\frac{\sqrt{3}}{2}\left[\sqrt[3]{-\frac{q}{2} - \sqrt{D}} - \sqrt[3]{-\frac{q}{2} + \sqrt{D}} \right] = \tilde{z}_2^*$$

∎

Lösung 273. Die Hilfsvariable p muss negativ sein ($p < 0$), damit die Diskriminante einen negativen Wert annehmen kann:

$$D = \left(\frac{q}{2}\right)^2 + \left(\frac{p}{3}\right)^3 < 0$$

Für q gibt es keine diesbezüglichen Einschränkungen: $q \in \mathbb{R}$. Folglich handelt es sich bei der Hilfsvariablen

$$h = -\frac{q}{2} + \sqrt{D} = -\frac{q}{2} + \mathrm{i}\sqrt{-D} = \underbrace{\sqrt{\frac{q^2}{4} - D}}_{= |h|} \cdot \mathrm{e}^{\mathrm{i}\alpha} \quad \text{mit} \quad \alpha \in (0, \pi) \tag{421}$$

um eine komplexe Zahl, deren Winkel α zwischen $0°$ und $180°$ liegt; der Imaginärteil von h ist positiv: $\sqrt{-D} > 0$. Dies ist der Hauptgrund, weshalb man den Winkel

$$\alpha = \arccos\left(\frac{-\frac{q}{2}}{|h|}\right) \in (0, \pi) \tag{422}$$

mithilfe der in Aufgabe 105 eingeführten Arkuskosinusfunktion ermitteln sollte. Die Verwendung des Arkustangens ist zwar möglich, erfordert aber wegen des ungeeigneten Wertebereichs $\left(-\frac{\pi}{2}, \frac{\pi}{2}\right)$ eine Fallunterscheidung. Für den Arkuskosinus spricht außerdem, dass sich hier die Hypothenuse vergleichsweise einfach darstellen lässt:

$$|h| = \sqrt{\frac{q^2}{4} - D} = \sqrt{-\frac{p^3}{27}} \tag{423}$$

Einsetzen von (423) und (422) in (421) liefert die Hilfsgleichung:

$$h = -\frac{q}{2} + \sqrt{D} = \sqrt{-\frac{p^3}{27}} \cdot \mathrm{e}^{\mathrm{i}\arccos\left(-\frac{q}{2}\sqrt{\frac{27}{p^3}}\right)} \tag{424}$$

In Aufgabe 272 wird gezeigt, dass das Plusminuszeichen beim Term $\pm\sqrt{D} = \pm\mathrm{i}\sqrt{-D}$ keine weitere Lösung liefert, sondern lediglich eine Vertauschung von z_1 und z_2 bewirkt. Bei Verwendung des oberen Zeichens lauten die gesuchten drei reellen Lösungen:

$$z_k = u_k + v_k$$

$$= u_0 \cdot \mathrm{e}^{\mathrm{i}k \cdot \frac{2}{3}\pi} + v_0 \cdot \mathrm{e}^{-\mathrm{i}k \cdot \frac{2}{3}\pi} \qquad\qquad \text{Gleichung (420)}$$

$$= \sqrt[3]{h} \cdot \mathrm{e}^{\mathrm{i}k \cdot \frac{2}{3}\pi} + \underbrace{\sqrt[3]{h^*}}_{= \left(\sqrt[3]{h}\right)^*} \cdot \mathrm{e}^{-\mathrm{i}k \cdot \frac{2}{3}\pi} \qquad\qquad \text{Hilfsgleichung (424)}$$

$$= 2 \cdot \mathrm{Re}\left(\sqrt[3]{h} \cdot \mathrm{e}^{\mathrm{i}k \cdot \frac{2}{3}\pi}\right) \qquad\qquad\qquad \text{Gleichung (264)}$$

$$= 2 \cdot \mathrm{Re}\left(\sqrt[3]{\sqrt{-\frac{p^3}{27}}} \cdot \mathrm{e}^{\mathrm{i}\frac{1}{3}\arccos\left(-\frac{q}{2}\sqrt{\frac{27}{p^3}}\right)} \cdot \mathrm{e}^{\mathrm{i}k \cdot \frac{2}{3}\pi}\right) \qquad \text{Hilfsgleichung (424)}$$

$$= 2\sqrt{-\frac{p}{3}} \cdot \cos\left(\frac{1}{3}\arccos\left(-\frac{q}{2}\sqrt{\frac{27}{p^3}}\right) + k \cdot \frac{2}{3}\pi\right) \qquad \text{für } k = 0, 1, 2$$

■

Lösung 274. Python-Quellcode:

```
# Cardanische Formeln zur Loesung der kubischen Gleichung
# x**3+a*x**2+b*x+c=0

from math import pi, cos, acos, sqrt    # Mathe-Bibliothek

#a,b,c =   -1.,   4.,  -4.       # D>0
#a,b,c =   -3.,   3.,  -1.       # D=0
a,b,c  =   -1.,  -4.,  +4.       # D<0   (Casus irreducibilis)

p = b-a**2/3.                    # Reduzierte Form der
q = 2.*a**3/27.-a*b/3.+c         # kubischen Gleichung

D = (q/2.)**2. + (p/3.)**3.      # Diskriminante

if D>0:                          # Fallunterscheidung
  print("D>0:")
  du = -q/2.+sqrt(D)
  if du < 0:
    u0 = -(-du)**(1./3.)
  else:
    u0 = du**(1./3.)
  dv = -q/2.-sqrt(D)
  if dv < 0:
    v0 = -(-dv)**(1./3.)
  else:
    v0 = dv**(1./3.)
  x0 = u0+v0 -a/3.
  x12re = -(u0+v0)/2. -a/3.
  x12im = sqrt(3.)*(u0-v0)/2.
  print("x0  =%9.4f"%x0)
  print("x1/2=%9.4f"%x12re,"+/-%9.4f"%x12im,"i")
elif D==0:
  print("D=0:")
  u0 = (-q/2.)**(1./3.)
  x0 = 2.*u0 -a/3.
  x1 = -u0 -a/3.
  print("x0  =%9.4f"%x0)       # Formatierte Ausgabe: 9 Ziffern
  print("x1=x2=%9.4f"%x1)      # mit 4 Nachkommastellen
else:
  print("D<0:")
  for k in range(3):           # Schleife: k=0,1,2
    xk = 2*sqrt(-p/3.)*cos(1./3.*acos(-q/2. *    \
         sqrt(-27./p**3))+k*2*pi/3.) -a/3.   # 2. Zeile
    print("x"+str(k)+"=%9.4f"%xk)
```

Die Zahlenbeispiele wurden bewusst einfach gewählt, damit die Ergebnisse per Kopfrechnung überprüft werden können:

1. Die kubische Gleichung
$$x^3 - x^2 + 4x - 4 = 0$$

besitzt wegen $D \approx 3{,}704 > 0$ eine reelle und eine konjugiert komplexe Nullstelle:

$$x_0 = 1$$

$$x_{1,2} = 0 \pm 2\mathrm{i}$$

2. Das Polynom
$$x^3 - 3x^2 + 3x - 1 = 0$$

ist ein Beispiel für den Sonderfall $D = 0$ und weist somit eine reelle und eine doppelte reelle Nullstelle auf:

$$x_0 = 1$$

$$x_{1,2} = 1$$

Dass die Nullstelle sogar dreifach vorkommt, ist für den Test unerheblich.

3. Bei der Gleichung
$$x^3 - x^2 - 4x + 4 = 0$$

ist die Diskriminante negativ: $D \approx -1{,}333 < 0$. Man erhält drei unterschiedliche reelle Nullstellen:

$$x_0 = 2$$

$$x_1 = -2$$

$$x_2 = 1$$

Abschließend noch zwei Beispiele mit nicht-ganzzahligen Lösungen:

- Für $D > 0$:

$$x^3 + 1{,}2x^2 - 3{,}4x + 5{,}6 \quad \Rightarrow \quad x_0 \approx -2{,}9753 \text{ und } x_{1,2} \approx 0{,}8877 \pm 1{,}0460\,\mathrm{i}$$

- Für $D < 0$:

$$x^3 - 6{,}5x^2 + 4{,}3x + 2{,}1 \quad \Rightarrow \quad x_0 \approx 5{,}6775\,;\; x_1 \approx -0{,}3229\,;\; x_2 \approx 1{,}1454$$

Teil II

Lern-Formelsammlung

Einleitung

Wissen Sie auch ohne Taschenrechner, was 13 mal 17 ergibt? Wer das große Einmaleins nicht gelernt hat — was nicht schlimm ist —, der wird vielleicht wie folgt rechnen:

$$13 \cdot 17 = (10 + 3) \cdot (10 + 7) = 10 \cdot 10 + 10 \cdot 7 + 3 \cdot 10 + 3 \cdot 7 = 100 + 70 + 30 + 21 = 221$$

Das kleine Einmaleins reicht aus, um mithilfe des Distributivgesetzes derartige Aufgaben lösen zu können. Wer die 3. binomische Formel und Quadratzahlen kennt, kommt noch etwas schneller zum Ziel:

$$13 \cdot 17 = 15 \cdot 15 - 2 \cdot 2 = 225 - 4 = 221$$

Das Beispiel zeigt, wie Mathematik funktioniert: Aus bekannten Formeln und Sätzen lassen sich neue Gleichungen und Erkenntnisse generieren. Wem das Produkt aus 3 und 7 Kopfzerbrechen bereitet, der sollte zunächst die 7er-Reihe rekapitulieren. Nur wer das kleine Einmaleins beherrscht, kann daraus das große Einmaleins ableiten — und muss es nicht auswendig lernen.

Können Sie beurteilen, ob die Reihe

$$\sum_{k=1}^{\infty} \frac{1}{\sqrt{k}}$$

konvergiert oder divergiert? Mit dieser und ähnlichen Fragen werden Studierende von Ingenieurstudiengängen im Rahmen von Mathematik-Vorlesungen konfrontiert. Wer weiß, dass die harmonische Reihe

$$\sum_{k=1}^{\infty} \frac{1}{k}$$

divergiert, kann lächelnd auf das Minorantenkriterium verweisen. Wem die harmonische Reihe noch nie untergekommen ist, der wird die Frage nur schwerlich beantworten können. Um die Geheimnisse der komplexen Zahlen erforschen zu können, sollte man Potenzgesetze sicher anwenden können. Und wer nicht an den Aufgaben der Vektoralgebra verzweifeln möchte, muss in der Lage sein, das Kreuzprodukt vom Skalarprodukt zu unterscheiden. Man muss also bereits über ein gewisses Repertoire an mathematischen Formeln verfügen, um einer Mathematik-Vorlesung folgen zu können. Und spätestens in der Klausur muss das, was mit dem kleinen Einmaleins begonnen hat, abrufbereit sein.

Der Pythagoras sitzt, die pq-Formel ebenfalls, und Ableiten mittels Produkt- und Kettenregel stellt mittlerweile auch kein Problem mehr dar. Doch was gehört sonst noch zum unverzichtbaren mathematischen Handwerkszeug? Mehrere hundert Seiten starke Formelsammlungen sind wenig hilfreich, wenn wichtige und nicht ganz so wichtige mathematische Errungenschaften gleichberechtigt nebeneinander stehen. Es ist sicherlich unstrittig, dass jeder angehende Ingenieur in der Lage sein sollte, eine Sinusfunktion zu skizzieren. Den Areakotangens Hyperbolicus hingegen schüttelt niemand so schnell aus dem Ärmel. Ob man den Verlauf des Tangens wissen muss — darüber lässt sich streiten.

Auf den folgenden 16 Seiten finden Sie eine Zusammenstellung von Gleichungen, Skizzen und Erkenntnissen, die nach Meinung des Autors von so elementarer Bedeutung sind, dass sie jeder angehende Ingenieur beherrschen sollte. Hilfreich ist es natürlich, wenn man den Inhalt der „Lern-Formelsammlung" nicht einfach nur wie Vokabeln auswendig lernt, sondern durch Rechnen von Aufgaben verinnerlicht. Irgendwann weiß man einfach, dass die Logarithmusfunktion $f(x) = \ln(x)$ als Ableitung die Hyperbel $f'(x) = \frac{1}{x}$ besitzt. Wer ein wirklich tiefgreifendes Verständnis für die Ableitung des Logarithmus erlangen möchte, dem sei Aufgabe 136 auf Seite 30 ans Herz gelegt.

Am effizientesten lernt, wer sich Formeln und Skizzen nicht nur einprägt, sondern in der Lage ist, Querverbindungen herzustellen. Drei Beispiele seien genannt:

1. Wenn man nach dem Sinus von 60° fragt, bekommt man viele Antworten: $\frac{1}{2}$, $\frac{\sqrt{2}}{2}$, oder war es doch $\frac{\sqrt{3}}{2}$? Sollten Sie keine Ahnung haben, können Sie entweder in einem schlauen Buch nachschlagen und hoffen, es nicht wieder zu vergessen, oder — heißer Tipp — sich den Wert herleiten: Zeichnen Sie ein gleichseitiges Dreieck mit der Seitenlänge $c = 1$. Das halbe Dreieck ist rechtwinklig, die Länge der Hypothenuse $c = 1$, die kurze Kathete $b = \frac{1}{2}$, und aus dem Pythagoras folgt $a = \sqrt{c^2 - b^2} = \frac{\sqrt{3}}{2}$ für die lange Kathete. Richtig ist also: $\sin(60°) = \frac{\sqrt{3}}{2}$.

2. Es ist nicht erforderlich, sich den Verlauf der Arkuskosinusfunktion einzuprägen, wenn man weiß, dass sie die Umkehrfunktion vom Kosinus ist. Zwischen 0° und 180° fällt die Kosinusfunktion streng monoton und kann daher an der Winkelhalbierenden gespiegelt werden.

3. Wer sich die Formel des Newton-Verfahrens nicht merken kann oder möchte, muss lediglich in der Lage sein, eine Tangentengleichung aufzustellen und ihre Nullstelle zu berechnen.

Den Tangens finden Sie in der Klausur-Formelsammlung.

1 Allgemeine Grundlagen

1.1 Mengenlehre

Gleiche Mengen: $\qquad A = B$

Teilmenge: $\qquad A \subset B$

Schnittmenge (Durchschnitt): $\quad A \cap B = \{x \,|\, x \in A \,\wedge\, x \in B\}$

Vereinigungsmenge: $\qquad A \cup B = \{x \,|\, x \in A \,\vee\, x \in B\}$

Differenzmenge (Restmenge): $\quad A \setminus B = \{x \,|\, x \in A \,\wedge\, x \notin B\}$

Offenes Intervall: $\qquad (a,b) = \{x \in \mathbb{R} \,|\, a < x < b\}$

Halboffenes Intervall: $\qquad (a,b] = \{x \in \mathbb{R} \,|\, a < x \leq b\}$

Abgeschlossenes Intervall: $\quad [a,b] = \{x \in \mathbb{R} \,|\, a \leq x \leq b\}$

1.2 Fallunterscheidungen

Betrag:

$$|x| = \begin{cases} +x & \text{für} \quad x \geq 0 \\ -x & \text{für} \quad x < 0 \end{cases} \tag{425}$$

Vorzeichen (Signum):

$$\mathrm{sgn}(x) = \begin{cases} +1 & \text{für} \quad x > 0 \\ 0 & \text{für} \quad x = 0 \\ -1 & \text{für} \quad x < 0 \end{cases} \tag{426}$$

1.3 Fakultät

Definition:

$$n! = \prod_{i=1}^{n} i = 1 \cdot 2 \cdot 3 \cdot \ldots \cdot n \tag{427}$$

Sonderfall:

$$0! = 1 \tag{428}$$

© Springer Fachmedien Wiesbaden GmbH, ein Teil von Springer Nature 2020
L. Nasdala, *Mathematik 1 Beweisaufgaben*,
https://doi.org/10.1007/978-3-658-30160-6_12

1.4 Potenzgesetze

Rechenregeln für Potenzen x^u (bei negativer Basis $x < 0$ mit $u, v = \frac{p}{q} \in \mathbb{Q}$, q ungerade):

$$x^u x^v = x^{u+v} , \quad x^u y^u = (xy)^u \tag{429}$$

$$(x^u)^v = x^{uv} \tag{430}$$

Kehrwert und Wurzel:

$$x^{-u} = \frac{1}{x^u} \tag{431}$$

$$x^{\frac{1}{u}} = \sqrt[u]{x} \tag{432}$$

Sonderfälle:

$$x^0 = 1 \quad \text{für } x \neq 0 , \quad 0^u = 0 \quad \text{für } u > 0 \tag{433}$$

Aus (429) und (431) folgt:

$$\frac{x^u}{x^v} = x^{u-v} , \quad \frac{x^u}{y^u} = \left(\frac{x}{y}\right)^u \tag{434}$$

1.5 Logarithmengesetze

Definition:

$$x = a^b \quad \Leftrightarrow \quad b = \log_a x \quad \text{mit} \quad a > 0, \, a \neq 1 \tag{435}$$

Natürlicher Logarithmus und Zehner-Logarithmus als Sonderfälle:

$$\ln x = \log_e x , \quad \log x = \log_{10} x \tag{436}$$

Rechenregeln:

$$\log_a xy = \log_a x + \log_a y \tag{437}$$

$$\log_a x^c = c \log_a x \tag{438}$$

$$\log_a x = \frac{\log_b x}{\log_b a} \tag{439}$$

Aus (437) und (438) mit $c = -1$ folgt:

$$\log_a \frac{x}{y} = \log_a x - \log_a y \tag{440}$$

Da die Basis a positiv ist, umfasst der Definitionsbereich nur positive Zahlen: $x, y > 0$.

1.6 Die pq-Formel

Lösung der quadratischen Gleichung $x^2 + px + q = 0$:

$$x_{1,2} = -\frac{p}{2} \pm \sqrt{D} \quad \text{mit} \quad D = \left(\frac{p}{2}\right)^2 - q \tag{441}$$

Reelle Lösung(en) für Diskriminante $D \geq 0$, (konjugiert) komplexe Lösungen für $D < 0$.

1.7 Ungleichungen

Bei Multiplikation mit einer negativen Zahl ändert sich das Relationszeichen:

$$x > y \quad \Leftrightarrow \quad -x < -y \tag{442}$$

1.8 Binomische Formeln

1. binomische Formel:

$$(a + b)^2 = a^2 + 2ab + b^2 \tag{443}$$

2. binomische Formel:

$$(a - b)^2 = a^2 - 2ab + b^2 \tag{444}$$

3. binomische Formel:

$$(a - b)(a + b) = a^2 - b^2 \tag{445}$$

1.9 Satz des Pythagoras

Schon die alten Griechen wussten:

$$a^2 + b^2 = c^2 \tag{446}$$

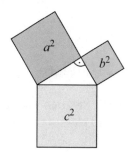

In einem rechtwinkligen Dreieck ist die Fläche der beiden Kathetenquadrate gleich der Fläche des Hypotenusenquadrates.

1.10 Lineare Gleichungssysteme

Varianten:

- Ein homogenes LGS

$$\underline{A}\,\underline{x} = \underline{0} \tag{447}$$

  besitzt entweder genau eine Lösung (triviale Lösung: $\underline{x} = \underline{0}$) oder unendlich viele.

- Ein inhomogenes LGS

$$\underline{A}\,\underline{x} = \underline{r} \tag{448}$$

  kann entweder genau eine Lösung (nicht-trivial: $\underline{x} \neq \underline{0}$), keine Lösung (leere Menge) oder unendlich viele Lösungen (Lösungsschar) besitzen.

Bestimmung der Lösung mittels Gauß-Verfahren in zwei Schritten:

1. Bei der Vorwärtselimination wird das LGS mithilfe elementarer Umformungen in eine Stufenform (pro Zeile eine Variable weniger) gebracht.

2. Ermittlung der einzelnen Unbekannten durch Rückwärtseinsetzen.

2 Vektoralgebra

2.1 Lineare Unabhängigkeit

Die Vektoren $\vec{a}$, $\vec{b}$ und $\vec{c} \in \mathbb{R}^3$ sind linear unabhängig, wenn

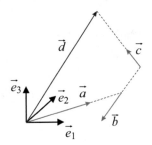

- man durch Linearkombination jeden beliebigen Vektor $\vec{d} \in \mathbb{R}^3$ bilden kann:

$$\vec{d} = x_1\vec{a} + x_2\vec{b} + x_3\vec{c} \qquad (449)$$

- sich der Nullvektor nur als triviale Linearkombination darstellen lässt:

$$\vec{0} = x_1\vec{a} + x_2\vec{b} + x_3\vec{c} \quad \text{mit} \quad x_1 = x_2 = x_3 = 0 \quad (450)$$

- das Volumen des aufgespannten Parallelepipeds (Spatprodukt) ungleich null ist.

Alle drei (bzw. vier) Aussagen sind äquivalent und gelten sinngemäß auch im $\mathbb{R}^n$.

2.2 Lineare Abhängigkeit

Durch Negation einer Unabhängigkeitsbedingung lässt sich die lineare Abhängigkeit der (drei) Vektoren nachweisen (Vektoren sind komplanar, liegen also in einer Ebene).

Vierte Beweismöglichkeit: Lässt sich ein Vektor als Linearkombination der beiden anderen

$$\vec{c} = x_1\vec{a} + x_2\vec{b} \qquad (451)$$

darstellen, dann sind die Vektoren linear abhängig (nicht umkehrbare Implikation).

2.3 Skalarprodukt

Skalarprodukt zweier Vektoren:

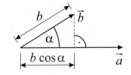

$$\vec{a} \cdot \vec{b} = \begin{pmatrix} a_1 \\ a_2 \\ a_3 \end{pmatrix} \cdot \begin{pmatrix} b_1 \\ b_2 \\ b_3 \end{pmatrix} = a_1b_1 + a_2b_2 + a_3b_3 = a\,b\cos\alpha \quad (452)$$

Projektion von $\vec{b}$ auf $\vec{a}$ bzw. auf $\vec{e}_a = \frac{\vec{a}}{|\vec{a}|}$

Hinweise:

- Betrag (Länge): $a = |\vec{a}| = \sqrt{\vec{a} \cdot \vec{a}} = \sqrt{a_1^2 + a_2^2 + a_3^2}$

- Wichtiger Sonderfall: $\vec{a} \cdot \vec{b} = 0 \;\Leftrightarrow\; \vec{a} \perp \vec{b}$ (senkrecht)

- Skalarprodukt gilt auch im $\mathbb{R}^2$ (und im $\mathbb{R}^n$).

© Springer Fachmedien Wiesbaden GmbH, ein Teil von Springer Nature 2020
L. Nasdala, *Mathematik 1 Beweisaufgaben*,
https://doi.org/10.1007/978-3-658-30160-6_13

2.4 Kreuzprodukt

Kreuzprodukt zweier Vektoren:

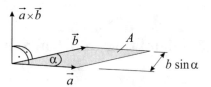

$$\vec{a} \times \vec{b} = \begin{pmatrix} a_1 \\ a_2 \\ a_3 \end{pmatrix} \times \begin{pmatrix} b_1 \\ b_2 \\ b_3 \end{pmatrix} = \begin{pmatrix} a_2b_3 - a_3b_2 \\ a_3b_1 - a_1b_3 \\ a_1b_2 - a_2b_1 \end{pmatrix} \quad (453)$$

Hinweise:

- Flächeninhalt des von $\vec{a}$ und $\vec{b}$ aufgespannten Parallelogramms:

$$A = |\vec{a} \times \vec{b}| = a\,b\sin\alpha \tag{454}$$

- Wichtiger Sonderfall: $\vec{a} \times \vec{b} = \vec{0} \Leftrightarrow \vec{a}$ und $\vec{b}$ sind linear abhängig (kollinear).
- Die Orientierung von $\vec{a} \times \vec{b} = -\vec{b} \times \vec{a}$ ergibt sich aus der Rechten-Hand-Regel.
- Kreuzprodukt gilt nur im $\mathbb{R}^3$.
- Andere Bezeichnung: Vektorprodukt

2.5 Orthogonale Basis

Aus zwei (unabhängigen) Vektoren $\vec{a}$ und $\vec{b}$ lässt sich ein kartesisches, rechtshändiges Koordinatensystem (rechtwinkliges Rechtssystem, orthogonale Basis) erzeugen:

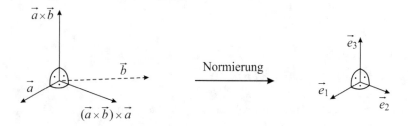

Einheitsvektoren:

$$\vec{e}_1 = \frac{\vec{a}}{|\vec{a}|} \tag{455}$$

$$\vec{e}_2 = \frac{(\vec{a} \times \vec{b}) \times \vec{a}}{|(\vec{a} \times \vec{b}) \times \vec{a}|} \tag{456}$$

$$\vec{e}_3 = \frac{\vec{a} \times \vec{b}}{|\vec{a} \times \vec{b}|} \tag{457}$$

3 Funktionen und Kurven

3.1 Funktion und Umkehrfunktion

Definition: Unter einer Funktion $f(x)$ versteht man eine Abbildung, die jedem x aus dem Definitionsbereich $\mathbb{D} \subset \mathbb{R}$ einen **eindeutigen** Wert $f \in \mathbb{R}$ zuweist (Gegenbeispiel: Kreis).

Ist $f(x)$ streng monoton steigend (oder fallend), so existiert eine Umkehrfunktion $f^{-1}(x)$.

3.2 Potenz- und Wurzelfunktionen

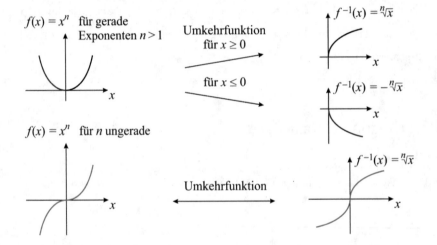

3.3 Ganzrationale Funktionen

Fundamentalsatz der Algebra: Eine Polynomfunktion der Ordnung n

$$f(x) = a_n x^n + a_{n-1} x^{n-1} + \ldots + a_1 x + a_0 \tag{458}$$

besitzt höchstens n Nullstellen $x_i \in \mathbb{R}$ bzw. genau n Nullstellen $x_i \in \mathbb{C}$.

3.4 Gebrochenrationale Funktionen

Quotient zweier Polynomfunktionen:

$$f(x) = \frac{g(x)}{h(x)} = \frac{a_n x^n + a_{n-1} x^{n-1} + \ldots + a_1 x + a_0}{b_m x^m + b_{m-1} x^{m-1} + \ldots + b_1 x + b_0} \tag{459}$$

Linearfaktorzerlegung liefert Nullstellen, Pole und (hebbare) Definitionslücken.

© Springer Fachmedien Wiesbaden GmbH, ein Teil von Springer Nature 2020
L. Nasdala, *Mathematik 1 Beweisaufgaben*,
https://doi.org/10.1007/978-3-658-30160-6_14

3.5 Trigonometrische und Arkusfunktionen

Sinus und Kosinus
im Einheitskreis:

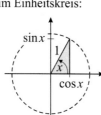

Grad- und Bogenmaß:

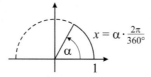

$$x = \alpha \cdot \frac{2\pi}{360°}$$

Wichtige Dreiecke:

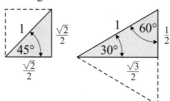

$\cos 0° =$	$1 \quad = \sin 90°$
$\cos 30° =$	$\dfrac{\sqrt{3}}{2} = \sin 60°$
$\cos 45° =$	$\dfrac{\sqrt{2}}{2} = \sin 45°$
$\cos 60° =$	$\dfrac{1}{2} = \sin 30°$
$\cos 90° =$	$0 \quad = \sin 0°$

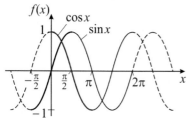

Umkehrfunktionen

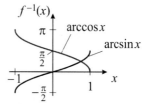

$$\cos(x) = \sin\left(x + \frac{\pi}{2}\right) \qquad \Leftrightarrow \qquad \arccos(x) = \frac{\pi}{2} - \arcsin(x) \qquad (460)$$

Allgemeine Sinus- und Kosinusfunktionen

$$f_s(x) = A \sin\left(\frac{2\pi}{p}(x - x_0)\right) , \qquad f_c(x) = A \cos\left(\frac{2\pi}{p}(x - x_0)\right) \qquad (461)$$

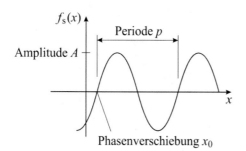

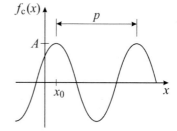

Trigonometrische Funktionen werden auch als Kreisfunktionen bezeichnet.

3.6 Exponential- und Logarithmusfunktionen

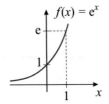

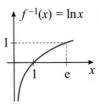

Umkehrfunktion

3.7 Logarithmische Darstellungen

Varianten:

- Eine Exponentialfunktion

$$y = c \cdot a^x \qquad (462)$$

  ergibt in (einfach-) logarithmischer Darstellung eine Gerade:

$$Y = \log(c) + \log(a) \cdot x \qquad (463)$$

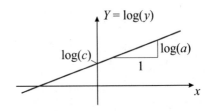

- Eine Potenzfunktion

$$y = c \cdot x^b \qquad (464)$$

  erscheint in doppelt-logarithmischer Darstellung als Gerade:

$$Y = \log(c) + b \cdot X \qquad (465)$$

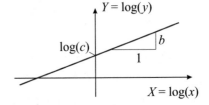

3.8 Polarkoordinaten

Betrag:

$$r = \sqrt{x^2 + y^2} \qquad (466)$$

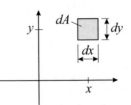

Winkel:

$$\varphi = \begin{cases} \arctan\left(\dfrac{y}{x}\right) \in (-90°, 90°) & \text{für} \quad x > 0 \\ 90° & \text{für} \quad x = 0 \wedge y > 0 \\ \arctan\left(\dfrac{y}{x}\right) + 180° \in (90°, 270°) & \text{für} \quad x < 0 \\ 270° & \text{für} \quad x = 0 \wedge y < 0 \end{cases}$$

$$(467)$$

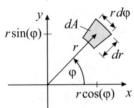

Infinitesimales Flächenelement: $dA = dx\,dy = r\,d\varphi\,dr$

4 Differentialrechnung

4.1 Ableitungen von Grundfunktionen

$$
\begin{array}{c|c|c|c|c|c|c|c|c}
f(x) = & c = \text{const.} & x^n \text{ mit } n \in \mathbb{R} & e^x & \ln x & \sin x & \cos x & \sinh x & \cosh x \\
\hline
f'(x) = & 0 & n \cdot x^{n-1} \ (\text{Potenzregel}) & e^x & \dfrac{1}{x} & \cos x & -\sin x & \cosh x & \sinh x
\end{array}
\tag{468}
$$

4.2 Ableitungsregeln für zusammengesetzte Funktionen

Faktorregel:
$$
f(x) = c \cdot g(x) \quad \Rightarrow \quad f'(x) = c \cdot g'(x) \tag{469}
$$

Summenregel:
$$
f(x) = g(x) + h(x) \quad \Rightarrow \quad f'(x) = g'(x) + h'(x) \tag{470}
$$

Produktregel:
$$
f(x) = g(x) \cdot h(x) \quad \Rightarrow \quad f'(x) = g'(x) \cdot h(x) + g(x) \cdot h'(x) \tag{471}
$$

Quotientenregel:
$$
f(x) = \frac{g(x)}{h(x)} \quad \Rightarrow \quad f'(x) = \frac{g'(x) \cdot h(x) - g(x) \cdot h'(x)}{h^2(x)} \quad \text{mit} \quad h(x) \neq 0 \tag{472}
$$

Kettenregel:
$$
f(x) = g\big(h(x)\big) \quad \Rightarrow \quad f'(x) = \frac{dg}{dh} \cdot \frac{dh}{dx} \tag{473}
$$

Die Ausdrücke dx, dg und dh werden als *Differentiale* bezeichnet.

4.3 Linearisierung einer Funktion

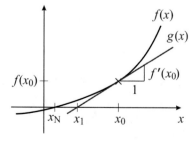

Tangente der Funktion $f(x)$ an der Stelle $x = x_0$:

$$
g(x) = f(x_0) + f'(x_0) \cdot (x - x_0) \tag{474}
$$

© Springer Fachmedien Wiesbaden GmbH, ein Teil von Springer Nature 2020
L. Nasdala, *Mathematik 1 Beweisaufgaben*,
https://doi.org/10.1007/978-3-658-30160-6_15

4.4 Newton-Verfahren

Numerisches Verfahren zur Lösung nichtlinearer Gleichungen:

- Gesucht: Nullstelle(n) x_N einer Funktion $f(x)$

- Iterationsvorschrift folgt aus Gleichung (474) mit x_i statt x_0 und x_{i+1} anstelle $x = x_1$:

$$x_{i+1} = x_i - \frac{f(x_i)}{f'(x_i)} \tag{475}$$

- Iterationsende: $|x_{i+1} - x_i| < \mathrm{err}_{\mathrm{tol}}$.

- Vorteil: Hervorragendes Konvergenzverhalten

- Nachteil: Bei ungeeignetem Startwert x_0 (in der Nähe einer Extremstelle) kann das Verfahren divergieren (Konvergenz nur in der Nähe der Lösung garantiert).

4.5 Kurvendiskussion

Hauptmerkmale einer (gebrochenrationalen) Funktion:

- Definitionsbereich (hebbare und nicht hebbare Definitionslücken)

- Wertebereich (ggf. erst nach Extremwertbestimmung möglich)

- Symmetrie:

    - Spiegelsymmetrie zur y-Achse (gerade Funktion):

$$f(x) = f(-x) \tag{476}$$

    - Punktsymmetrie zum Ursprung (ungerade Funktion):

$$f(x) = -f(-x) \tag{477}$$

    - Eher uninteressant: Symmetrien bezüglich einer beliebigen Achse bzw. eines beliebigen Punktes

- Ordinatenabschnitt (Schnittpunkt mit y-Achse)

- Nullstellen

- Polstellen

- Relative Extrempunkte:

    - Extremstelle x_E (aus 1. Ableitung)

    - Extremwert $f(x_E)$

- Wende- und Sattelpunkte (aus 2. Ableitung)

- Verhalten im Unendlichen (Grenzwertbestimmung ggf. mittels Polynomdivision)

Grafische Darstellung:

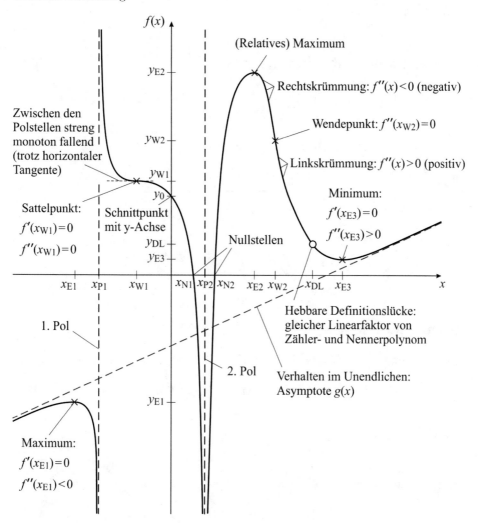

Weitere Merkmale einer Funktion:

- Periodizität: $f(x + p) = f(x)$ mit Periode p

- Stetigkeit

- Monotonie:

    - $f(x)$ steigt monoton, wenn für $x_1 < x_2$ gilt: $f(x_1) \leq f(x_2)$

    - $f(x)$ steigt streng monoton, wenn für $x_1 < x_2$ gilt: $f(x_1) < f(x_2)$

    - Analoger Nachweis für (streng) monoton fallende Funktionen

5 Integralrechnung

5.1 Fundamentalsatz der Analysis

Die Integration (lat. integrare: wiederherstellen) ist die Umkehrung der Differentiation:

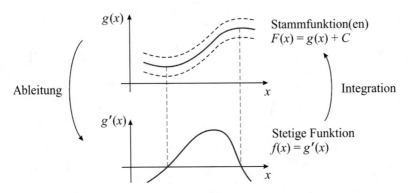

Bestimmte Integration

Das bestimmte Integral (a: untere Grenze, b: obere Grenze) ist eine Zahl (Flächeninhalt):

$$\int_a^b f(x)\ dx = \left[F(x)\right]_a^b = F(b) - F(a) \tag{478}$$

Unbestimmte Integration

Das unbestimmte Integral ist wie die Integrandfunktion $f(x)$ (kurz: der Integrand) eine Funktion der Integrationsvariablen x und besitzt eine Integrationskonstante $C \in \mathbb{R}$:

$$\int f(x)\ dx = F(x) \tag{479}$$

Einige Stammfunktionen können Abschnitt 4.1 entnommen werden:

- Die angegebenen Grundfunktionen (elementare Funktionen) sind Stammfunktionen der zugehörigen Ableitungen.

- In den meisten Fällen besitzen $g(x)$ und $g'(x)$ den gleichen Definitionsbereich: in der Regel $\mathbb{D} = \mathbb{R}$, z. B. für $\sin(x)$ und $\cos(x)$.

- Zu den Ausnahmen zählt der (natürliche) Logarithmus $g(x) = \ln(x)$, der im Gegensatz zur Ableitung $g'(x) = \frac{1}{x}$ nur für $x > 0$ definiert ist. Für $x \in \mathbb{R} \setminus \{0\}$ gilt:

$$\int \frac{1}{x}\ dx = \ln|x| + C \tag{480}$$

© Springer Fachmedien Wiesbaden GmbH, ein Teil von Springer Nature 2020
L. Nasdala, *Mathematik 1 Beweisaufgaben*,
https://doi.org/10.1007/978-3-658-30160-6_16

5.2 Partielle Integration

Integration der Produktregel $f'(x) = g'(x) \cdot h(x) + g(x) \cdot h'(x)$ mit $f(x) = g(x) \cdot h(x)$ liefert:

$$\int g'(x) \cdot h(x)\, dx = g(x) \cdot h(x) - \int g(x) \cdot h'(x)\, dx \qquad (481)$$

Partielle Integration für bestimmte Integrale:

$$\int_a^b g'(x) \cdot h(x)\, dx = \left[g(x) \cdot h(x)\right]_a^b - \int_a^b g(x) \cdot h'(x)\, dx \qquad (482)$$

5.3 Uneigentliche Integrale

Unbeschränkter Integrationsbereich

Problem: $\int\limits_a^\infty f(x)\, dx$, $\int\limits_{-\infty}^b f(x)\, dx$ oder $\int\limits_{-\infty}^\infty f(x)\, dx$ (unendliches Integrationsintervall)

Lösung (Grenzwertbetrachtung):

$$A = \int_a^\infty f(x)\, dx = \lim_{b \to \infty} \int_a^b f(x)\, dx \qquad (483)$$

Unbeschränkter Integrand

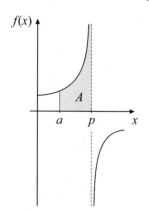

Problem: Polstelle p an der (rechten) Intervallgrenze

Lösung (linksseitiger Grenzwert):

$$A = \int_a^p f(x)\, dx = \lim_{\substack{b \to p \\ b \le p}} \int_a^b f(x)\, dx \qquad (484)$$

Varianten:

- Rechtsseitiger Grenzwert bei Polstelle an linker Grenze
- Aufteilung in zwei Bereiche bei Pol innerhalb des Intervalls (nicht-stetiger Integrand wie bei Sprungfunktion)

6 Potenzreihenentwicklungen

6.1 Endliche Reihen

Partialsumme:

$$S_m = \sum_{n=1}^{m} a_n = a_1 + a_2 + a_3 + \ldots + a_m \tag{485}$$

Arithmetische Reihe (kleiner Gauß):

$$\sum_{n=1}^{m} n = 1 + 2 + 3 + \ldots + m = \frac{m \cdot (m+1)}{2} \tag{486}$$

6.2 Unendliche Reihen

Summenwert:

$$S = \lim_{m \to \infty} S_m = \sum_{n=1}^{\infty} a_n = a_1 + a_2 + a_3 + \ldots \tag{487}$$

Geometrische Reihe (konvergent für $|x| < 1$):

$$\sum_{n=0}^{\infty} x^n = 1 + x^1 + x^2 + x^3 + \ldots \tag{488}$$

Harmonische Reihe (divergent):

$$\sum_{n=1}^{\infty} \frac{1}{n} = 1 + \frac{1}{2} + \frac{1}{3} + \frac{1}{4} + \ldots = \infty \tag{489}$$

Das allgemeine Reihenglied a_n mit dem Laufindex n wird als Bildungsgesetz bezeichnet. Bei Änderung des Startindex (z. B. von 1 auf 0) muss a_n entsprechend angepasst werden.

6.3 Taylorreihen

Annäherung einer Funktion $f(x)$ an der Stelle x_0 durch Taylorpolynome (Potenzreihe):

$$g(x) = \lim_{m \to \infty} T_m(x) \quad \text{mit} \quad T_m(x) = \sum_{n=0}^{m} c_n (x - x_0)^n \tag{490}$$

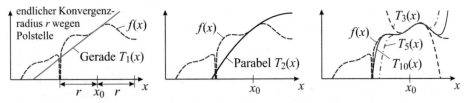

© Springer Fachmedien Wiesbaden GmbH, ein Teil von Springer Nature 2020
L. Nasdala, *Mathematik 1 Beweisaufgaben*,
https://doi.org/10.1007/978-3-658-30160-6_17

7 Komplexe Zahlen und Funktionen

7.1 Grundlagen

Gaußsche (komplexe) Zahlenebene:

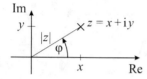

Imaginäre Einheit (aus $i^2 = -1$):

$$i = \sqrt{-1} \qquad (491)$$

Eulersche Formel:

$$e^{i\varphi} = \cos\varphi + i\sin\varphi \qquad (492)$$

7.2 Darstellung einer komplexen Zahl

Kartesische Darstellung und die beiden Varianten der Polardarstellung:

$$z = \underbrace{x + iy}_{\text{kartesische Form}} = \underbrace{|z|e^{i\varphi}}_{\text{Exponentialform}} = \underbrace{|z|(\cos\varphi + i\sin\varphi)}_{\text{trigonometrische Form}} \in \mathbb{C} \qquad (493)$$

Real- und Imaginärteil (kartesische Koordinaten):

$$x = \text{Re}(z) = |z|\cos\varphi, \quad y = \text{Im}(z) = |z|\sin\varphi \qquad (494)$$

Betrag und Winkel (Polarkoordinaten):

$$|z| = \sqrt{x^2 + y^2}, \quad \varphi = \begin{cases} \arctan\left(\dfrac{y}{x}\right) \in (-90°, 90°) & \text{für} \quad x > 0 \\[2mm] \text{sgn}(y) \cdot 90° & \text{für} \quad x = 0 \\[2mm] \arctan\left(\dfrac{y}{x}\right) + 180° \in (90°, 270°) & \text{für} \quad x < 0 \end{cases} \qquad (495)$$

7.3 Konjugiert komplexe Zahl

Spiegelung an der reellen Zahlenachse:

$$z^* = x - iy = |z|(\cos\varphi - i\sin\varphi) = |z|e^{-i\varphi} \qquad (496)$$

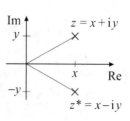

Produkt mit der komplex Konjugierten ist eine reelle Zahl:

$$z \cdot z^* = (x + iy) \cdot (x - iy) = x^2 + y^2 = |z|^2 \in \mathbb{R} \qquad (497)$$

Erweiterung mit konjugiert komplexem Nenner bei Division:

$$\frac{a + ib}{c + id} = \frac{a + ib}{c + id} \cdot \frac{c - id}{c - id} = \frac{ac + bd}{c^2 + d^2} + i\frac{bc - ad}{c^2 + d^2} \qquad (498)$$

© Springer Fachmedien Wiesbaden GmbH, ein Teil von Springer Nature 2020
L. Nasdala, *Mathematik 1 Beweisaufgaben*,
https://doi.org/10.1007/978-3-658-30160-6_18

7.4 Harmonische Schwingungen

Sinuszeiger

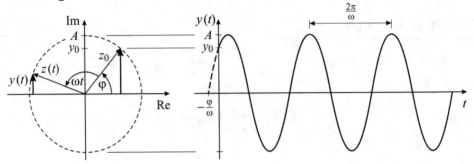

Kosinuszeiger

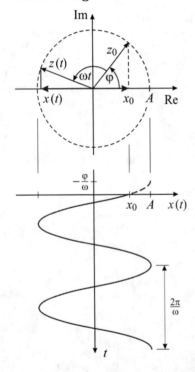

Komplexe Erweiterung

Varianten:

- Sinuszeiger

$$y(t) = A\sin(\omega t + \varphi)$$

als Imaginärteil:

$$z(t) = x(t) + \mathrm{i}y(t)$$
$$= A\big[\cos(\omega t + \varphi) + \mathrm{i}\sin(\omega t + \varphi)\big] \quad (499)$$
$$= A\mathrm{e}^{\mathrm{i}(\omega t + \varphi)}$$

- Kosinuszeiger

$$x(t) = A\cos(\omega t + \varphi)$$

als Realteil:

$$z(t) = x(t) + \mathrm{i}y(t)$$
$$= A\big[\cos(\omega t + \varphi) + \mathrm{i}\sin(\omega t + \varphi)\big] \quad (500)$$
$$= A\mathrm{e}^{\mathrm{i}(\omega t + \varphi)}$$

Mögliche Einsatzgebiete von komplexen Sinus- bzw. Kosinuszeigern $z(t)$:

- Technische Anwendungen der Schwingungslehre und Elektrotechnik
- Herleitung von Additionstheoremen
- Mehrfache partielle Integration

Teil III

Klausur-Formelsammlung

Einleitung

Außer der Klausur-Formelsammlung ist bei den Mathematik 1-Klausuren des Autors kein weiteres Hilfsmittel zugelassen. Am Rande sei erwähnt, dass insbesondere die Benutzung eines Taschenrechner nicht gestattet ist.

Die Formelsammlungen sind aufeinander abgestimmt und ergänzen sich gegenseitig. Zum Beispiel stehen die Ableitungen von Sinus und Kosinus in der Lern-Formelsammlung, müssen also den Studierenden bekannt sein, während sich die Ableitungen von Tangens und Kotangens der Klausur-Formelsammlung entnehmen lassen. Die Klausuren selbst setzen sich hauptsächlich aus Anwendungsaufgaben zusammen — auch wenn dieses Buch den gegenteiligen Eindruck vermitteln mag. Die Herleitungen des Quotienten- und Wurzelkriteriums oder gar die der binomischen Reihe sind nicht klausurrelevant, weil bereits deren Anwendung für viele Studierende eine Herausforderung darstellt.

Beim Thema Vektoralgebra lässt sich zeigen, dass Mathematik mehr ist als Einsetzen und Umformen. Zum Standard gehören Aufgaben, bei denen nach dem Abstand zwischen Punkten, Geraden und Ebenen gefragt ist. Obwohl für sämtliche Kombinationsmöglichkeiten Abstandsformeln existieren, sind diese weder in der Lern- noch in der Klausur-Formelsammlung aufgeführt. Von den Studierenden wird nämlich erwartet, dass sie die erforderlichen Gleichungen während der Prüfung selbstständig aufstellen können. Dass die Kenntnis von Skalar- und Kreuzprodukt hierfür ausreicht, wird im Rahmen der Vorlesung vorgeführt. Vom Auswendiglernen der Abstandsformeln wird sogar ausdrücklich abgeraten, und zwar mit dem Hinweis, dass ein Ergebnis ohne nachvollziehbaren Rechenweg nicht gewertet werden kann. Um die Herleitung zu erleichtern, findet sich in der Klausur-Formelsammlung eine Skizze zur Veranschaulichung des Abstandsvektors. Dieser lässt sich unter anderem entnehmen, dass man für die Abstandsermittlung zweier Geraden lediglich das Volumen des zugehörigen Parallelepipeds durch die Grundfläche teilen muss.

Auch an anderen Stellen müssen Transferleistungen erbracht werden: Bei den Kegelschnitten sind Parabel und Hyperbel nach rechts bzw. nach links und rechts geöffnet, und bei den Anwendungen der Integralrechnung dreht der Rotationskörper exemplarisch um die x-Achse. Bei geänderten Bezugsachsen müssen die Formeln folglich entsprechend modifiziert werden.

Abschließend sei noch darauf hingewiesen, dass nicht alle Gleichungen der Lern- und Klausur-Formelsammlung (Teile II und III) in die Beweisaufgabensammlung (Teil I) aufgenommen worden sind. Im Falle von Definitionen, z. B. $\tanh x = \frac{\sinh x}{\cosh x}$, gibt es nichts zu beweisen. Bei der Bogenlänge oder der komplexen Logarithmusfunktion ist die erläuternde Skizze Beweis genug, und auch andere Gleichungen wie die binomischen Formeln dürften selbsterklärend sein.

1 Allgemeine Grundlagen

1.1 Allgemeine binomische Formeln

Binomischer Lehrsatz

$$(a+b)^n = \sum_{k=0}^{n} \binom{n}{k} a^{n-k} b^k \quad \text{mit} \quad n \in \mathbb{N} \tag{501}$$

Binomialkoeffizienten (n über k):

$$\binom{n}{k} = \frac{n!}{(n-k)! \cdot k!} \quad \text{für} \quad 0 \le k \le n \tag{502}$$

Rekursive Berechnung der Binomialkoeffizienten mittels Pascalschem Dreieck:

$$
\begin{array}{lccccccccc}
n = 0: & & & & & 1 & & & & \\
n = 1: & & & & 1 & & 1 & & & \\
n = 2: & & & 1 & \searrow +\swarrow & 2 & & 1 & & \\
n = 3: & & 1 & & 3 & & 3 & & 1 & \\
n = 4: & 1 & & 4 & & 6 & & 4 & & 1
\end{array}
\qquad
\begin{aligned}
& \binom{n+1}{k} = \binom{n}{k-1} + \binom{n}{k} \\[2mm]
& \Rightarrow \quad \binom{3}{0} = 1, \ \binom{3}{1} = 3, \dots
\end{aligned}
\tag{503}
$$

Binomische Reihe

Verallgemeinerung des binomischen Lehrsatzes liefert die binomische Reihe:

$$(a+b)^r = \sum_{k=0}^{\infty} \binom{r}{k} a^{r-k} b^k \quad \text{mit} \quad r \in \mathbb{R} \tag{504}$$

Verallgemeinerte Binomialkoeffizienten:

$$\binom{r}{k} = \prod_{j=1}^{k} \frac{r - (j-1)}{j} = \frac{r \cdot [r-1] \cdot [r-2] \cdot \ldots \cdot [r-(k-1)]}{k!} \ , \quad \binom{r}{0} = 1 \tag{505}$$

1.2 Transzendente Zahlen

Eulersche Zahl:

$$e = 2{,}718281828459045 \dots \tag{506}$$

Kreiszahl:

$$\pi = 3{,}141592653589793 \dots \tag{507}$$

Im Gegensatz zu *algebraischen Zahlen* (z. B. $\sqrt{2}$; aus $x^2 - 2 = 0$) lassen sich *transzendente Zahlen* nicht aus einer algebraischen Gleichung $c_n x^n + \ldots + c_2 x^2 + c_1 x + c_0 = 0$ berechnen. Weitere transzendente Zahlen: $\cos(1)$, $2^{\sqrt{2}}$, $\ln(3)$.

© Springer Fachmedien Wiesbaden GmbH, ein Teil von Springer Nature 2020
L. Nasdala, *Mathematik 1 Beweisaufgaben*,
https://doi.org/10.1007/978-3-658-30160-6_19

2 Vektoralgebra

2.1 Kosinussatz

Verallgemeinerter Kosinussatz:

$$|\vec{a} - \vec{b}|^2 = |\vec{a}|^2 + |\vec{b}|^2 - 2\,|\vec{a}|\,|\vec{b}|\,\cos\gamma \qquad (508)$$

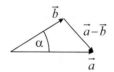

2.2 Spatprodukt

Spatprodukt dreier Vektoren:

$$\langle \vec{a}, \vec{b}, \vec{c} \rangle = \det\left(\vec{a}, \vec{b}, \vec{c}\right)$$

$$= \begin{vmatrix} a_1 & b_1 & c_1 \\ a_2 & b_2 & c_2 \\ a_3 & b_3 & c_3 \end{vmatrix} = \vec{a} \cdot \left(\vec{b} \times \vec{c}\right) \qquad (509)$$

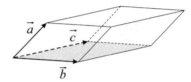

Hinweise:

- Spatprodukt liefert (orientiertes) Volumen des aufgespannten Parallelepipeds.
- Ergebnis kann auch negativ sein (Selbstdurchdringung bei Finiten Elementen).
- Zyklische Vertauschung ist möglich: $\vec{a} \cdot \left(\vec{b} \times \vec{c}\right) = \vec{b} \cdot \left(\vec{c} \times \vec{a}\right) = \vec{c} \cdot \left(\vec{a} \times \vec{b}\right)$

2.3 Abstandsvektoren

Veranschaulichung des Abstandsvektors $\vec{d}$ zwischen einem Punkt P und einer Geraden g sowie zwischen zwei Geraden g_1 und g_2:

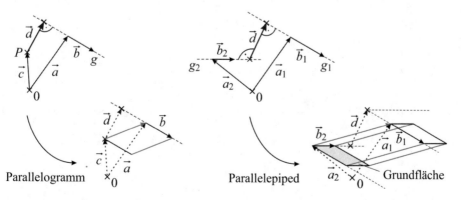

Parallelogramm   Parallelepiped   Grundfläche

© Springer Fachmedien Wiesbaden GmbH, ein Teil von Springer Nature 2020
L. Nasdala, *Mathematik 1 Beweisaufgaben*,
https://doi.org/10.1007/978-3-658-30160-6_20

3 Funktionen und Kurven

3.1 Satz des Pythagoras

Trigonometrischer Pythagoras (Einheitskreis für $x = \cos z$ und $y = \sin z$):

$$\cos^2 z + \sin^2 z = 1 \tag{510}$$

Hyperbolischer Pythagoras (Einheitshyperbel für $x = \cosh z$ und $y = \sinh z$):

$$\cosh^2 z - \sinh^2 z = 1 \tag{511}$$

3.2 Tangens und Arkustangens

$$\tan x = \frac{\sin x}{\cos x} \tag{512}$$

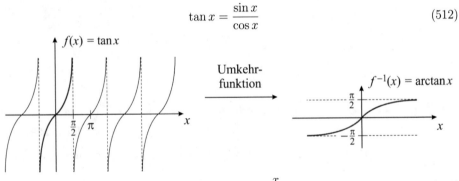

$$\arctan(x) = \arcsin \frac{x}{\sqrt{1 + x^2}} \tag{513}$$

3.3 Kotangens und Arkuskotangens

$$\cot x = \frac{\cos x}{\sin x} \tag{514}$$

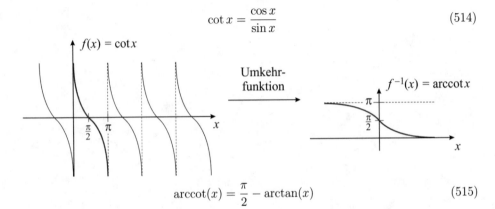

$$\operatorname{arccot}(x) = \frac{\pi}{2} - \arctan(x) \tag{515}$$

© Springer Fachmedien Wiesbaden GmbH, ein Teil von Springer Nature 2020
L. Nasdala, *Mathematik 1 Beweisaufgaben*,
https://doi.org/10.1007/978-3-658-30160-6_21

3.4 Kegelschnitte

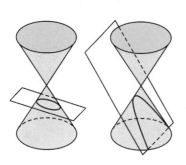
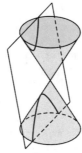

Allgemeine Kegelschnittgleichung:

$$Ax^2 + Bxy + Cy^2 + Dx + Ey + F = 0 \tag{516}$$

Sechs Fälle beim Doppelkegel:

Ellipse, Parabel, Hyperbel, Punkt, Gerade, 2 sich schneidende Geraden

Zwei Fälle beim Zylinder:

keine Lösung, 2 parallele Geraden

Ellipse

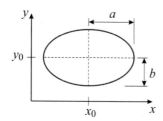

Ellipse mit Mittelpunkt (x_0, y_0) und Halbachsen a und b:

$$\left(\frac{x - x_0}{a}\right)^2 + \left(\frac{y - y_0}{b}\right)^2 = 1 \tag{517}$$

Kreis als Sonderfall mit Radius $r = a = b$:

$$(x - x_0)^2 + (y - y_0)^2 = r^2$$

Parabel

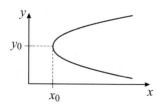

Nach rechts geöffnete Parabel mit Scheitelpunkt (x_0, y_0) und Streckfaktor c:

$$x = c(y - y_0)^2 + x_0 \tag{518}$$

Scheitelpunktsform in expliziter Darstellung $x = f(y)$

Hyperbel

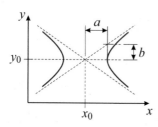

Hyperbel mit Mittelpunkt (x_0, y_0):

$$\left(\frac{x - x_0}{a}\right)^2 - \left(\frac{y - y_0}{b}\right)^2 = 1 \tag{519}$$

Steigung der Asymptoten: $\pm\dfrac{b}{a}$

3.5 Hyperbel- und Areafunktionen

Sinus Hyperbolicus und Kosinus Hyperbolicus:

$$\sinh(x) = \frac{1}{2}\left(e^x - e^{-x}\right) \ , \quad \cosh(x) = \frac{1}{2}\left(e^x + e^{-x}\right) \tag{520}$$

Areasinus Hyperbolicus und Areakosinus Hyperbolicus:

$$\operatorname{arsinh}(x) = \ln\left(x + \sqrt{x^2 + 1}\right) \ , \quad \operatorname{arcosh}(x) = \ln\left(x + \sqrt{x^2 - 1}\right) \tag{521}$$

Tangens Hyperbolicus und Kotangens Hyperbolicus:

$$\tanh(x) = \frac{\sinh(x)}{\cosh(x)} \ , \quad \coth(x) = \frac{\cosh(x)}{\sinh(x)} \tag{522}$$

Areatangens Hyperbolicus und Areakotangens Hyperbolicus:

$$\operatorname{artanh}(x) = \frac{1}{2}\ln\left(\frac{1+x}{1-x}\right) \ , \quad \operatorname{arcoth}(x) = \frac{1}{2}\ln\left(\frac{1+x}{x-1}\right) \tag{523}$$

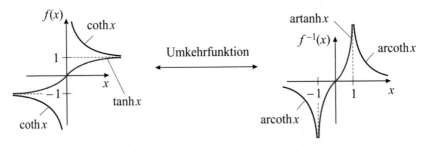

3.6 Additionstheoreme

$$\sin(x \pm y) = \sin x \ \cos y \pm \cos x \ \sin y \tag{524}$$

$$\cos(x \pm y) = \cos x \ \cos y \mp \sin x \ \sin y \tag{525}$$

$$\tan(x \pm y) = \frac{\tan x \pm \tan y}{1 \mp \tan x \ \tan y} \tag{526}$$

4 Differentialrechnung

4.1 Ableitungen von Grundfunktionen

$$
\begin{array}{c|c|c}
f(x) = & a^x & \log_a |x| \\
f'(x) = & \ln(a) \cdot a^x & \dfrac{1}{\ln(a) \cdot x}
\end{array}
$$

$$
\begin{array}{c|c|c|c|c|c|c}
f(x) = & \tan x & \cot x & \arcsin x & \arccos x & \arctan x & \text{arccot}\, x \\
f'(x) = & \dfrac{1}{\cos^2 x} & -\dfrac{1}{\sin^2 x} & \dfrac{1}{\sqrt{1-x^2}} & -\dfrac{1}{\sqrt{1-x^2}} & \dfrac{1}{1+x^2} & -\dfrac{1}{1+x^2}
\end{array}
\tag{527}
$$

$$
\begin{array}{c|c|c|c|c|c|c}
f(x) = & \tanh x & \coth x & \text{arsinh}\, x & \text{arcosh}\, x & \text{artanh}\, x & \text{arcoth}\, x \\
f'(x) = & \dfrac{1}{\cosh^2 x} & -\dfrac{1}{\sinh^2 x} & \dfrac{1}{\sqrt{x^2+1}} & \dfrac{1}{\sqrt{x^2-1}} & \dfrac{1}{1-x^2} & \dfrac{1}{1-x^2}
\end{array}
$$

In folgenden Fällen erfordert die Umkehrung (Integration) eine Fallunterscheidung:

$$
\int \frac{1}{\sqrt{x^2-1}}\, dx = \begin{cases} -\text{arcosh}\,(-x) + C & \text{für } x < -1 \\ +\text{arcosh}\,(+x) + C & \text{für } x > +1 \end{cases}
\tag{528}
$$

$$
\int \frac{1}{1-x^2}\, dx = \begin{cases} \text{artanh}\, x + C & \text{für } |x| < 1 \\ \text{arcoth}\, x + C & \text{für } |x| > 1 \end{cases}
\tag{529}
$$

4.2 Logarithmische Ableitung

Ziel: Ableitung von Funktionen $y = f(x) > 0$, die nicht direkt differenzierbar sind.

Allgemeiner Ansatz

1. Logarithmieren: $\ln(y) = \ln\big(f(x)\big)$

2. Differentiation mittels Kettenregel $[\ln(y)]' = \frac{1}{y} \cdot y'$ liefert:

$$
y' = f(x) \cdot \Big[\ln\big(f(x)\big) \Big]'
\tag{530}
$$

Wichtiger Sonderfall

Ableitung von Funktionen des Typs $f(x) = g(x)^{h(x)}$ mit $g(x) > 0$:

$$
f'(x) = f(x) \cdot \frac{d\big[h(x) \cdot \ln\big(g(x)\big) \big]}{dx}
\tag{531}
$$

© Springer Fachmedien Wiesbaden GmbH, ein Teil von Springer Nature 2020
L. Nasdala, *Mathematik 1 Beweisaufgaben*,
https://doi.org/10.1007/978-3-658-30160-6_22

4.3 Ableitung mittels Umkehrfunktion

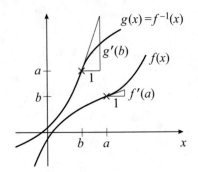

Ableitung (Steigung) an der Stelle $x = a$:

$$f'(a) = \frac{1}{g'(b)} \quad \text{mit} \quad b = f(a) \qquad (532)$$

Anschließend ersetze man a durch x.

4.4 Implizite Differentiation

Ziel: Ableitung einer in impliziter Form $F(x,y) = 0$ gegebenen Funktion $y = y(x)$:

1. Ableitung der Funktionsgleichung $F(x,y) = 0$ nach x

2. Auflösung nach $y' = \dfrac{dy}{dx}$

4.5 Ableitung einer in Parameterform gegebenen Funktion

Ableitung einer Funktion $y = y(x)$, wenn $y = y(t)$ und $x = x(t)$ nur indirekt über einen Parameter t (z. B. die Zeit oder ein Winkel) miteinander verknüpft sind:

$$y' = \frac{dy}{dx} = \frac{\dot{y}}{\dot{x}} \quad \text{mit} \quad \dot{y} = \frac{dy}{dt}, \quad \dot{x} = \frac{dx}{dt} \qquad (533)$$

4.6 Regel von L'Hospital

Grenzwertbestimmung einer Funktion im Fall eines unbestimmten Ausdrucks $\frac{0}{0}$ (oder $\frac{\infty}{\infty}$):

$$\lim_{x \to x_0} \frac{f(x)}{g(x)} \overset{\text{„}\frac{0}{0}\text{“}}{=} \lim_{x \to x_0} \frac{f'(x)}{g'(x)} \qquad (534)$$

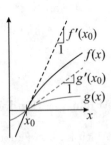

- Unbestimmte Ausdrücke vom Typ 0^0, ∞^0, 1^∞, $\infty - \infty$ und $0 \cdot \infty$ müssen zunächst entsprechend umgeformt werden.

- Gegebenenfalls mehrfach anwenden.

5 Integralrechnung

5.1 Integration durch Partialbruchzerlegung

Integration einer gebrochenrationalen Funktion $f(x) = \dfrac{Z(x)}{N(x)}$:

1. Polynomdivision, falls Polynomordnung $\mathcal{O}(Z) \geq \mathcal{O}(N)$:

    $\Rightarrow f(x) = g(x) + r(x)$

    $g(x)$: ganzrationaler Anteil (Asymptote bei Kurvendiskussion)

    $r(x) = \dfrac{z(x)}{N(x)}$ mit $\mathcal{O}(z) < \mathcal{O}(N)$: echt gebrochenrationale Funktion (Rest)

2. Bestimmung der Nenner-Nullstellen x_n (konjugiert komplex $x_{1,2}$, falls $\frac{p^2}{4} - q < 0$)

3. Ansatz für Teilbrüche (Partialbrüche):

    a) einfache Nullstelle: $\dfrac{a_1}{x - x_n}$

    b) doppelte Nullstelle: $\dfrac{a_1}{x - x_n} + \dfrac{a_2}{(x - x_n)^2}$

    c) k-fache Nullstelle: $\dfrac{a_1}{x - x_n} + \dfrac{a_2}{(x - x_n)^2} + \ldots + \dfrac{a_k}{(x - x_n)^k}$

    d) konjugiert komplexe Nullstelle: $\dfrac{b_1 x + c_1}{(x - x_1)(x - x_2)} = \dfrac{b_1 x + c_1}{x^2 + px + q}$

    e) k-fache konjugiert komplexe Nullstelle: $\dfrac{b_1 x + c_1}{x^2 + px + q} + \ldots + \dfrac{b_k x + c_k}{(x^2 + px + q)^k}$

4. Ermittlung der unbekannten Konstanten a_1, a_2, ..., b_1, c_1, ...:

    a) Darstellung von $f(x)$ bzw. $r(x)$ als Summe aller Teilbrüche

    b) Erweiterung der Teilbrüche auf gemeinsamen Hauptnenner

    c) Einsetzmethode oder Koeffizientenvergleich (Lösung eines LGS)

    Eine dritte Möglichkeit ist die Zuhaltemethode (Grenzwertmethode): sehr effizient (keine Erweiterung auf Hauptnenner), aber nur für einfache Nullstellen geeignet.

5. Integration der Teilbrüche und ggf. von $g(x)$

© Springer Fachmedien Wiesbaden GmbH, ein Teil von Springer Nature 2020
L. Nasdala, *Mathematik 1 Beweisaufgaben*,
https://doi.org/10.1007/978-3-658-30160-6_23

5.2 Integration durch Substitution

Allgemeiner Lösungsansatz:

1. Substitution (Austausch) der Integrationsvariablen x durch $u = u(x)$

2. Ableitung der Hilfsfunktion u:

$$u'(x) = \frac{du}{dx} \quad \Rightarrow \quad dx = \frac{du}{u'(x)}$$

Bei $x = x(u)$ Ableitung nach der Hilfsfunktion:

$$dx = \frac{dx}{du}\, du$$

3. Integration:

$$\int f(x)\, dx = \int h(u)\, du \qquad (535)$$

4. Rücksubstitution der Integrationsvariablen

Hinweise:

- Die Kunst besteht darin, $u(x)$ so zu wählen, dass sich alle (verbleibenden) Terme mit x herauskürzen (Integration nur möglich, wenn $h(u)$ unabhängig von x).

- Bei bestimmter Integration (mit substituierten Grenzen)

$$\int_a^b f(x)\, dx = \int_{u(a)}^{u(b)} h(u)\, du \qquad (536)$$

ist die Rücksubstitution obsolet.

Spezielle Lösungsansätze:

	(A)	(B)	(C)	(D)	(E)	
$f(x) =$	$g(ax+b)$	$u(x)\cdot u'(x)$	$\dfrac{u'(x)}{u(x)}$	$g\big(u(x)\big)\cdot u'(x)$	$g(\mathrm{e}^x, \sinh x, \ldots)$	(537)
$u =$	$ax+b$	$u(x)$	$u(x)$	$u(x)$	e^x	

	(F)	(G)	(H)	
$f(x) =$	$g\left(x, \sqrt{a^2 - x^2}\right)$	$g\left(x, \sqrt{x^2 + a^2}\right)$	$g\left(x, \sqrt{x^2 - a^2}\right)$	(538)
$x =$	$a\sin(u)$ mit $u \in \left[-\dfrac{\pi}{2}, \dfrac{\pi}{2}\right]$	$a\sinh(u)$	$a\cosh(u)$ mit $u \geq 0$	

5.3 Numerische Integration

Trapezregel

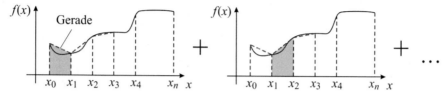

Näherungslösung:

$$\int_{x_0}^{x_n} f(x)\, dx \approx \frac{f(x_0) + f(x_1)}{2}(x_1 - x_0) + \frac{f(x_1) + f(x_2)}{2}(x_2 - x_1) + \dots \qquad (539)$$

Bei äquidistanter Verteilung der Stützstellen $\Delta x = x_1 - x_0 = x_2 - x_1 = \dots$ erhält man:

$$\int_{x_0}^{x_n} f(x)\, dx \approx \frac{x_n - x_0}{n}\left[\frac{f(x_0) + f(x_n)}{2} + \sum_{i=1}^{n-1} f(x_i)\right] \qquad (540)$$

Simpsonregel

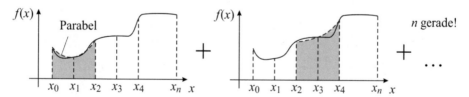

n gerade!

Näherungslösung:

$$\int_{x_0}^{x_n} f(x)\, dx \approx \frac{f(x_0) + 4f(x_1) + f(x_2)}{6}(x_2 - x_0) + \frac{f(x_2) + 4f(x_3) + f(x_4)}{6}(x_4 - x_2) + \dots$$
$$(541)$$

Äquidistante Verteilung der Stützstellen:

$$\int_{x_0}^{x_n} f(x)\, dx \approx \frac{x_n - x_0}{n}\left[\frac{f(x_0) + f(x_n)}{3} + \frac{4}{3}\sum_{i=1}^{n/2} f(x_{2i-1}) + \frac{2}{3}\sum_{i=1}^{n/2-1} f(x_{2i})\right] \qquad (542)$$

Aufgrund des quadratischen Ansatzes liefert die Simpsonregel bei gleichem numerischen Aufwand eine deutlich bessere Ergebnisqualität als die Trapezregel.

5.4 Anwendungen

Flächeninhalt

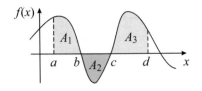

Beispiel für Flächenaufteilung:

$$A = A_1 + A_2 + A_3$$

$$= \int_a^b f(x)\, dx - \int_b^c f(x)\, dx + \int_c^d f(x)\, dx$$

$$(543)$$

Bogenlänge

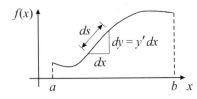

Anwendung des Pythagoras liefert die Bogenlänge:

$$S = \int_{s_a}^{s_b} ds = \int_a^b \sqrt{1 + \left[f'(x)\right]^2}\, dx \qquad (544)$$

Mantelfläche und Volumen eines Rotationskörpers

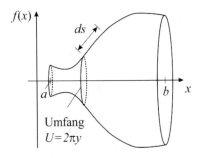

Mantelfläche:

$$M = \int_{s_a}^{s_b} 2\pi y\, ds = 2\pi \int_a^b f(x)\sqrt{1 + \left[f'(x)\right]^2}\, dx$$

$$(545)$$

Volumen:

$$V = \pi \int_a^b \left[f(x)\right]^2 dx \qquad (546)$$

Volumen, Schwerpunkt und Massenträgheitsmoment

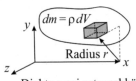

Dichte ρ sei ortsunabhängig
(homogener Körper)

Schwerpunkt in x-Richtung:

$$x_\mathrm{S} = \frac{1}{V} \iiint_V x\, dV \quad \text{mit} \quad V = \iiint_V dV \quad (547)$$

Massenträgheitsmoment um die x-Achse:

$$J_x = \iiint_m r^2\, dm = \rho \iiint_V y^2 + z^2\, dV \qquad (548)$$

6 Potenzreihenentwicklungen

6.1 Konvergenzkriterien

Eine unendliche Reihe $\sum\limits_{n=1}^{\infty} a_n$ konvergiert genau dann, wenn der Summenwert S existiert.

Wichtige konvergente Reihen:

$$\sum_{n=0}^{\infty} \frac{1}{n!} = 1 + \frac{1}{1!} + \frac{1}{2!} + \frac{1}{3!} + \ldots = \mathrm{e} \tag{549}$$

$$\sum_{n=1}^{\infty} \frac{1}{n^2} = \frac{1}{1^2} + \frac{1}{2^2} + \frac{1}{3^2} + \frac{1}{4^2} + \ldots = \frac{\pi^2}{6} \tag{550}$$

Wichtige Grenzwerte (von Folgen für $n \in \mathbb{N}$ bzw. von Funktionen für $n \in \mathbb{R}$):

$$\lim_{n \to \infty} \left(1 + \frac{1}{n}\right)^n = \mathrm{e} \tag{551}$$

$$\lim_{n \to \infty} \sqrt[n]{n} = 1 \tag{552}$$

Quotientenkriterium

$$\lim_{n \to \infty} \left|\frac{a_{n+1}}{a_n}\right| = q \begin{cases} < 1 & : \quad \text{Reihe konvergiert} \\ > 1 & : \quad \text{Reihe divergiert} \end{cases} \tag{553}$$

Wurzelkriterium

$$\lim_{n \to \infty} \sqrt[n]{|a_n|} = w \begin{cases} < 1 & : \quad \text{Reihe konvergiert} \\ > 1 & : \quad \text{Reihe divergiert} \end{cases} \tag{554}$$

Vergleichskriterien

Konvergente/divergente Vergleichsreihe: $\sum\limits_{n=1}^{\infty} b_n$

- **Majorantenkriterium** für $\sum\limits_{n=1}^{\infty} a_n$ bzw. $\left|\sum\limits_{n=1}^{\infty} a_n\right| \leq \sum\limits_{n=1}^{\infty} |a_n|$ (Beweis der Konvergenz):

$$|a_n| \leq b_n \quad \text{für alle } n \tag{555}$$

- **Minorantenkriterium** (Beweis der Divergenz):

$$a_n \geq b_n \geq 0 \quad \text{für alle } n \tag{556}$$

© Springer Fachmedien Wiesbaden GmbH, ein Teil von Springer Nature 2020
L. Nasdala, *Mathematik 1 Beweisaufgaben*,
https://doi.org/10.1007/978-3-658-30160-6_24

Notwendiges Konvergenzkriterium

Die Nullfolge ist ein notwendiges, aber nicht hinreichendes Konvergenzkriterium:

$$\lim_{n \to \infty} a_n = 0 \tag{557}$$

Hauptanwendung: Beweis der Divergenz

Leibniz-Kriterium

Anwendbar auf alternierende Reihe $\sum\limits_{n=0}^{\infty} (-1)^n \cdot a_n = a_0 - a_1 + a_2 \mp \ldots$ mit $a_n \geq 0$:

$$\lim_{n \to \infty} a_n = 0 \quad \wedge \quad a_{n+1} \leq a_n \quad \text{für alle } n \tag{558}$$

Es lässt sich (lediglich) **bedingte Konvergenz** nachweisen, d. h. das Kommutativgesetz ist nicht gültig. Bei einer absolut konvergenten Reihe besitzt auch $\sum\limits_{n=0}^{\infty} a_n$ bzw. $\sum\limits_{n=0}^{\infty} |a_n|$ einen Summenwert (Nachweis z. B. mit Quotientenkriterium; Kommutativgesetz gültig).

6.2 Potenzreihen

$$\sum_{n=0}^{\infty} c_n x^n = c_0 + c_1 x^1 + c_2 x^2 + c_3 x^3 + \ldots \tag{559}$$

Konvergenzbereich

Menge aller Zahlen x, für die die Potenzreihe konvergiert.

Konvergenzradius

Konvergenzradius aus Quotientenkriterium:

$$r = \lim_{n \to \infty} \left| \frac{c_n}{c_{n+1}} \right| \tag{560}$$

Konvergenzradius aus Wurzelkriterium:

$$r = \lim_{n \to \infty} \frac{1}{\sqrt[n]{|c_n|}} \tag{561}$$

- Konvergenz für $|x| < r$
- Divergenz für $|x| > r$
- Weitere Untersuchungen erforderlich für $|x| = r$

6.3 Taylorreihen

Entwicklung einer Funktion $f(x)$ an der Stelle x_0 (Entwicklungspunkt) in eine Taylorreihe:

$$g(x) = \sum_{n=0}^{\infty} \frac{f^{(n)}(x_0)}{n!}(x - x_0)^n$$

$$= f(x_0) + \frac{f'(x_0)}{1!}(x - x_0)^1 + \frac{f''(x_0)}{2!}(x - x_0)^2 + \frac{f'''(x_0)}{3!}(x - x_0)^3 + \ldots$$

(562)

Mac Laurinsche Reihe als Sonderfall für $x_0 = 0$:

$$g(x) = \sum_{n=0}^{\infty} \frac{f^{(n)}(0)}{n!}x^n = f(0) + \frac{f'(0)}{1!}x^1 + \frac{f''(0)}{2!}x^2 + \frac{f'''(0)}{3!}x^3 + \ldots \qquad (563)$$

Bei Funktionen vom Typ $f(x) = x^i b(x)$ kann die Potenzfunktion x^i abgespalten werden.

6.4 Grenzwertsätze

Wenn die Grenzwerte $\lim\limits_{x \to x_0} f(x)$ und $\lim\limits_{x \to x_0} g(x)$ existieren, gilt:

$$\lim_{x \to x_0} cf(x) = c \lim_{x \to x_0} f(x) \tag{564}$$

$$\lim_{x \to x_0} \left[f(x) \right]^c = \left[\lim_{x \to x_0} f(x) \right]^c \tag{565}$$

$$\lim_{x \to x_0} c^{f(x)} = c^{\lim\limits_{x \to x_0} f(x)} \tag{566}$$

$$\lim_{x \to x_0} \left[f(x) \pm g(x) \right] = \lim_{x \to x_0} f(x) \pm \lim_{x \to x_0} g(x) \tag{567}$$

$$\lim_{x \to x_0} \left[f(x) \cdot g(x) \right] = \lim_{x \to x_0} f(x) \cdot \lim_{x \to x_0} g(x) \tag{568}$$

$$\lim_{x \to x_0} \frac{f(x)}{g(x)} = \frac{\lim\limits_{x \to x_0} f(x)}{\lim\limits_{x \to x_0} g(x)} \quad \text{für} \quad \lim_{x \to x_0} g(x) \neq 0 \tag{569}$$

Hinweise:

- Der Grenzwert einer Funktion existiert, wenn links- und rechtsseitiger Grenzwert gleich sind (relevant für endliche x_0): $\lim\limits_{x \to x_0} f(x) = \lim\limits_{\substack{x \to x_0 \\ x \leq x_0}} f(x) = \lim\limits_{\substack{x \to x_0 \\ x \geq x_0}} f(x)$

- Die Grenzwertsätze gelten auch für $x \to \infty$.

- Grenzwerte dürfen unendlich sein (bestimmte Divergenz, uneigentlicher Grenzwert $\lim\limits_{x \to x_0} f(x) = \infty$); ggf. ist die Regel von L'Hospital anzuwenden.

- Die Grenzwertsätze gelten sinngemäß auch für Folgen (a_n) und (b_n); im Gegensatz zu (differenzierbaren) Funktionen müssen diese konvergent sein (endliche Grenzwerte).

- Konstante $c = \text{const.}$

7 Komplexe Zahlen und Funktionen

7.1 Hauptwert einer komplexen Zahl

Der Winkel (Phase) einer komplexen Zahl ist wegen der Periodizität

$$z = z \cdot 1 = z \cdot e^{ik \cdot 360°} \quad \text{mit} \quad k \in \mathbb{Z} \tag{570}$$

mehrdeutig. Aus Gründen der Einfachheit wird nur der Hauptwert angegeben, z. B.:

$$z = |z| e^{i\varphi} \quad \text{mit} \quad \varphi \in [-90°, 270°) \tag{571}$$

Folge: Rechenoperationen Radizieren und Logarithmieren liefern mehrdeutige Lösungen; im Gegensatz zur Addition, Subtraktion, Multiplikation, Division und dem Potenzieren.

7.2 Wurzelziehen

Mit (570) folgt für die Lösungsmenge einer n-ten Wurzel:

$$\sqrt[n]{z} = z^{\frac{1}{n}} = \sqrt[n]{|z|} \, e^{i \frac{\varphi + k \cdot 2\pi}{n}} \quad \text{mit} \quad k = 0, 1, 2, \ldots, n-1 \tag{572}$$

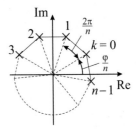

Es existieren n unterschiedliche Lösungen, die sich als regelmäßiges n-Eck darstellen lassen.

7.3 Logarithmus

Natürlicher Logarithmus:

$$\ln z = \ln\left(|z| e^{i(\varphi + k \cdot 2\pi)}\right) = \underbrace{\ln|z| + i\varphi}_{= \operatorname{Ln} z \ \text{(Hauptwert)}} + ik \cdot 2\pi \quad \text{mit} \quad k \in \mathbb{Z} \tag{573}$$

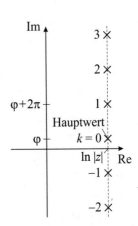

Hinweise:

- Die komplexe Logarithmusfunktion lässt sich auf jede Zahl $z \neq 0$ anwenden, also auch auf eine negative reelle.

- Die (unendlich vielen) Lösungen befinden sich auf einer Geraden, die parallel zur imaginären Achse verläuft.

- Der Winkel ist im Bogenmaß anzugeben, damit Real- und Imaginärteil die gleiche Einheit besitzen.

© Springer Fachmedien Wiesbaden GmbH, ein Teil von Springer Nature 2020
L. Nasdala, *Mathematik 1 Beweisaufgaben*,
https://doi.org/10.1007/978-3-658-30160-6_25

7.4 Cardanische Formeln

Gesucht ist die analytische Lösung einer kubischen Gleichung:

$$x^3 + ax^2 + bx + c = 0 \quad \text{mit} \quad a, b, c \in \mathbb{R}, \quad c \neq 0 \tag{574}$$

Mittels Substitution $x = z - \dfrac{a}{3} \in \mathbb{C}$ Überführung in die reduzierte Form:

$$z^3 + pz + q = 0 \quad \text{mit} \quad p = b - \frac{a^2}{3}, \quad q = \frac{2a^3}{27} - \frac{ab}{3} + c \tag{575}$$

Falls $q \neq 0$, erneute Substitution $z = u + v \in \mathbb{C}$ erforderlich:

$$(u+v)^3 + pz + q = u^3 + 3uv\underbrace{(u+v)}_{= z} + v^3 + pz + q = \underbrace{(3uv + p)}_{\overset{!}{=}\, 0\ (\mathrm{I})} z + \underbrace{(u^3 + v^3 + q)}_{\overset{!}{=}\, 0\ (\mathrm{II})} = 0 \tag{576}$$

Umformung der Gleichungen (I) und (II) liefert die Lösungen

$$u_k = \sqrt[3]{\left(-\frac{q}{2} \pm \sqrt{D}\right)} \cdot \mathrm{e}^{\mathrm{i}k \cdot 2\pi}, \quad v_k = -\frac{p}{3u_k} = \sqrt[3]{\left(-\frac{q}{2} \mp \sqrt{D}\right)} \cdot \mathrm{e}^{-\mathrm{i}k \cdot 2\pi}, \quad k \in \mathbb{Z} \tag{577}$$

in Abhängigkeit der Diskriminante:

$$D = \left(\frac{q}{2}\right)^2 + \left(\frac{p}{3}\right)^3 \tag{578}$$

Fallunterscheidungen

Für $D > 0$ eine reelle und zwei (konjugiert) komplexe Lösungen:

$$z_0 = u_0 + v_0 = \sqrt[3]{-\frac{q}{2} + \sqrt{D}} + \sqrt[3]{-\frac{q}{2} - \sqrt{D}}, \quad z_{1,2} = -\frac{u_0 + v_0}{2} \pm \frac{\sqrt{3}\,(u_0 - v_0)}{2}\mathrm{i} \tag{579}$$

Für $D = 0$ eine einfache und eine doppelte reelle Nullstelle:

$$z_0 = 2u_0 = -\sqrt[3]{4q}, \quad z_{1,2} = -u_0 = \sqrt[3]{\frac{q}{2}} \tag{580}$$

Für $D < 0$ (Casus irreducibilis; im Reellen nicht lösbar) drei verschiedene reelle Lösungen:

$$z_k = 2\sqrt{-\frac{p}{3}} \cdot \cos\left(\frac{1}{3}\arccos\left(-\frac{q}{2}\sqrt{-\frac{27}{p^3}}\right) + \frac{k \cdot 2\pi}{3}\right), \quad k = 0, 1, 2 \tag{581}$$

Endgültige Lösung aus Rücksubstitution: $x_k = z_k - \dfrac{a}{3}$ mit $k = 0, 1, 2$

Polynome höherer Ordnung

Quartische (biquadratische) Gleichungen sind ebenfalls analytisch lösbar. Allgemeine Polynome fünfter und höherer Ordnung erfordern numerische Ansätze (Newton-Verfahren).

Stichwortverzeichnis

© Springer Fachmedien Wiesbaden GmbH, ein Teil von Springer Nature 2020
L. Nasdala, *Mathematik 1 Beweisaufgaben*,
https://doi.org/10.1007/978-3-658-30160-6